애들아,
세상
밖으로
나가거라

이규초 지음

                                                      님께
....

              자식과 함께 추억을 쌓기 위해
            세상 밖으로 길을 떠나고자 꿈을 꾸는
          세상의 모든 아버지들에게 이 책을 드립니다.

                                                      드림
....

Contents

Prologue   4

■ 최초의 배낭여행, 필리핀 바기오   8

■ 중국 기차여행   22

■ 베트남 · 캄보디아 · 라오스 여행   46

■ 뉴질랜드 캠프벤여행과 호주 여행   68

■ 인도 · 네팔 여행   94

■ 시베리아 기차여행   136

■ 남미 자동차여행   180

■ 아프리카 여행   298

너희에게 주고자 한 것은 **추억**과 **고통**이었다.
"얘들아, 이제 세상 밖으로 나가거라"

먼 길을 함께 떠났었다. 쌍둥이가 7살 때 처음 시작하게 된 배낭여행이 쌍둥이가 고등학교 2학년이 될 때까지 이어지게 되었다. 코흘리개였던 아들 쌍둥이가 이제는 아빠가 올려다볼 정도로 훌쩍 커버렸다. 우리는 왜 그렇게 함께 세상의 구석구석을 희희낙락거리며 돌아다녔을까. 무엇이 우리를 함께 길을 떠나도록 했을까.

나의 아버지는 내가 5살 때 돌아가셨다. 그래서 아버지에 대한 기억은 꿈결인 듯 어슴푸레한 몇 조각의 기억으로만 남아 있다. 그래서 항상 궁금했었다. 아버지의 정을 받는 것은 도대체 어떠한 느낌일까. 어느 날 난 딸과 아들 쌍둥이를 둔 아버지가 되었고, 아이들이 커가면서 아버지는 어떤 존재여야 하고 어떻게 해야 하는지를 자문하곤 했다. 내가 내린 답은 추억 만들기였다. 물질적인 것으로 얘들이 원하는 것을 채워주는 것보다 시간을 내어, 아이들과 함께 추억 만들기 여행을 떠나는 것이었다. 세상 밖으로 나가서 함께 울고 웃고 싶었으며, 가슴과 가슴으로 느끼고 이야기하고 싶었다. 나중에 왜 그때 하지 않았을까 후회하고 싶지 않았으며, 그것은 또한 나의 간절함이었고 꿈이었다.

그러한 간절함으로 우리는 함께 길을 떠날 수 있었다. 7살인 쌍둥이를 데리고 무작정 배낭을 메고 떠났던 여행이, 조금은 무모하게도, 온 가족이 함께하는 중국의 기차 여행으로 이어졌다. 그러고는 캠프 밴을 몰고 뉴질랜드를 종주하며 가족간의 색다른 추억거리를 만들기도 했다. 인도와 네팔 여행을 떠나기에 앞서 용은이가 신종 플루에 걸려 국립의료원에 강제 입원을 당하는 상황을 겪으면서도 우리는 포기치 않고 기어이 뉴델리에 도착해서 인도의 골목 구석구석을 돌아다녔고, 네팔의 안나푸르나 트래킹을 하면서 쌍둥이는 처음으로 육체의 고통을 경험해보기도 했다. 딸과 쌍둥이와 함께 떠난 시베리아 횡단열차 여행에서 우리는 극한의 혹한을 경험하며 잊을 수 없는 추억을 만들기도 했으며, 바이칼 호수의 통나무집에서 다진이와 난 어머니를 그리며 밤새 눈물을 흘리기도 했다. 그리고 다가온 남미 자동차 여행. 쌍둥이와 함께 남미 7개국을 자동차로 18,000km 이상 달렸고, 체 게바라가 낡은 오토바이로 달렸던 길인 루타 콰렌타의 비포장도로를 달리면서 삼부자는 강렬한 심장박동을 느끼기도 했다. 그 길 끝에 나타난 '세상의 끝' 우수아이아에 도착하며, 우리의 힘으로 지구의 마지막 마을까지 도달할 수 있었음에 감격하기도 했다. 그러고 나서 또 새롭게 꿈을 꾸어왔던 아프리카 종단 배낭여행. 고등학교 1학년을 마치는 쌍둥이와 떠나기 위해 지혜를 짜내어 아내와 쌍둥이를 설득시키는 힘든 과정을 거쳤고, 우린 남아공의 희망봉을 출발해서 마침내 아프리카의 최북단인 이집트 알렉산드리아에 도달할 수 있었다.

그리고 아프리카의 만년설 킬리만자로 산에서 떠오르는 태양을 보며 꺼억꺼억 울음을 삼키기도 했다.

사람들은 나에게 말했다. 왜 그리도 위험하고 힘든 길을 가려고 하느냐고.
그럴 때 속으로 이렇게 말하곤 했다. '좀 힘든 길을 가면 어떠냐고. 가다가 힘들어서 도저히 안 되면 그때 돌아오면 되지 않느냐고. 떠나보지 않고 어떻게 알 수 있느냐고.' 세상에서 진정 중요하고 소중한 것이 무엇인지 몸소 느껴 보고 싶었다. 부모와 자식의 인연으로 만난 아이들과 함께 결코 지워지지 않을 그 무엇인가를 함께하고 싶었다. 그것은 단순한 아빠의 욕심이었는지도 모르겠다. 그러나 간절히 원했었고, 그리고 아이들이 아빠를 필요로 할 때 실행하고자 했다. 시간이 있고 여러 가지로 떠날 여건이 될 때, 그때는 이미 아이들이 부모 곁을 떠나 있을 것이라고 생각했다. 그래서 일단 떠났다. 일단 일을 저지르고 나서 수습을 해나가는 것이었다. 초등학교, 중학교 그리고 고등학교. 아이들의 그때그때의 감정과 눈높이를 맞추어가며 서로를 느끼고 가슴으로 이야기하고 싶었다.

여행을 통해서 세상 밖으로 나가 다양한 경험을 하며 서로를 더 잘 알게 되고, 그래서 부자간의 정을 더욱 깊게 만들어 가고자 하였다. 그리고 아버지와의 추억을 많이 갖게 하여 아이들이 좀 더 따뜻한 시선으로 세상을 바라볼 수 있는 마음을 얻고, 타인을 배려하는 따뜻한 감성을 가진 인간으로 성장하게 하고 싶었다. 그리고 언젠가 세상으로 나아가 홀로서기를 해야 하는 아이들에게 오지를 여행하면서 가능한 한 힘든 상황을 접하게 하여 어려움을 극복해나가는 의지를 키우게 하고자 했다. 그리고 학교에서 배울 수 없는 삶의 지혜와 함께, 세상의 다양한 사람들과의 만남을 경험하게 하여 세상 사람들과 더불어 살아갈 수 있는 힘을 기르게 해주고 싶었다.

아이들과 함께한 여행은 이제 끝이 났다. 성년이 되어가는 아이들에게는 새로운 인생 여행이 기다리고 있을 것이다. 그 여행에서 가끔 힘들고 지칠 때, 아빠와 함께했던 기억들을 되새겨 다시금 힘을 내어 멋지게 삶을 살아갔으면 좋겠다. 아빠는 언제인가 이렇게 노래했었지. '너희는 나의 희망이고 난 너희의 등대가 되고 싶다.'고. 아이들에게 아빠와 함께 길을 떠났던 날들이 어떤 느낌과 기억으로 남아 있을지 모르겠지만, 한 가지 바람이 있다면 "아빠, 그때 참 재미있었어요."라고 추억되고 싶다.

서툴고 부족한 글이지만 용기를 내어 시작하게 된 것은 아이들에게 선물을 주고 싶다는 것. 그리고 단 한 사람의 아버지라도 이 부족한 여행기를 읽은 것을 계기로 아이들과 함께 길을 떠나게 될 수 있다면 그것으로 참 행복하겠다.

이 멋진 여행을 할 수 있게 딸과 쌍둥이를 낳아준 아내에게 고맙고, 고집 센 아버지와 힘든 여행을 함께해 준 애들에게도 고맙다. 그리고 이 책이 나오게끔 많은 도움을 준 지식공감 대표님과 담당자님께 감사 드린다.

"사랑하는 아들딸아, 이제 세상 밖으로 나아가거라. 거기서 너희의 아름답고 멋진 꿈들을 꾸려무나."

2014년 9월 25일 마닐라에서

최초의 배낭여행,
필리핀 바기오

루손 섬
Kalusunan

필리핀
Philippies

바기오
Baguio

마닐라
Maynila

민도로 섬
Mindoro

사마르 섬
Isla han Samar

다바오
Dabaw

제너럴산토스
Lungsod ng
General Santos

세부
Lungsod ng
Cebu

민다나오 섬
Mindanao

파나이 섬
Panay

잠보앙가
Zamboanga

팔라완 섬
Palawan

　어느 날, 7살이 된 쌍둥이 아들과 어딘가로 떠나보고 싶었다. 대중교통을 이용해서 남자 세 사람이 배낭을 메고서 떠나보고 싶었다. 어디로 갈까 생각하다 결정한 곳이 아직 한 번도 가보지 않은 곳, 필리핀 루손 섬 북쪽에 있는 해발 1,520M에 위치한 고산 도시 바기오 시였다. 마닐라에서 버스로 7시간 정도 걸리는 곳으로, 고도가 높아서 많은 필리핀 사람들이 휴양지로 찾아가는 곳이기도 하다. 쌍둥이가 멜 배낭을 준비한 어느 토요일, 세 남자는 집을 나선다. 필리핀에서 처음으로 타보는 장거리 버스다. 우리 세 사람은 제일 뒤쪽으로 가서 자리를 잡았다. 버스는 시내를 벗어나 북쪽으로 달리기 시작했고 우리는 모처럼 남자들끼리만 함께 시간을 보내는 것에 기분이 좋아졌다. 엄마 없이 쌍둥이와 1박 여행을 떠나는 것은 처음이다. 가는 도중 차가 휴게소에 정차하면 먹을거리를 사가지고 차에서 먹곤 한다. 두 놈은 아옹다옹하면서도 잘 놀았다. 그런 모습을 바라보는 아빠의 마음은 흐뭇하고 행복하다. 너희가 지금 여기까지 온 길을 잠깐이나마 되돌아 가보게 된다.

　엄마의 배 속에서 곱게 자라고 있던 너희가 쌍둥이라는 의사 선생님의 말에 처음에는 우습기도 하면서 진짜인지 믿어지지 않았다. 전혀 예상치 못했던 일이라서 처음에는 좀 놀랐지만 너희가 우리 가족에게 큰 선물이라는 것을 곧 깨닫게 되었지. 그때 아빠 마음을 다음과 같이 표현했었다.

아들들에게

팔 개월째인 너희

숨소리만 들리는 너희

손인지 발인지 모를 움직임만 있는 너희

하나가 아닌 둘인 너희

그래서 하루하루가 너무나 더 길게 느껴지는 아빠의 마음

기도합니다. 소원합니다. 애원합니다.

우리의 아들들이 기나긴 여정을 무사히 마치고 저희에게 건강하게 오기를

또다시 소원합니다.

그들이 우리와 함께하여 좀 더 튼튼하고 넉넉한 가정이 되기를

아들들아

세상의 의미를, 아빠의 삶의 의미를 더 깊게 느끼게 만든 너희

그래서 아빠는 너희가 오기를 손꼽아 기다리는 것을 알고 있니

아빠라는 단어에 너희의 숨결이 함께함을 너희는 알고 있니

세상
애들아 밖으로
나가거라 | 필리핀

어서 오너라

함께 가자

엄마랑, 누나랑 그리고 아빠랑 함께 가자

너희의 자리가 비어 있다.

어서 와서 채워주려무나

하나보다는 둘

둘보다는 셋이 더 좋음이니

새하얀 미소를 머금고 세상의 어둠을 밝혀라

우렁찬 울음으로 아침을 깨워라

너희를 안을 아빠의 가슴은 비어 있다

어서 와서 아빠의 가슴을 채워다오

사랑하는 아들들아

10개월 동안 너희를 품으면서 엄마는 힘든 시간을 보냈고, 산고의 고통을 겪고서야 너희는 우리에게 왔다. 손발 다섯 개씩 있고, 눈도 있고, 귀도 있고……. 아빠는 정말 기뻤다. 너희는 콩나물이 자라듯 무럭무럭 자라주었고, 양팔에 너희 둘을 안고서 의기양양해 하기도 했다. 아장아장 걷기 시작하고, 그리고 '엄마'라고 말을 하기 시작했지. 돌이 되기 전에 너희 둘은 물건을 서로 가지려고 가끔 싸우기도 했지. 그러한 모습이 재미있어 일부러 싸움을 부추기는 장난기 많은 아빠가 되기도 했었다. 누나와 함께 커가는 너희를 바라보는 엄마 아빠의 마음은 너희도 부모가 되면 알게 될 것이야.

버스는 숨가쁘게 험한 산을 돌아 돌아 바기오에 도착했다. 배낭을 메고 버스에서 내리니 벌써 날은 어두워지기 시작했다. 어디로 갈까. 정해진 곳은 없다. 일단 시내 쪽으로 걸어가본다. 걸어가다 보니 여관 급 정도의 호텔이 보였다. 들어가니 방이 있다고 한다. 방에 짐을 내려놓고 식당으로 가 저녁을 먹고 시내 구석구석을 걸어 다녔지. 낯선 곳에서 처음으로 오롯이 우리만 함께하는 시간이었다.

다음 날 산 위에 있는 공원으로 가 처음으로 말을 타보았다. "용석이, 용은이. 이리 와 봐. 여기 같이 서 봐." 아빠는 너희의 예쁜 모습을 담기 위해 부지런히 움직인다. 말을 듣지 않는 개구쟁이이지만 그래도 아빠는 즐거운 마음이다. 시간은 흘러 다시 마닐라로 돌아가야 할 시간. 장난을 치며 산을 내려가는데 갑자기 소나기가 쏟아지기 시작했다. 비를 피할 곳도 없다. "애들아, 뛰자." 세 사람이 정신없이 뛰어가는데 멋진 레스토랑이 나타나기에 일단 안으로 들어갔다. 비에 젖은 모습을 보며 서로 웃었다. 일단 살

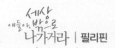

았다는 생각이었다. "얘들아, 여기서 점심 먹고 가자." 단아한 모습으로 짙은 청색의 블라우스를 입은 아가씨에게 애들이 좋아하는 것을 주문해주고 난 비 내리는 바깥 풍경을 감상한다.

처음으로 아들 쌍둥이와 먼 길을 떠나와 낯선 곳에서 낯선 사람들을 만나면서 우리는 함께 추억을 만들어 가고 있다. 나에게 주어진 이 소중한 보물들과 함께 삶을 아름답게 만들어 가는 것이다. 아빠와 아들의 인연으로 만나 서로를 알아가고 서로에게 힘이 되고 즐거움과 슬픔도 함께 나누면서 함께 길을 걸어가야 한다. 많은 행복이 우리를 기다리고 있겠지만 또한 많은 어려움과 슬픔도 함께 우리를 기다리고 있을 것이다. 그러나 그러한 모든 것들 또한 삶의 일부분이고, 그리고 너희와 함께한다면 어떠한 것도 두렵지 않을 것이다. 굵은 소낙비는 이제 가늘어져 적당히 기분 좋게 내리고 있다. "얘들아, 맛있니? 더 먹을래?" "아뇨, 되었어요. 배 불러요." 비가 오지 않았으면 지나쳤을 이곳에서 우연히 좋은 시간을 보내고 비가 그친 길을 다시 걸었다. 어제는 어두워서 제대로 보지 못했던 시내 여기저기를 아이들의 손을 잡고 걷는다. 돌아갈 시간이 되어 우리는 타고 왔던 버스로 다시 마닐라로 돌아간다. 돌아가는 버스에서 재잘대는 너희의 모습을 보면서 아빠는 가슴속에서 이렇게 노래했단다.

BAGIO에서

7살 쌍둥이와 바기오로 왔네
싸한 바람을 가슴에 가득 담으려 산으로 왔네
가슴과 가슴에 꽃 한 송이 피우기 위해 먼 길을 떠나왔네

행복은 표현할 수 없는 것
눈과 눈으로 마주칠 때의 그 느낌
손과 손으로 전해지는 그 안온한 촉감
행복은 그렇게 작은 것에서 시작되는 것
그 소박한 행복을 아들과 함께한다

일상에서 벗어나
배낭 하나씩 메고 무작정 떠나온 길
그 길에서 고향을 만나며
망각하고 있는 삶의 소중함들을 만나며
그리고 아들과 아버지의 가슴에 정을 하나씩 쌓네

너희로 인해
무작정 떠나온 길에도 외롭지 않고
낯선 거리의 저녁나절도 오히려 안온함이다.
가슴 한구석, 새록새록 희망의 새싹이 자란다.

나는 너희의 등대이기를 바라고
너희는 나의 희망이기를 바라네

아들 쌍둥이와 바기오로 왔다.

여기서 남자들만의 아름다운 음모를 꿈꾸네
내 삶의 소중함을 가슴에 가득 채우네
시원한 바람 맞으며 농도 짙은 삶의 한 부분을 엮어가네

이 산 정상에서
오름과 내림의 철학을 배우며
작은 것에서 가치를 느끼며
아들과 함께하는 이 시간에 성녕 감사한다.

어느 날 삶이 무척 힘들어질 때 이 날들을 생각하리
내 찬란했던 삶의 한 부분들을

2002년 9월 14일 바기오에서

세상
애들아, 밖으로
나가거라 | 필리핀

처음으로 배낭을 메고 너희와 함께 떠난 1박 2일. 이것이 우리에게 세상을 향해 떠나게 되는 최초의 가출이었다. 아름답고 행복한 가출이었다.

중국 기차여행

중국
China

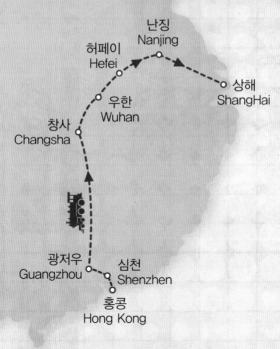

하얼빈
Harbin

베이징
Beijing

시안
Xian

청두
Chengdu

난징
Nanjing

허페이
Hefei

우한
Wuhan

상해
ShangHai

창사
Changsha

광저우
Guangzhou

심천
Shenzhen

홍콩
Hong Kong

"여보, 우리 아이들과 함께 중국 여행갈까?"

"네? 중국으로요?"

"그래, 홍콩 경유해서 상해까지 기차로 여행을 한번 해보고 싶은데 어때?"

"어린 아이들 데리고 힘들지 않겠어요?"

"쉽지는 않겠지만 대신 좀 색다른 여행이 되지 않을까?"

어느 날 사무실에서 세계지도를 보다가 문득 떠오른 생각이었다. '홍콩에서 상해까지?' '재미있겠다. 어떻게 가지? 기차여행을 한번 해볼까?' 그렇게 중국 기차여행을 계획하게 되었다. 아내가 동의했으니 떠나는 것은 문제가 없다. 사무실을 오랫동안 비우게 되는 것이 신경 쓰였지만 직원들이 알아서 잘해주니 일단 믿고 떠나보기로 했다. 처음으로 가는 장기여행이라 분명히 여행 중 갈등이 있을 것이라고 생각되어 우선 각서를 만들었다. 아빠의 독재일지도 모르지만 여행 중 일어나는 일에 대해 최대한 서로 상의하고 양보를 한다 해도 최종적으로 누군가 책임을 지고 결정을 해야 한다고 생각했기 때문이다. 쉽지 않은 일이지만 최소한 자기의 일은 자기가 알아서 해야 한다고 생각했다.

여행갈 날이 가까워질 무렵, 퇴근을 한 후 집에 가서 아홉 살 쌍둥이 아들 용석이와 용은이와 열두 살 딸 다진이에게 다음과 같은 각서를 내밀었다.

"자, 일단 엄마부터 읽어보고, 다진이와 쌍둥이도 읽어보고 사인해라."

중국 배낭 여행

- 언제 : 2004년 3월 14일부터 3월 23일 (10일 예정)
- 누가 : 이 규초, 윤 경숙, 이 다진, 이 용석, 이 용은 (총 5명)
- 어디로 : 홍콩을 경유해서 심천, 광주로 올라가면서 상해를 최종목적지로함.
- 목적 : 1. 견문을 넓히고 독립정신과 도전정신을 고취함.
　　　　2. 가족 간의 정을 돈독히 함.
　　　　3. 즐거운 추억거리를 만듦.
　　　　4. 중국어를 향상시킴.

- 여행 시의 준수사항

1. 각자의 모든 일들은 각자 해결함.

2. 어떠한 경우에도 짜증과 화를 내지말고 모든 문제를 의연히 대처함.

3. 문제가 생기면 의논해서 최대한 좋은 방법을 찾도록 서로 노력함.

4. 편안함을 추구하기보다는 어려운 상황을 극복하는 능력을 키우도록 함.

5. 항상 먼저 상대방을 생각하는 마음을 가지도록 함.

6. 가족 간의 좋은 추억거리가 되도록 모두 노력함.

7. 매일 자기 전에 여행일기를 쓰도록 함.

8. 음식 투정 부리지 않고 중국음식을 맛있게 먹도록 함.

9. 아빠는 모든 일정을 담당하고 영어가 안될 시에는 다진이가 통역을 담당함.

10. 최종적인 것은 대장인 아빠의 의견을 따라서 모두 일사불란하게 행동하도록 함.

아빠 이 규초　엄마 윤 경숙　딸 이 다진　아들 1 이 용석　아들 2 이 용은

세상
애들아, 밖으로
나가거라 | 중국

여행 각서를 보고 가족들은 다소 황당하다는 표정을 지으면서도 사인을 했다. 내 예상대로 여행 중에 갈등 상황은 수차례 발생했다. 어쩌면 그것이 극히 자연스러운 일인지도 모르겠다. 홍콩을 경유해서 중국 심천으로 넘어가 거기서부터 기차를 타고 상해까지 가는 대략적인 스케줄만 잡았다. 그래서 중국비자를 준비하고 홍콩행 비행기 티켓만 구입해서 다섯 가족이 함께 떠나게 되었다. 모두 각자 배낭 하나씩 메고 처음으로 그렇게 가족 배낭여행을 떠나게 되었다. 아직 어린아이들을 데리고 무작정 떠난다는 것이 좀 신경이 쓰였지만 일단은 시작을 해보고, 하다가 도저히 안 되면 돌아오겠다는 생각을 했다.

첫 관문이 시작됐다. 홍콩에 도착 후 동문 선배님이 예약해준 호텔로 찾아가야 했다. 이제부터는 모든 것을 내가 알아서 결정하고 책임져야 하는 상황이다.

"얘들아, 홍콩 시내로 가려면 어떻게 가야 하는지 물어봐."

가능하면 아이들에게 기회를 주고자 노력했다. 다진이가 나서서 물어보고 오더니 버스 타는 곳을 대충 알아보고 왔다. 잠시 헤매다가 우리는 예약된 호텔 근처까지 가는 버스를 탈 수 있었다. 체크인 후 룸으로 올라갔는데 방이 너무 작아서 가방을 5개 놓으니 발 디딜 곳이 없었다. 방이 작기도 했지만 어쩌면 방 하나에 5명이 들어가니 복잡한 것은 당연한 것이 아닐까?

저녁에 동문 선배님과 홍콩에서 주재원으로 나와 있는 동기생들로부터 저녁 초대를 받았다. 이전 마닐라에서 뵌 선배님께서 반갑게 맞이해주시고 모처럼 만난 동기생들과도 즐거운 시간을 보내면서 우리 가족의 여행에 대해서 이야기를 했다. 동기생이 깜짝 놀라며 "규초야, 생각보다 되게 위험해. 중국에서 어린아이들 납치해서 장기를 적출하는 사건들도 많아. 가이드도 없이 어떻게 그렇게 무모하게 가려고 하니?" 그러자 가족들이 모두 놀라는 표정을 짓는다. 다른 동문들도 한마디씩 건네며 쉽지 않은 여행일 것이라고 걱정들을 해주신다. 내심 걱정은 되지만 여기까지 와서 다시 물러설 것이라면 아예 시작을 안 했을 것이다.

"일단 가보고 상황이 여의치 않으면 다시 돌아오지 뭐. 최대한 안전에 주의하도록 할게."

사실 조금 무시무시한 이야기를 듣고 신경이 쓰이긴 했지만 일단 한번 가보는 거다. 염려와 함께 따뜻하게 우리 가족들을 환대해주신 대학동문 분들께 감사한 마음으로 그렇게 여행이 시작되었다.

다음날, 호텔에서 문의해 예약한 홍콩 Day Tour 관광상품인 오션파크로 가서 처음으로 돌고래쇼를 보면서 재미있는 일정을 보냈다. 중간에 단체 관광이면 으레 끼워 넣는 쇼핑관광에 기분이 좋지 않았지만 어쩔 수 없는 법. 억지로 상황을 만드는 것에 태생적으로 거부감을 느끼는 나였지만, 원하는 사람들도 있는 법이라 생각하며 밖에서 서성이며 시간을 보내었다. 활기찬 홍콩의 밤거리와 다양한 먹거리, 시끌벅적한 모습들이 내 마음을 끈다.

3일째 되는 날, 홍콩에서 배로 심천으로 넘어갔다. 홍콩의 한 해운회사에서 주재원으로 근무하시는 동문 선배님이 심천사무실에 연락해서 차량을 준비해주고 호텔까지 예약을 해주어 어려움 없이 심천까지 올 수 있었다. 그러나 심천 이후부터는 알아서 해결해야 하는 상황이라 더 걱정이 된다.

중국 동포 여행가이드를 따라 세계지창으로 갔다. 세계 각국의 유명한 관광지나 건축물들을 정교하게 미니어처(Miniature)로 꾸며놓은 테마공원이다. 대국답게 엄청난 공간(48만㎢)에 파리의 에펠 탑, 지상에서 가장 아름다운 무덤이라는 타지마할 등 내로라하는 건물들은 모두 갖다 놓았다. 한꺼번에 유명 관광지

를 간접 경험을 할 수 있지만 짝퉁이 전해주는 감흥에는 한계가 있는 듯하다. 짝퉁의 천국 중국에서는 이러한 광경이 생소한 모습이 아닌가 보다. 여하튼 흔적을 남기기 위해 아이들을 건물 앞에 세워서 사진을 찍으려고 하는데 도대체 애들이 협조를 해주지 않는다.

"얘들아, 빨리 이쪽으로 와서 같이 서봐."
"얘들아, 빨리 여기로 와봐!"

아, 아빠만 혼자서 바쁘다.

'미니어처 세계여행'을 가볍게 하고 민속촌으로 갔다. 중국의 소수민족 문화와 전통들을 한눈에 볼 수 있는 곳이다. 열심히 구경하는데 너무 넓어서 걸어다니는 것만 해도 보통 힘든 일이 아니다. 여기저기 보다가 익숙한 건물이 눈

에 들어와 발을 멈춰 보니 조선족 마을이다. 다른 건물에 비해 유독 초라하게
만들어져 있어 아쉬움을 자아내게 만든다.

"애들아, 여기 한국 기와집이 있네, 빨리 와봐."

작은 규모이지만 그래도 고향을 만난 듯 반갑다.

조선족 마을 옆에 몽골 마상쇼 공연시간을 기다려 쇼를 보는데 웅장한 음악과
함께 수십 마리의 말들이 전쟁을 재현하는 모습과 여러 가지 쇼를 한다. 박진감
있게 진행되는 모습에 아이들이 모두 몰입해서 구경을 하며 무척 좋아한다.

심천에서 아침 일찍 호텔을 체크아웃 한 후 택시를 타고 심천역으로 갔다. 오
늘은 광저우까지 가는 짧은 일정이라 표를 예매하지 않고 역으로 가서 현장에
서 구매를 하려고 생각했다. 택시를 타고 기차역에 도착하니 기차역이 몹시 혼
잡하다. 무거운 배낭을 메고 다섯 명이 모두 움직이는 것이 힘들어서 용석이만
데리고 가고, 나머지 가족들은 한쪽에 기다리게 했다. 용석이와 매표소로 가서
줄을 섰다. 처음으로 직접 표를 예매하는데 어른 2장, 어린이 3장, 광저우까지
가는 표를 달라고 해야 하는데 어른, 어린이라는 중국말을 몰라서 일단 손짓으
로 해보고자 했다. 광저우라는 말을 우선 먼저 하고 나를 가리키며 손가락으로
2개를 들어 보이고, 용석이를 가리키며 손가락 3개를 표시했다. 그렇게 동작을
하니 매표원이 알아들었는지 표를 발급해주었다. '아! 됐구나' 하고 안도하면서
발급된 표를 보니 어른 2장 그리고 어린이 1장이었다. 그래서 다시 용석이를 손
가락 3개로 가리키며 표를 더 달라고 하는데 갑자기 매표원이 알 수 없는 중국
어로 고함을 지르며 무어라고 하는데 도대체 알 수가 없다. 갑자기 처한 상황
에 당황하고 또 뒤에는 사람들이 길게 줄을 서서 기다리고 있어서 일단 나올 수
밖에 없었다.

도저히 혼자서 해결할 수가 없는 상황이라 누군가의 도움이 필요했다. 그래

서 영어를 할 줄 아는 사람을 찾아서 도움을 요청해야겠다 생각하며 역 대합실 주변을 살피다가 대학생인 듯한 젊은 친구가 보여 영어로 말을 걸어보니 영어가 통했다. 그래서 상황을 설명하며 어린이 표 2장을 더 구매해야 되니 도와달라고 부탁했다. 다시 줄을 서서 기다렸고, 우리 차례가 돌아와 젊은 친구의 도움으로 어린이 표 2장을 더 구매할 수 있었다. 여기서 끝이 아니었다. 거스름 돈을 확인해보니 부족하다. 손짓으로 거스름돈을 더 달라고 하니 또 갑자기 고함을 지르며 빨리 비키라는 것이다. 얼떨결에 자리를 피하는데 기분이 영 아니다. 아니, 고객에게 이렇게 막 대해도 되는 것인가 아직까지 사회주의 문화와 관습이 있어서 국민에 대한 서비스는 전혀 찾아볼 수가 없다. 어쨌든 비록 창피를 당하고 다소 모멸감마저 있었지만 무사히 광저우행 기차표를 구매했다는 것에 뿌듯했다. 기다리고 있는 가족들에게 돌아가 대단한 무용담이라도 되는 듯 이야기를 했다. 이렇게 심천에서 처음으로 혹독하게 치른 어려움과 황당함,

그리고 그때의 무모함이 어쩌면 특별한 경험을 할 수 있는 기회가 된 것이 아닌가 생각이 들기도 한다.

담배사건

여행을 시작하면서부터 여행가이드의 도움 없이 모든 것을 내가 책임지고 해나가야 하는 상황이고 게다가 중국어가 안 되어서 손짓 발짓으로 가족들을 데리고 어렵게 여행을 하다 보니 스트레스가 엄청 쌓였다. 평소에 조금씩 피우던 담배를 여행을 하면서부터는 더 많이 피우게 되었다. 중국인들의 담배 사랑 덕분인지 가는 곳마다 이름을 알 수 없는 수많은 담배를 팔고 있어 쉽게 구할 수 있었다. 아이들과 24시간 붙어서 여행을 하다 보니 담배를 피우는 모습의 아빠를 보고는 아이들의 잔소리가 계속 늘어갔다. 아이들 몰래 담배를 피우다가 들켜서 그만두기를 여러 차례 반복하였으나 낯선 곳을 여행한다는 것이 긴장되어 담배를 안 피울 수가 없었다.

광저우에서 힘들게 기차를 타고는 잠깐 한숨을 돌리면서 기차 차량 사이에서 담배를 한 대 피우고 있는데 아이들이 달려들며 못 피우게 해 할 수 없이 객실로 들어갔다. 잠시 후 아이들 눈을 피해서 화장실로 가서 담배를 피우려는데 어떻게 눈치를 채고는 세 놈이 화장실까지 따라 들어와서 호주머니에 있는 담배를 빼앗고 난리가 아니다. 그래서 할 수 없이 포기를 하고는 아이들과 이야기를 나누었다.

"얘들아, 너희 아빠가 지금 힘든 것 알고 있지? 중국어를 전혀 못 하면서 여행가이드 없이 모든 것을 아빠가 결정하고, 또 상해까지 책임지고 이 여행을 마무리해야 한다는 중압감에 아빠가 스트레스를 받고 힘든 시간이 많아서 이렇게 담배를 피우게 된 거야. 대신 아빠가 하나 약속할게. 이 여행이 끝나고 필리핀으로 돌아가는 순간부터 더 이상 담배를 피우지 않을게. 그러니까 이 여행이 끝날 때까지 너희가 한 번 이해해줘."

"아빠 정말이에요? 정말 약속해요?" 다진이가 말했다.

"정말이야. 약속할게. 아빠 믿어줘. 필리핀으로 돌아가는 순간부터 더 이상 안 피울게."

그렇게 해서 아이들과 합의를 보고는 중국여행이 끝날 때까지 마음 편히 담배를 피울 수 있었다. 사실 평소에 담배를 많이 피우지 않아서 담배를 끊는 것이 아주 힘들지는 않았지만 어쨌든 이것을 기회로 삼아서 담배를 끊게 되었다. 가끔 유혹이 있긴 했지만 아이들과의 약속은 어떻게든 지켜야 된다고 생각이 되어 더 이상 담배를 피우지 않았다. 어머님께서 돌아가셨을 때 며칠 잠깐 피운 적이 있었지만 그 외에는 더 이상 피우지 않고 있어서 이 점에 있어서는 아이들에게 당당하다. 중국 기차여행을 하면 가끔 떠오르는 장면이 아이들과의 담배 전쟁이다.

'너희가 아빠에게 그렇게 했으니 너희도 절대 담배를 피우지 않겠지. 피우게 된다면 창피한 아들이 되겠지. 그렇지?'

이번 중국 여행은 심천에서 상해까지 기차로 이동하는 여행을 하는 것으로 계획을 잡았다. 홍콩까지만 비행기표를 예매하고는 다음 일정은 그때그때 상황을 보면서 결정하기로 했다. 심천에서 처음 예매할 때 한번 곤혹을 치르고는 다음부터는 그런 일이 없었다. 여행사나 호텔에 조금의 수수료만 주면 표를 구매할 수가 있었다. 조금씩 정보를 접하고 또 방법을 알게 되다 보니 요령도 생

기고 여행이 조금씩 여유가 생기는 것 같다.

　중국의 기차여행을 통하여 다양한 모습들을 보았다. 기차의 종류가 다양하여 경좌, 연좌라고 해서 등급이 정해져 있고 또 워낙 넓은 중국이라 장거리 여행 때는 침대차가 있다. 중국에서 처음으로 접해보는 침대차가 신기해서 아이들도 무척 재미있어 하면서 여행을 했다. 침대차도 한량 전체가 침대로 되어 있는 칸이 있고 또 고급은 객실로 된 곳에 침대 4개가 들어가거나 아니면 2인 1실 침대차가 있다. 우리는 침대차를 이용할 때 한 칸 전체가 침대차로 되어있는 것을 이용했는데 객실 내에서 현지인들이 담배를 피우거나 침을 함부로 바닥에 뱉는 경우도 있어서 당황하기도 하고 적응이 되지 않기도 했다. 기차차량 사이에는 석탄을 이용해서 뜨거운 물을 끓여 이용할 수 있게 해주는데 기차여행을 하는 동안 아이들에게 중국의 컵라면을 사먹는 즐거움을 주기도 하였다. 가족들이 모두 함께 침대에서 잠을 자며 여행을 하는 특별한 경험을 하게 되고 그리고 가끔 식당차에서 중국 칭다오 맥주를 마시며 끝없이 펼쳐지는 중국의 광활한 모습을 바라보는 기분은 색다르다. 기차가 역에 정차하기 전에 역무원들이 화장실을 모두 잠근다. 왜냐하면 기차에 오물 통을 달지 않아서 용변을 보면 곧장 철로에 떨어지게 되어 있어서 역에 기차가 정차할 동안에

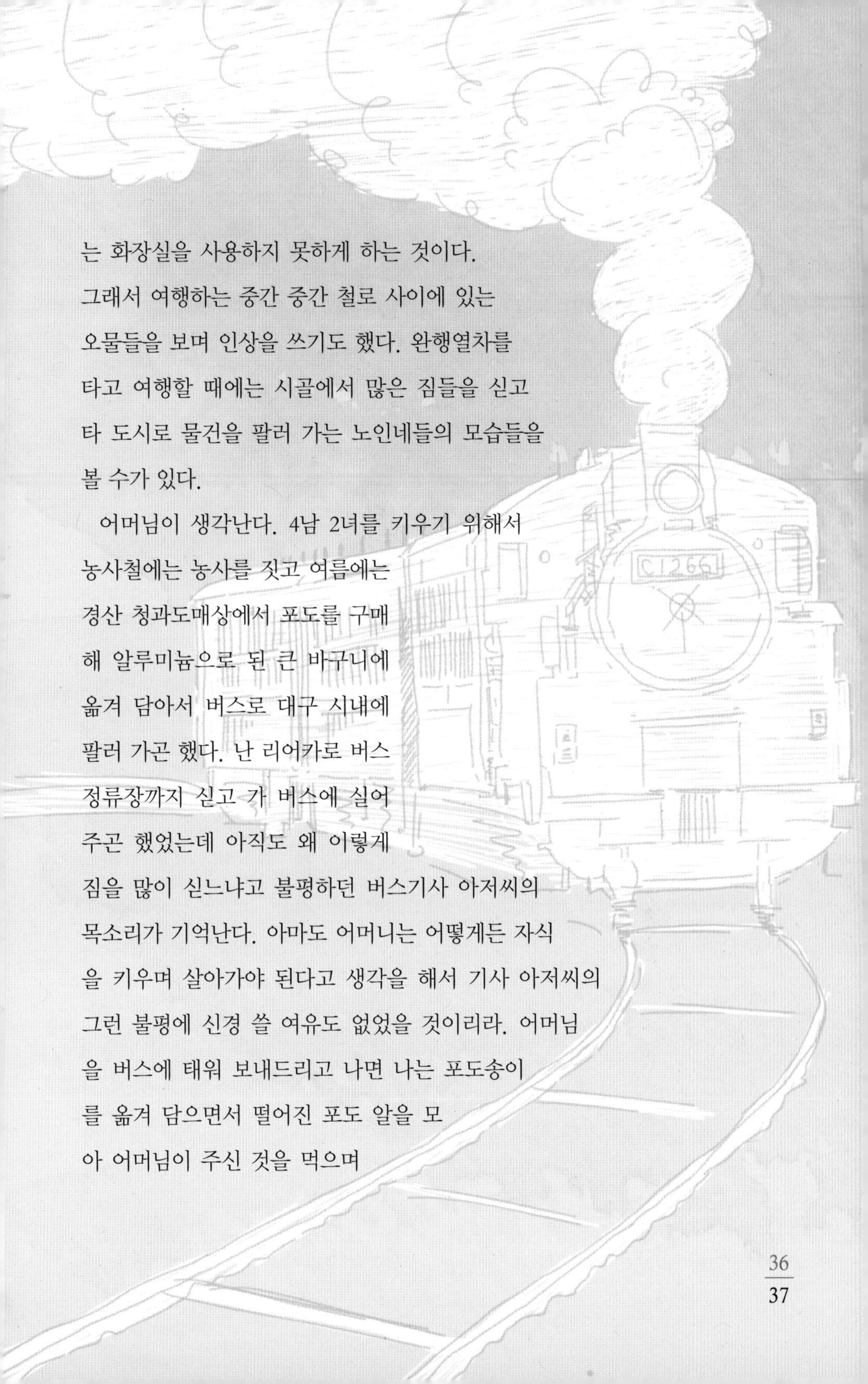

는 화장실을 사용하지 못하게 하는 것이다.
그래서 여행하는 중간 중간 철로 사이에 있는
오물들을 보며 인상을 쓰기도 했다. 완행열차를
타고 여행할 때에는 시골에서 많은 짐들을 싣고
타 도시로 물건을 팔러 가는 노인네들의 모습들을
볼 수가 있다.

　어머님이 생각난다. 4남 2녀를 키우기 위해서
농사철에는 농사를 짓고 여름에는
경산 청과도매상에서 포도를 구매
해 알루미늄으로 된 큰 바구니에
옮겨 담아서 버스로 대구 시내에
팔러 가곤 했다. 난 리어카로 버스
정류장까지 싣고 가 버스에 실어
주곤 했었는데 아직도 왜 이렇게
짐을 많이 싣느냐고 불평하던 버스기사 아저씨의
목소리가 기억난다. 아마도 어머니는 어떻게든 자식
을 키우며 살아가야 된다고 생각을 해서 기사 아저씨의
그런 불평에 신경 쓸 여유도 없었을 것이리라. 어머님
을 버스에 태워 보내드리고 나면 나는 포도송이
를 옮겨 담으면서 떨어진 포도 알을 모
아 어머님이 주신 것을 먹으며

집으로 돌아오곤 했다. 오랜 추억 속의 일이지만 내 기억 속에 또렷이 남아 있는 어머님과 함께한 행복했던 시간이 주마등처럼 스쳐 지나간다.

　광저우에서의 숙박은 한국인 민박집에서 했다. 심천에서 식당에 비치된 교민지에 실린 광저우 민박집, '광주 민박집'의 연락처를 보고 전화를 하니 방이 있다고 했다. 광저우역에 도착해서 택시를 타고 찾아갔다. 중국동포가 운영하는 민박집으로 연세가 지긋하신 아주머님께서 운영을 하고 계셨는데 우리는 방을 하나 빌려서 다섯 명이 함께 이용을 했다. 광저우를 관광하며 이틀을 묵는 동안 신경을 많이 써주신 마음씨 좋은 아주머니였다. 우리가 광저우를 떠나는 날 김밥을 만들어 먹으라고 챙겨주시고 몸소 광저우역까지 우리를 안내해주셨는데 그때의 감사한 마음은 아직도 남아 있다.

　그 혼잡한 광저우역의 수많은 인파를 전쟁하듯이 뚫고 지나갔다. 아이들과 함께 배낭을 메고 기차표를 보여주며 어느 플랫폼을 가야 할지 몰라 우왕좌왕하는데 기차 출발시간은 다 되어가고. 한참을 헤매다가 한 여행객의 도움을 받아서 우리가 탈 플랫폼에 갈 수 있었다. 말이 안 통하니 그냥 기차표만 보여주면서 손짓 발짓으로 의사를 전달했는데 우리가 뭘 원하는지 전달되었던 것이다. 힘들게 기차를 타고나니 완전히 기진맥진했다. 기차를 놓치면 큰일 난다는 생각에 아마도 엄청나게 긴장했던 것 같다.

　광저우에서 창사까지 침대 칸 기차를 타고 왔는데 새벽에 도착하여 어디를 갈 수 없는 시간이라 역 근처에 새벽 일찍 문을 연 식당이 있어서 우선 거기로 들어갔다. 자다가 깨어난 아이들은 아직 정신이 없고 새벽 기온은 제법 추웠으며 식당 안은 많은 여행객들로 붐볐다. 만두와 호빵을 시켜서 아침을 겸해 먹고 나니 날이 밝아 오기 시작한다. 가게를 나와 아침부터 부지런히 지나가는 사람들을 보면서 낯선 중국의 아침을 맞이해본다. 가게 앞에는 화덕에 불을 피워

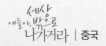

화덕 안에 밀가루 반죽을 한 것을 피자처럼 얇게 밀어 화덕 안에 붙여 요리해서 파는 모습이 신기하여 한참동안 구경했다. 몇 개를 사서 아이들과 함께 먹어 보니 바삭한 것이 먹을 만하다. 여행하는 동안 숙소를 찾는 문제는 여행 가이드 책을 보고 적당한 숙소를 정해서 일단 택시를 타고 비록 말은 통하지 않아도 지도를 보여 주면서 목적지를 가자고 하면 큰 문제없이 찾을 수 있었다. 어떤 곳은 호텔이 Full Booking이 되어 다른 곳으로 가기도 했지만 대부분 중급의 호텔을 이용하는데 큰 어려움은 없었다. 그때그때 감으로 대충 정해서 가다 보니 헤매는 경우도 있어서 힘들지만 또 직접 결정하고 해결하는 과정도 재미가 있다.

창사(長沙)는 중국의 지도자 모택동(마오쩌둥)의 고향이다. 개별적으로 여행하기 힘들어 호텔 측에 도움을 받아 단체관광으로 여행하게 되었다. 점심식사까지 포함해서 당일 일정으로 관광했다.

모택동 생가는 소산에 있는데 창사 시내에서 서남쪽으로 130km 정도 떨어진 곳에 위치해 있다. 모택동이 1893년 12월 26일 태어나 1910년까지 머물던 생가로 1929년 국민당 정부에 의해서 재산이 몰수되고 헐렸으나 공산당 정부수립 후 원형대로 복원되어 지금도 많은 관광객이 찾아오는 곳이다. 가는 곳마다 모택동의 사진과 비디오 그리고 모택동과 관련된 많은 기념품들이 있다. 어쩌면 중국인에게 성지에 속하는 곳이기도 해서 경비원이 생가 보호에 철저히 신경 쓰는 모습을 볼 수가 있다. 1976년에 사망한 모택동은 문화대혁명을 일으켜 수천만 명을 굶어 죽게 하는 잘못을 저질렀다. 그러나 한편으로는 중국의 독립과 주권을 회복하고, 중국을 통일하여 외세에 의해 국토를 유린당한 중국인들의 굴욕감을 씻어준 것으로 인해 긍정적인 평가도 있다. 어쨌든 중국의 현대사에 한 획을 그은 인물의 고향을 둘러보는 시간을 가졌다.

아내는 다섯 명이 여행하면서 벗어 놓은 옷들을 밤마다 화장실에서 빠느라고 힘들어한다. 필리핀에서 가져온 한국 빨랫비누로 밤마다 열심히 옷을 빤다. 그리고 이동할 때마다 다섯 명의 짐을 싸야 하는 어려움도 잘 이겨내고 있다. 아이들에게 각자의 배낭을 직접 챙기라고 하지만 쉽지 않은 일이라 엄마가 신경을 쓸 수 밖에 없다. 어린아이들과 처음으로 장기 배낭여행을 하게 되어 처음에는 힘들어했지만 날이 갈수록 적응이 되면서 나름대로 배낭여행에 재미를 붙이는 아내의 변해가는 모습들을 보게 되었다.

다음에도 기회가 되면 같이 따라가겠다는 아내의 말 한마디에 배낭여행의 스트레스가 말끔히 날아갔다. 우리 가족들은 그렇게 조금씩 여행의 재미를 익혀가며 중국의 이곳 저곳을 여행했다.

한식에 대한 열망은 난징에서 가장 커졌다. 호텔에서 안내를 받아서 힘들게 찾아간 한국 식당에서 아이들이 삼겹살을 구워 폭풍처럼 흡입해 먹는 모습을 보며 우리 부부는 행복해 한다. 나는 소주 한잔하면서 지친 여독을 풀고 잠시나마 편안함에 젖어본다. 어렵다고, 힘들다고 이야기했던 중국여행을 막상 해

보니 할 만하다. 만약에 힘들다고 처음부터 포기했다면 많이 후회할 뻔했다. 배낭을 메고 온 가족이 함께 낯선 거리를 다니는 것은 힘들지만 재미있는 추억거리다. 아마도 아직 어려서 이놈들은 기억을 제대로 할지 모르지만 엄마 아빠가 너희와 함께하고자 했던 의도는 언젠가 알아줄 것이라 생각한다. 온 가족이 집을 나서 함께 자유롭게 어디론가 떠나 보는 것. 떠나는 길 위에서 좌충우돌하면서 힘든 일들도 많이 있지만 그런 것 또한 여행에서 만날 수 있는 묘미라고 생각하면 행복한 일이 아닐까? 애들아 너희도 훗날 가족이 생기면 이렇게 한번 가족과 함께 떠나보렴.

우한은 동호(東湖)가 있는 그래서 다른 도시보다 여유가 있게 느껴지는 도시다. 호텔의 여직원들이 상냥해서 좀 더 인상 깊게 느껴지는 도시이기도 하다. 택시를 타고 호북성 박물관으로 갔다. 삼국시대 오나라 손권 때의 유물을 많이 소장하고 있는데 그중에서 이곳을 대표하고 또 인기가 있는 유물이 '월왕구천검'이다. 2,500년 전의 검이지만 아직도 보관 상태가 양호하다. 춘추전국시대 월왕 구천이 자신이 쓰기 위해 만든 것으로 알려졌다.

아이들은 아직 어려서 박물관에 대해서 큰 흥미를 느끼지를 못한다. 100년이 채 안 되는 삶을 살아가는 인간은 서로 잘났다고, 내가 더 옳다고 기를 쓰며 살아가는데 박물관에서 수천 년의 역사를 보면서 참 부질없는 짓이라는 생각과 삶에 좀 더 겸허해지는 나를 바라보게 된다.

박물관을 나와서 동호에 갔다. 항주의 서호와 쌍벽을 이루는 명승지로 옛날부터 많은 시인과 묵객들이 방문하여 많은 명시를 남겼다고 한다. 다소 쌀쌀한 날씨 때문에 아이들은 상점 안으로 들어가 뜨거운 컵라면을 시켜먹는다. 넓고 편안한 호수, 그리고 호수 곳곳에 지어진 정자들. 아마도 저곳에서 옛날 많은 시인들이 풍류를 즐기며 우정과 사랑을 노래했을 것이다. 현실이 허락할지 모르겠지만 시처럼 삶을 살아보는 것도 좋겠는데. 그러나 지금은 어린 아이들, 아내와 함께 이 여행을 잘 마무리해야 한다는 현실이 나를 기다리고 있다. 정신 차려야지!

이번에는 버스를 타고 황학루를 찾아가 보았다. 어렵게 한 번 도전을 해보았는데 어렵지 않았다. 오나라 손권이 223년에 우한을 차지하여 영주성을 쌓고 그 성에 망루를 건설했는데 이것이 바로 황학루이며 현재의 황학루는 청나라 말에 소실된 것을 1985년에 중건을 한 건물이다.

이태백이 우한을 유람하면서 황학루중취옥적 강성오월락매화(黃鶴樓中吹玉笛

江城五月落梅花 : 황학루 속에서 피리를 부니, 강성의 오월에 매화꽃이 떨어진다.)라는 시구를 남겼다고 한다. 그렇듯이 여기에도 수많은 시인 묵객들이 산 정상에서 올라 멋있는 시 한 수씩을 읊고 지나갔으리라. 날씨가 풀려서 편안히 망루에서 우한 시내를 감상해본다. 멀리 양쯔강도 눈에 들어온다. 세상도 조금씩 눈에 들어오고 내 앞에 놓인 삶들도 조금씩 정리되면서 전체가 보이기 시작한다.

홍콩 ⋯▶ 심천 ⋯▶ 광저우 ⋯▶ 창사 ⋯▶ 우한 ⋯▶ 허페이 ⋯▶ 난징 ⋯▶ 상해

우리가 지나온 길이다. 처음으로 배낭 메고 중국 기차를 타고 도시 간을 이동했으며 숙소는 도착해서 그때그때 해결하는 방법을 택했고 다양한 중국음식들을 맛보고 좁은 호텔방에서 다섯 명이 함께 투숙하며 시끌벅적하게 생활을 해왔었다. 길지 않은 일정이지만 그래도 큰 무리 없이 여행이 마무리되어가고 있어서 고마울 따름이다. 아이들은 별난 아버지를 만나서 어린 나이에 생소한 경험을 해본다. 아이들과 함께 삶을 그려가는 이 순간들이 쉽게 지워지지 않는 기억으로 남으리라 믿는다.

아이들과 함께 그려가는 삶은 사랑과 이해가 바탕이 된 도화지에 여유와 열정으로 만들어진 붓으로 행복한 삶을 그려가는 멋진 작품이 되어야겠지. 한번 멋있게 살아가 보는 거야. 삶은 당당하고 멋있어야 돼. 그러면서 더욱 겸손하면서 남을 배려하는 마음으로 살리라 다짐해 본다.

상해 도착 전에 중국에 계시는 오 창주 대학 선배님에게 도움을 요청했다. 상해에서 아내와 아이들이 2개월 정도 체류하면서 중국어 공부를 할 예정이라 단기간 머물 수 있는 집을 구해줄 수 있는지 도움을 요청을 해놓았다. 앞으로 더욱 세계화되어 가는 세상에 영어 다음으로 중국어가 많이 필요할 것 같아 잠깐이나마 중국 생활과 그리고 중국어를 배우는 기회를 주고 싶어서 중국여행과

함께 계획을 잡았었다.

난징을 출발한 기차는 철도 공사가 많이 있어 중간중간 가다가 정차하기를 반복한 후 마침내 상해에 도착했다. 택시를 타고 알려준 곳으로 찾아갔다. 덥수룩하게 자란 수염과 배낭여행으로 인해 몰골이 형편없는 모습으로 가족들과 함께 사무실로 찾아갔는데 선배님이 반갑게 맞이 해주신다.

여행을 마무리했다는 안도감과 또 어려운 여행을 큰 탈 없이 해냈다는 자부심도 느껴지며 마음이 편안해지는 기분이다. 이런저런 이야기를 나눈 후 지방출장 때문에 공항으로 가야 하는 선배님을 보내고 우리는 회사직원을 따라 미리 알아놓은 아파트로 갔다. 좀 오래된 5층짜리 아파트의 2층에 위치한 곳으로, 조선족 자매가 기거하다가 이사를 하는데 계약기간이 남아서 재임대로 내놓은 것을 소개해주었다. 방 2개면 아내와 아이들이 생활하기에는 큰 불편함이 없을 것 같아 2달 계약을 했다. 도움을 받아서 이렇게 집은 해결을 했고 다음날 아이들이 공부할 중국어 학원도 쉽게 찾을 수 있었다.

중국의 택시기사들이 영어를 전혀 하지 못해서 마닐라로 돌아가기 전 '공항'을 중국말로 어떻게 말해야 하는지 배웠다. 택시를 타고 어디로 가자고 해야 되는데 최소한 먼저 공항이라는 단어를 알아야 했다. 공항을 '지창'이라고 하니 그러면 '푸동 지창'이라고 하면 공항으로 갈 수 있다. 단어 몇 개로 무식하고 용감하게 어디든 가본다.

"택시 기사 아저씨, 푸동 지-창-"

'얘들아, 엄마 말 잘 듣고 재미있게 생활하렴. 이제 담배와도 영원한 이별이
다. 난 너희와 약속을 꼭 지킬 거야. 그러니 너희들도 앞으로 약속을 지켜야 해.'

어느 날 사무실에서 마닐라만을 바라보다가 갑자기 상해에 있는 가족들이 생
각난다. 보고 싶다. 그럼 한번 가볼까? 그럼 이왕 가려면 깜짝 방문이 좋겠지.
나의 즉흥적인 생각은 곧장 행동으로 옮겨진다. 찾아갈 수 있을까? 일단 한 번
해보는 거지 뭐! 푸동공항에 도착해서 버스를 타고 집 근처까지 갔다. 택시를
타고 일단 홍중루로 가자. 가다 보면 대충은 알 수 있을 것 같다. 벌써 날은 어
두워지고 마음은 찾을 수 있을까 하는 불안감으로 초조해지는 그때, 눈에 익은
거리가 나오고 골목 안으로 조금 들어가니 우리 가족들이 살고 있는 아파트가
눈에 들어왔다. 집안에서는 아이들의 떠드는 소리와 아내의 목소리가 들린다.

아내와 아이들이 어떻게 반응할까? 마닐라에 있어야 할 아빠가 갑자기 나타
나면 어떤 반응을 보일까. 나의 장난기와 이벤트를 만드는 끼는 이때부터 시작
되었는지 모르겠다.

긴장되고 설레는 마음으로, "칭가이먼!"(請開門 문 열어주세요).

내가 배운 최초의 중국어 문장이다.

얘들아, 아빠야 문 열어줘.

여보 문 열어줘, 신랑 왔어.

배고파 빨리 밥 줘.

베트남,
캄보디아,
라오스 여행

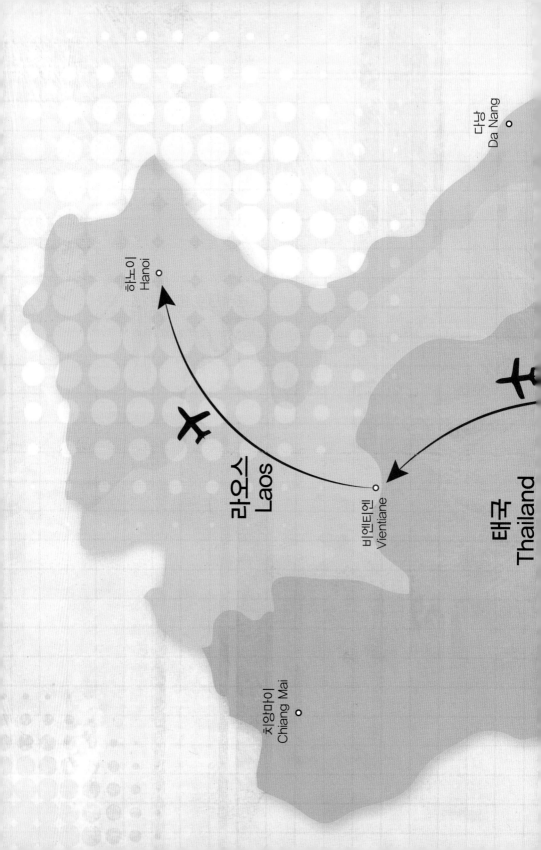

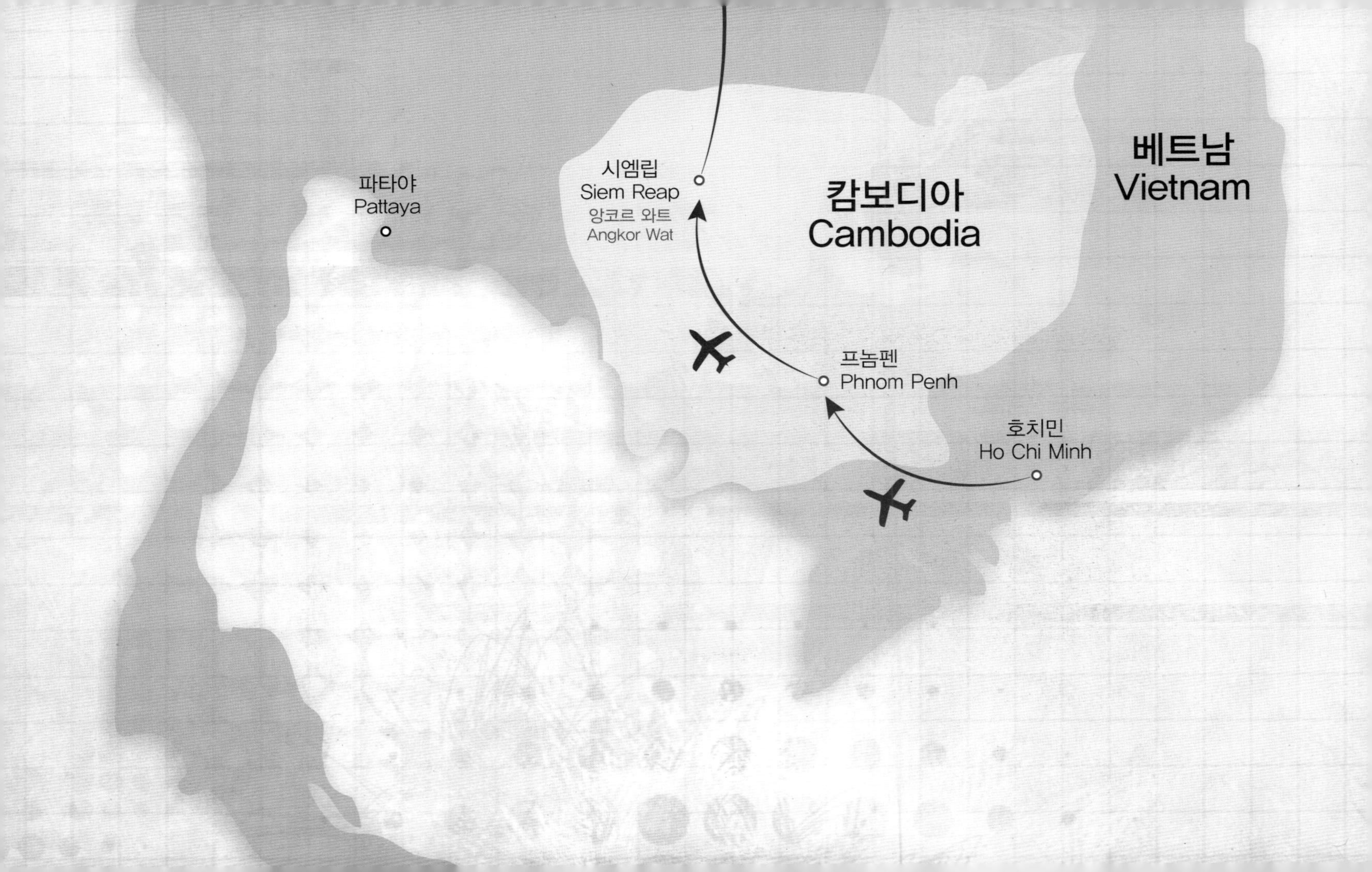

베트남
Vietnam

캄보디아
Cambodia

호치민
Ho Chi Minh

프놈펜
Phnom Penh

시엠립
Siem Reap
앙코르 와트
Angkor Wat

파타야
Pattaya

중국 기차여행을 다녀온 후부터 배낭여행에 자신감도 생기고 또 색다른 즐거움을 발견할 수 있어서 크리스마스를 포함한 짧은 방학기간 동안 어디로 갈까 고민을 하다가 필리핀에서 멀지 않으면서 또 짧은 시간에 여러 나라를 함께 여행할 수 있는 곳이 어디일까 지도를 펴서 본 곳이 베트남, 캄보디아, 라오스. 가족들에게 여행 이야기를 꺼내니 모두 좋다고 한다. 그럼 떠나보자!

여행 일정은 베트남 호치민-캄보디아 프놈펜-캄보디아 앙코르 와트-라오스 비엔티엔-베트남 하노이로 잡았다. 2006년 12월 24일 크리스마스 이브, 일단 비행 일정만 잡고 떠난다. 이번 여행의 컨셉도 배낭여행이다. 각자 자기들 가방은 알아서 책임지고 현지의 관광도 우리가 알아서 해야 한다. 호치민 공항에 도착해서 미리 예약해놓은 호텔로 택시를 타고 갔다. 난 여러 차례 와 본 베트남이지만 가족들은 처음이라 도로를 가득 메운 오토바이 행렬에 신기해한다. 우리가 묵은 곳이 관광객이 많이 오는 지역에 위치한 호텔이라 식당과 여러 가지 관광객을 위한 시설이 가까이 있어서 편리하다. 호텔 체크인 후 가벼운 차림으로 시내를 구경하고, 베트남의 자전거 인력거인 씨클로를 타고 시내관광을 했다. 느리게 주위 풍경들을 감상하며 여행하는 맛이 좋다. 가이드가 없어 스스로 알아서 해야 하는 어려움이 있는 반면에 시간에 구애 받지 않고 자유롭게 여행할 수 있다는 것이 좋다. 다음 관광지는 전쟁 박물관. 베트남전쟁은 모든 사람들에게 너무나 잘 알려진 전쟁인데 개인적으로는 중학교 때 젊은 남자 선생님이 베트남 파병을 갔다 온 무용담을 이야기해준 기억이 있기도 하다. 사진

으로 보는 전쟁의 참혹함, 인간을 황폐하게 만들고 전쟁의 승자도 결국 엄청난 피해를 보게 되는 전쟁, 그래서 어떠한 경우에도 전쟁은 피해야 하지만 현실은 그렇지가 못하다. 인류 역사에 있어서 전쟁은 끊임없이 이어져 왔고 지금도 세계 도처에서 인간이 인간을 죽이는 전쟁이 계속되고 있다. 베트남 파병의 대가로 미국으로부터 지원받은 돈으로 우리 경제를 일으키는데 많은 도움을 주기도 했지만 어떠한 경우에도 전쟁은 없어야 한다는 생각을 하게 된다.

발을 돌려 노트르담 성당과 중앙우체국으로 향했다. 여기서는 아직 편지를 보내거나 장거리 전화를 거는 현지인이나 여행객들이 이용을 하고 있다. 여행객이 엽서를 구매해서 그리운 사람에게 사연을 적어서 보내기도 한다. 학창시절 우체국으로 가서 우표를 사서 누군가에게 밤새 적은 편지나 엽서로 사연과 마음을 전했었는데, 이제는 이메일로 실시간으로 사연을 주고받다 보니 생각과 마음의 깊이가 덜한 것 같아 아쉽기도 하다. 빠른 것이 꼭 좋은 것만도 아닌데…. 아이들이 훗날 엄마 아빠가 주고받았던 편지를 보게 되면 어떤 느낌일까? 누군가를 그리워하며 밤을 지새우면서 써 내려간 것이 진짜 가슴으로 이야기하는 것이 아닐까?

다음날 호텔 측의 도움을 받아 예약한 구찌터널 관광을 갔다. 아오자이 옷을 입은 현지인 아가씨가 영어로 가이드를 해준다. 구찌터널에 도착해서 짧은 거리의 구찌터널을 체험해보는데 영 쉽지가 않다. 좁은 터널을 지나가면서 폐쇄 공포증을 느낄 정도인데 전쟁 중에 이곳을 이용했던 사람들은 참 대단한 것 같다. 쫓고 쫓기는 자들 간의 치열한 머리 싸움의 한 단면을 보는 것 같다. 이제는 누구에게도 득이 되지 않는 그런 게임은 그만해야겠지. 근처에는 돈을 주고 M16을 쏴볼 수도 있다. 이거 뭐 온통 전쟁과 관련된 것들이다. 시내로 다시 돌아와 호치민의 전통 야시장에 들려 관광객이 으레 찾는 쌀국수를 먹었다. 밤이 되면서 많은 현지인과 여행객들로 시끌벅적한 것이 내가 아주 좋아하는 분위기다. 시골 장터 같은 분위기가 사람 냄새를 나게 하고 또 주머니가 가벼운 사람들도 저렴하게 이것 저것 사먹을 수 있어서 좋다.

호치민을 떠나 캄보디아 프놈펜으로 간다. 조카가 미리 캄보디아의 회사 거래처 사람에게 도움을 요청해서 현지인이 공항에 마중을 나왔다. 프놈펜은 내전 중이었을 때(1994년) 와본 후 두 번째로 오게 되었다. 그때보다 정치적으로 그리고 경제적으로 많이 안정되어 있는 느낌이다. 프놈펜에서는 가슴 아프고 그리고 참혹한 역사의 현장이 존재한다. 1975년 정권을 잡은 크메르루즈 정부가 1979년까지 도시민을 인민을 착취한 사람들로 간주해 농촌으로 강제 이주시키면서 수많은 사람들을 처형하고 고문해서 엄청난 희생을 시킨 것이다. 그 중 유명한 곳이 뚜어슬랭이라는 곳인데 크메르루즈가 정권을 잡기 전에는 고등

학교 건물로 사용된 것을 죄수 수용소로 사용하며 고문했던 곳이다. 그러나 사실 대부분 무고한 사람들이 끌려와 고문을 당해서 있지도 않은 죄를 만들어 처형한 것이다. 그 당시 고문으로 죽어간 사람들의 사진과 그리고 여러 가지의 고문 도구들을 보면 인간이 얼마나 잔인할 수 있는지 여실히 보여준다. 다음으로 간 곳은 오래전에 보았던 영화 〈킬링 필드〉의 소재가 된 곳이다. 뚜어슬랭에서 고문으로 죄를 자백 받은 후 이곳 집단 처형장소인 킬링 필드로 데리고 와 처형 후 묻은 곳이다. 나중에 발굴한 유골

로 희생자를 위로하는 탑을 만들어놓은 위령탑이 있다. 수많은 무고한 사람들이 아프고 슬픈 사연들을 안고서 잔인하게 죽임을 당했다는 사실이 가슴을 먹먹하게 한다. 다진이와 쌍둥이는 아직도 이런 것들이 무엇을 의미하는지 잘 모르리라. 더 이상은 이런 슬프고 잔인한 일들은 일어나지 않아야 된다.

다시 비포장도로를 한참 달려 시내로 들어와 현지인이 안내해준 북한 식당으로 갔다. 처음 접해 보는 북한식당, 호기심과 조금은 어색함으로 북한식 요리를 주문해서 먹고, 평양식 냉면도 시켜 먹어본다. 서빙하는 아가씨들의 미모가 보통이 아니다. 아마도 북한에서 예쁜 아가씨들만 뽑아서 데려왔는지도 모르겠다. 아이들과 사진 한 장 찍을 수 있는지 물어보니 흔쾌히 허락한다. 고마워요.

아가씨.

　다음날 캄보디아의 슬픈 현대역사를 뒤로하고 이 나라의 최고 자랑거리인 앙코르 와트로 간다. 국내선을 타고 시엠립에 도착했지만 숙소는 정해지지 않아 일단 무작정 시내로 갔다. 이 나라의 교통수단 중 하나인 툭툭을 타고 몇 군데의 숙소를 확인 후 결정을 한다. 적당한 가격에 시설도 그다지 나쁘지 않다. 오늘은 시간이 늦어 내일 앙코르 와트로 가기로 하고 저녁을 먹기 위해 여행자들이 많이 있는 곳으로 갔다. 많은 관광객이 이곳으로 와서 그런지 나름대로 다양한 종류의 식당이 있어서 선택을 할 곳이 많아서 좋다. 이렇게 저렴하면서 색다른 음식들을 먹어보는 것도 여행의 즐거움 중 하나이다. 이리저리 밤거리를 가족들과 함께 다니는 것 또한 재미있고 행복한 일이다. 식사의 메뉴는 주로 아이들이 좋아하는 것으로 우선권을 준다. 그러나 사실 가족들과 함께 먹으면 무엇이든 맛있지 않겠는가.

　다음 날 앙코르와트로 툭툭
(tuktuk)을 타고 먼지를 날리며
간다. 캄보디아로 여행을 오
는 대부분의 사람들이 이 앙
코르와트를 보기 위해서 온
다고 하는데 실제로 보니 충
분히 그럴 만하다. 12세기 크메르 제국의 황제 수르야바르만 2세가 30년에 걸
쳐 축조를 했는데 정문이 서쪽을 향해 있어서 이 사원이 사후 세계를 위해서 만
들어진 것으로 이해를 하고 있다. 더운 날씨에도 불구하고 수많은 여행객이 관
광을 하는데 그 무리들 속에 우리도 함께하며 사원 이곳 저곳을 둘러본다. 규
모가 보통이 아니고 그리고 조각들의 정교함에 감탄하지 않을 수 없다. 지금은
내전의 후유증과 그리고 가난으로 국민들이 어렵게 살고 있지만, 이 사원이 축
조될 시기에는 엄청 번성했을 것이다. 어쩌면 그때 조상들의 피땀으로 만들어
놓은 것이 지금은 세계의 수많은 관광객을 유치하게 해서 후손들에게 경제적
으로 많은 도움을 주고 있는 것이 아닐까. 참 고맙고 훌륭한 조상들이다. 그런
데 무척 덥다. 아이들은 덥다면서 쉬겠다고 한다. 그래, 어쩌면 너희의 눈에는
뭐 단순한 돌덩어리로 보이기만 하겠지. 단체 관광이 아니고 또 가이드가 있는
것도 아니라서 누구 눈치 볼 필요 없이 그냥 하고 싶은 대로 하면 된다. 그늘에
쉬면서 앙코르 와트를 바라보는 것도 괜찮다. 너무 바삐 구경하면 전체를 볼
여유가 없어서 기억 속에 제대로 각인이 안 될 수도 있을 것 같다. 사실 이 많
은 유적을 하루 만에 다 둘러보는 것은 무리다. 그러나 똑같은 장소를, 거기에
다 아직 유적에 대해서 잘 이해를 못하는 아이들에게 이틀을 구경시키는 것도

아이들이 좋아하지 않을 것 같다. 그래서 오늘은 최대한 늦게까지 이곳에서 많은 시간을 보내기로 한다.

이틀을 시엠립에서 보낸 후 앙코르와트와의 만남을 뒤로하고 라오스 수도 비엔티엔으로 간다. 라오스를 여행지로 택하게 된 것에 특별한 이유는 없었다. 캄보디아나 베트남처럼 유명한 관광지가 있는 것도 아니고 또 특별히 매력적인 요소들이 있는 것은 아니었지만 단지 캄보디아와 국경을 접하고 있는 은둔의 나라여서 한번 경험을 해보고 싶었다. 공항에 도착해서 택시를 타고 예약해 놓은 호텔로 가는데 한 나라의 수도라고 하기에는 아직 제대로 개발이 안 된 느낌이다. 그래서 오히려 한편으로 편안한 느낌을 준다. 호텔이 비싸서 방을 하나만 예약했지만 우리 가족 다섯 명이 호텔에서 한방에 투숙한다는 것을 알면 허락을 하지 않을 것 같아서 아이들에게 로비에 멀리 떨어져 있는 소파에 기다리게 하고 체크인을 했다. 눈에 띄지 않기 위해서는 체크인 후 가족들이 나누어서 룸으로 올라가야 하는데 엘리베이터를 타기 위해 온 가족이 함께 가는 모습을 프런트 아가씨가 보고 말았다. 앗! 어떡하지. 할 수 없다. 우리는 일단 그냥 엘리베이터를 타고 룸으로 가면서 만약 안 된다고 하면 룸을 하나 더 얻어야 겠다고 생각했다. 문을 열고 들어가자 마자 전화벨이 울린다. 직감적으로 문제가 있음을 느끼며 전화를 받았다.

"다섯 명이 룸 하나에 투숙할 수는 없습니다. 방을 하나 더 얻으셔야 합니다."

룸 하나로 어떻게 해보려고 했는데 실패다. 그러나 사실 아이들이 덩치가 커서 다섯 명이 함께 생활하는 것은 무리이기도 하다. 어쨌든 비용을 절약하기 위해 해본 시도이지만 조금은 창피하기도 하다. 아이들이 커서 좋기는 한데 이제 여행을 할 때 비용이 많이 들게 되는 단점이 있다. 쌍둥이가 태어나 한 돌이 되기 전에는 두 놈을 양손에 안고 다니기도 했는데 벌써 초등학교 4학년이 되었다. 엄청 많이 먹어서 살이 찔까 걱정이 되기도 하지만 살이 나중에 키로 간다고 하니 그렇게 믿어 볼 참이다. 저녁은 아이들이 한국 음식을 먹고 싶다고 해서 호텔에 혹시 한국 식당이 있는지 물어보니 있다고 한다. 주소를 받아서 도착한 식당의 분위기가 좀 이상하다. 자세히 보니 북한 식당이다.

북한 누나들과 함께

"애들아, 어떡해. 북한 식당이야."
"아빠, 그냥 여기서 먹어봐요."

지난번 프놈펜에 있는 북한 식당에 가보았기 때문에 아이들은 괜찮은가 보다. 문을 열고 들어가 보니 손님은 한 명도 없고 서빙하는 아가씨 두 명만 우리를 맞이해준다. 느낌이 조금은 어색했지만 반갑게 맞이해주는 아가씨들과 이야기를 하면서 곧장 자연스러워졌다. 아이들이 좋아하는 고기 메뉴를 시켜 먹으면서 가끔 동무 아가씨들과 이야기를 하는데, 아가씨들이 우리에게 관심을 보인다. 아마도 아직 이곳에 교민 수가 많지도 않은 것 같고 또 아이들과 함께 여행을 하는 것이 보기가 좋았는지 모르겠다. 어린 여동생뻘인 고운 아가씨들을 보며 이제는 갈수록 무감각해져 가는 통일에 대한 국민들의 열망을 생각해보게 된다. 분단이 고착화되면서 특히 젊은 세대들은 남북한으로 나뉘어서 살아가는 것을 당연한 것으로 받아들이는 것 같아 안타깝다. 북한의 정권을 유지하기 위해 수많은 북한 동포들이 희생당하고 고통 받는 현실이 슬프다. 통일이 되면 우리 민족이 다시 한 번 뻗어 나갈 수 있는 기회가 되고 또 강대국들과도 어깨를 나란히 할 수 있는 토대가 될 것이 분명한데. 그러나 통일의 그날은 언제 올지 아무도 예상할 수가 없다. 식사가 끝날 때까지 다른 손님들이 오지 않아 우리만 식사를 하게 되어 식당을 완전히 전세 낸 것 같다. 색다르게 경험해보는 저녁 식사다.

다음날 이곳 비엔티엔에서 그래도 관광지로 가볼 만한 곳인 탓루앙으로 간다. 이곳은 라오스의 가장 큰 상징물로 라오스 불교의 대표적인 사원인데 관광객들뿐만 아니라 내국인들에게도 유명한 곳인 것 같다. 대부분 현지인들이고 가족이나 친구들과 관광하는 현지인의 모습을 보게 된다. 태국과 더불어 동남아의 대표적인 불교국가인 라오스는 은둔의 나라이며 아직 제대로 외부 세계에 많이 알려지지 않아서 앞으로 발전할 가능성이 많고 또 앞으로 많은 사람들이 이곳을 찾아올 것이다. 아이들과 함께 사진을 찍으며 한가롭게 사원의 이곳 저곳을 둘러본다. 부처님이 이 세상에서 구하고자 한 것은 무엇이었고 또 중생들에게 무엇을 이야기하고자 했을까. 인간이 생로병사의 고통에서 벗어나는 길을 찾고자 6년간의 수행 끝에 깨달음을 얻었는데 그것은 해탈과 열반이었다. 일체의 속박에서 벗어나 어떠한 상황에서도 집착하거나 구속되지 않는 자유로움과 그래서 괴로움에서 벗어나 행복하게 살아가는 것을 말씀하시는데 우리 같은 중생이 쉽게 될 수 있는 것은 아니겠지.

자문해본다. 나는 행복한가? 나는 자유로운가? 나는 어떤 사물과 현상에 대해서 또는 나와 다른 의견에 대해서 '틀림'이 아니고 단지 '다름'임을 깨닫고 있는가? 그리고 그것을 행동으로 옮기는가?

삶의 최우선 가치는 행복이다. 내가 먼저 행복해야 가족이 행복하고 그래서 결국은 주위에 있는 모든 사람이 함께 행복해지는 것이 아닐까?. 그래서 난 우리 아이들이 '성공해서 행복해지는 것이 아니고 행복하게 살게 되면 그것이 곧 성공이다'라는 것을 이야기해주고 싶다. 요즘 같은 물질만능주의와 출세주의에서 어울리지 않는 이야기일지 모르지만 굳건한 자아와 삶의 소신을 가지고 인생을 살아간다면 충분히 잘 살아갈 수 있으리라 믿는다.

다음으로 파리의 개선문을 본떠 만든 빠뚜사이로 간다. 프랑스로부터 독립을 기념하기 위해 만든 시멘트 건축물로 4층 구조의 가파른 계단을 올라 전망대에 도착하니 비엔티엔 시내가 한눈에 보인다. 아직 제대로 된 고층건물이 없어서 4층에서도 시내를 훤하게 볼 수가 있다. 호텔로 돌아가는 길에 재래시장이 보여 잠깐 들렀다. 과일과 기념품가게, 옷 가게 등이 함께 모여 있어서 구경하는 재미가 쏠쏠하다. 아내는 싼 가격으로 기념품 몇 점을 사고, 과일을 사서 아이들과 나누어 먹는다. 여행의 맛은 이렇게 현지인들의 삶에 들어가 경험을 하면서 무언가를 느껴보는 것에도 있다. 어릴 적 시골의 5일 장터에서 느낀 풍성

함과 인간적인 분위기를 이곳에서도 경험해본다. 장작불로 큰 가마솥에 벌겋게 끓인 그때의 쇠고기 국밥 맛은 아직도 잊을 수가 없다. 세월이 지나면 옛날 것은 모두 그리워지는 것인가. 아마도 시골 장터에는 사람이 모여 많은 사연들이 오고 가고 거기서 인간적인 정들이 흘러서 일지 모르겠다. 자연스러움과 인간의 본성으로 돌아가는 그 감성이 좋다. 라오스의 재래시장에서 느껴보는 단상이다. 가족들과 함께 자유롭게, 시간의 제약 없이 비엔티엔의 골목길을 돌아다니며 저녁에는 여행자들이 많다는 곳으로 가서 저녁을 먹고 또 새로운 분위기에서 여행자의 기분을 느껴보며 맥주를 한잔한다. 지금의 이 느낌과 행복감을 오래 간직하자.

짧은 일정을 비엔티엔에서 보내고 이번 여행의 마지막 도시인 베트남의 수도 하노이로 간다. 하노이를 여행지로 선택한 것은 베트남의 수도라는 상징적인 것도 있지만 영상으로 본 멋진 하롱베이를 가보기 위함이다. 공항에 도착하니 이곳에서 사업을 하고 계시는 지인이 마중을 나오셨다. 마닐라에서 여러 번 뵈었는데 이곳에서 뵈니 반가움이 더하다. 호텔 체크인 후 근처 식당으로 우리를 데려가 저녁까지 사주시니 그저 감사한 마음뿐이다. 낯선 곳에서 이렇게 도움과 호의를 받는 것은 기분 좋은 일이고 또 인연의 소중함을 느껴보는 계기가 되고 가족들에게는 아빠로서 조금 체면이 서기도 한다. 다음날 하노이 시내를 관광하면서 베트남의 전통음식인 쌀 국수를 먹어보기도 하고 하노이의 분위기를 느껴본다. 어디를 가나 벌떼처럼 지나가는 오토바이의 행렬은 베트남만의 고유한 모습을 보여준다. 아슬아슬하게 차량 사이로 지나가는 운전 솜씨, 그 많은 오토바이가 동시에 잘도 부딪치지 않고 운전하는 모습을 보는 것도 눈요기가 된다. 하노이가 마지막 여행지라서 선물가게에서 싸고 예쁜 것들을 구매한다. 비싸지 않고 그 나라의 특색을 나타내는 것들이 있으면 사는 것도 여행의 재미

중 하나이기도 하고 그리고 이렇게 여유 있게 여행을 하는 것이 좋다. 아이들과 많은 관광지를 들러 보는 것도 좋지만 이렇게 함께 다니는 것 자체만 해도 의미 있고 재미있기 때문이다. 시간이 허락하는 대로 대표적인 몇 군데의 관광지만 둘러보며 하루를 보냈다. 시내를 관광하면서 길거리의 다양한 음식들을 사먹어 보는 맛도 괜찮다.

다음날 하롱베이(Ha Long Bay)로 갔다.

호텔에서 예약해놓은 단체 관광인데, 아침 7시에 우리가 묵고 있는 호텔로 와서 픽업을 하고는 다시 다른 호텔로 가면서 여행객들을 차례로 태운다. 차가 막히는 복잡한 도로를 지나가면서 마지막 호텔까지 가서 여행객을 픽업하니 자리가 거의 다 채워진다. 그제야 차는 시외로 빠져 나가고 평화로운 베트남의 교외모습을 보면서 4시간 정도 달리니 하롱베이가 있는 바이짜이에 도착한다. 이곳이 워낙 유명한 곳으로 알려져 있어서인지 많은 관광객들로 붐빈다. 선착장에는 관광객들을 태우고 갈 소형의 보트들이 즐비하게 정박되어 있으며 우리 일행들은 가이드가 안내해주는 배를 타고 하롱베이로 투어를 떠났다. 하롱의 뜻은 하늘에서 용이 내려온다는 것인데 그 이름만큼 이곳의 풍경이 한 편의 산수화 같은 모습이다. 바다의 계림이라고도 불리는 이곳 하롱베이는 3,000개의 섬이 파노라마처럼 펼쳐졌는데, 배가 앞으로 나아갈수록 여러 형태의 멋진 섬들이 나타나고 바다와 같이 어울려 유토피아를 만들어낸다. 자연이 만들어내는 멋진 풍경은 인간이 상상하는 그 이상이다. 황포를 매단 돛단배가 유유히 통킹만을 가르는 모습 또한 멋있다. 이쯤에서 우리 인간은 좀 더 낮아지고 겸손해져야 할 것이다. 한참 멋진 풍광을 감상하고 또 그것을 배경으로 가족들과 사진을 찍고 나니 배에서 점심을 준비해주는데 해산물로 이루어진 점심식사는 먹을만하다. 이 무릉도원 같은 곳에서도 인간의 고단한 삶은 이어진다. 작

은 배에 형형색색의 과일 좌판을 만들어서 관광객들에게 판매하기 위해 열심히 물건을 권유하는 베트남 현지인의 모습을 보게 된다. 병풍 같은 산수화를 즐기고 나서는 이곳에서 규모가 제일 큰, 항한(Hang Hanh)이라 불리는 동굴로 간다. 이곳도 대표적인 관광코스 중에 하나인지 수많은 배들이 사람들을 실어 나르고 있다. 길이가 2km가 된다는 동굴을 구경하고 나니 벌써 돌아갈 시간이다. 사실 선상에서 1박하는 상품이 있는데 그것을 이용해서 아침부터 저녁까지 변해가는 하롱베이의 모습을 보았으면 좋겠다는 생각이 들며 한편으로는 짧은 시간이 아쉽다는 생각을 해보며 하롱베이 관광을 마친다.

동남아 3개국 여행을 무사히 마치고 다음 날 오전 하노이에서 마닐라로 가는 비행기에 몸을 싣는다. 이제 두 번째 가족여행이 끝나간다. 아이들은 알까? 이렇게 함께 가족과 여행을 한 것이 얼마나 행복한 일인지…. 사실 어릴 적 집안

의 형편이 좋지 않아 초등학교 때 수학여행을 어머니가 보내주지 않아서 엄청 실망한 기억이 있다. 집 앞 마늘 밭에서 어머니를 도와 일을 하고 있는데 그때 수학여행을 마치고 돌아오는 친구들을 보면서 마음이 아팠던 기억이 아직도 또 렷이 남아 있기는 하지만 상처로 남아 있는 것은 아니다. 어머님이 힘들게 살 아가시는 모습을 보면서 조금은 철이 들었는지도 모르겠다. 그때의 내 나이인 아이들을 데리고 세상 밖으로 나와 이렇게 함께 여행을 하게 된 것은 행운이고 또 정말 감사한 일이다. 하나씩 내가 원하는 꿈을 이루어가는 것에 늘 감사하 며 앞으로도 즐겁고 신나는 꿈을 꾸고, 그 꿈을 이루기 위해 가족들과 함께 노 력해나갈 것이다.

뉴질랜드
캠프벤여행과
호주 여행

호주
Australia

퍼스
Perth
o

애들레이드
Adelaide
o

그레이트
오스트레일리아 만

멜버
Melbou
o

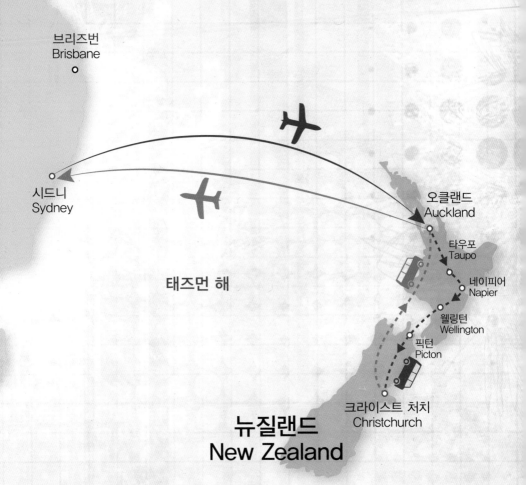

산호해 제도

브리즈번
Brisbane

시드니
Sydney

태즈먼 해

오클랜드
Auckland

타우포
Taupo

네이피어
Napier

웰링턴
Wellington

픽턴
Picton

크라이스트 처치
Christchurch

뉴질랜드
New Zealand

어느 날 필리핀에서 다국적 기업의 현지 법인 대표로 계시는 김 종우 사장님과 차를 타고 가다가 여행 이야기가 나왔었다. 평소 여행을 좋아하던 나는 그분의 이야기에 귀가 번쩍했다. 뉴질랜드에서 캠프밴을 빌려서 온 가족이 여행을 했는데 차에서 잠도 자고 밥도 해먹으면서 시간에 쫓기지 않고 여유가 있어서 참 좋았다는 이야기를 들었다. 나는 잠시 흥분되면서 그때부터 내 마음속에는 가족과 함께 뉴질랜드 캠프밴 여행을 떠나야겠다는 생각이 깊이 자리하기 시작했다.

2007년 가을, 마음속에 있던 여행을 실행하기로 했다. 아이들이 크리스마스를 전후해 20일 정도 방학이 있어서 그때 여행을 가기로 마음을 먹고는 이러한 여행에서 제일 중요한 캠프밴을 먼저 예약을 했다. 캠프밴이 예약되지 않으면 이 여행의 의미가 없기 때문이다. 뉴질랜드에 있는 렌터카 회사 연락처를 어렵게 구해서 전화를 걸었다. 뉴질랜드 영어의 강한 엑센트다.

"○○부터 약 2주간 5명이 탈 수 있는 캠프밴을 빌리고 싶은데 가능한가요? 차는 오클랜드에서 픽업하고요."

잠시 기다려 보라고 하더니 차는 가능한데 수동이라고 한다. 한 번도 해보지 않은 오른쪽 핸들, 거기에 수동이라고? 잠시 망설이다가 어떻게든 되겠지 생각하고 예약을 해버렸다.

드디어 다가온 여행 날, 모두 들뜬 마음으로 시드니를 경유해서 뉴질랜드 오클랜드에 도착했다. 그런데 뉴질랜드 세관 통관에 문제가 생겼다. 여행 동안 먹으려고 챙겨간 음식물을 제대로 신고하지 않아 세관에 지적을 당한 것이었다. 세관원에게 뉴질랜드 여행이 처음이라 몰라서 그러니 한번 봐달라고 부탁을 했다. 다행히 반입 금지 품목들은 아니라서 통과가 되었지만 사실 뉴질랜드가 목축업이 주요 산업 중 하나라서 식품의 반입에 대해서 무척 엄격하게 관리를 하고 있는 것이다. 차량 인수는 다음날 하기로 되어 있어 예약해놓은 호스텔에 체크인을 했다. 그날 저녁에는 대학교 1년 선배님이자 서울에 있는 해운회사에 근무할 때 같은 회사에 다녔던 서재운 선배님 집에 초대되어 갔다. 오랜만에 재회를, 그것도 한국에서 멀리 떨어진 곳에서 가족들과 함께 만나다 보니 반가움이 더 했다. 그날 포도주를 마시면서 많은 이야기를 나누었는데 인연이 이렇게도 이어지는 것에 대해 참 감사한 마음이고 앞으로 살아가면서도 만나게 되는 인연들을 잘 이어가야겠다는 생각을 해본다.

다음날 호스텔에서 간단히 아침 식사를 해서 먹고 렌터카 회사 MAUI로 간다. 차를 반납하고 픽업하는 사람들로 사무실이 붐비어 시간이 좀 걸렸다. 우리 차례가 되어 국제 운전면허증과 관련 서류를 주고서 30분쯤 지나니 우리 차가 준비되었다고 하면서 차가 있는 쪽으로 안내한다. 캠프밴이 보인다. 수년 전부터 꿈꾸어 왔던 것이 현실이 되는 순간이라 다소 흥분이 된다. 차 내부로 들어가니 주방이 있고 침대와 소파도 있다. 이것이 바로 내가 원하던 여행이다. 차의 작동법을 익히는데, 와우! 자동기어다. 사실 차를 예약하고 나서부터 오른쪽 핸들 운전에다 수동기어로 뉴질랜드를 종단하는 것에 대한 부담이 무척 컸다. 차에 대한 상태를 확인해서 관련 서류에 사인을 해주고 차 키를 받았다.

"얘들아, 우리 이제 여행 시작이다. 짐을 모두 차에 실어라."

지금부터는 아빠인 내가 모든 것을 알아서 해야 하는 상황이다.

차량을 인수 받은 후

"다진아 너는 조수석에 앉아서 지도를 보고 이야기해줘. 왼쪽인지 아니면 오른쪽인지."

이제 남쪽으로 내려가기 위해서 시내를 벗어나 국도로 올라가야 한다. 국도에만 올라가기만 하면 일직선으로 된 도로를 따라가면 되는데 어떻게 시내를 빠져 나갈지 걱정이다. 처음으로 해보는 오른쪽 핸들운전에 대해서 감각을 잠깐 익히고는 렌터카 주차장을 빠져 나와 도로를 주행한다. 반대로 움직이는 차선, 그리고 교차로에서 어느 쪽으로 가야 할지 허둥대며 정신을 못 차린다. 뒤에서 차들은 밀려오고 어떻게 할지 몰라 진땀을 흘린다. 그런데 쌍둥이와 아내는 아빠를 믿는지 침대에 한가롭게 누워있다. 아빠는 정신을 못 차리면서 어쩔 줄을 모르는데 태평이다. 그렇게 한참을 우왕좌왕하다가 어떻게 해서 겨우 국도로 차를 올린다. 완전히 십 년 감수한 기분이다.

무조건 한번 도전을 해보는 성격이지만 오늘은 정말 힘들다.

시내를 벗어나니 전형적인 뉴질랜드의 모습이 나타난다. 완만한 경사로 이어지는 작은 능선들 그리고 초원 위에 양떼들이 한가롭게 풀을 뜯고 있다. 그리고 가끔 나타나는 집들의 평화로운 모습이 무척 여유로운 느낌으로 다가온다. 사람 수보다 양떼 수가 더 많다고 하는 뉴질랜드, 여기서는 도시의 복잡함과 바쁜 모습은 전혀 찾아볼 수가 없다. 자연의 모습에 순응하는 삶들이다. 그냥 자연이 가고자 하는 대로 살아가면 되는 듯하다. 그런 면에서 보면 이 나라는 축복받은 땅이 아닌가 생각된다. 처음으로 캠프밴을 운전하며 가족들과 함께 여행하는 느낌이 참 좋다. 그냥 우리가 원하는 곳으로 천천히 바람처럼 자유롭게 가면 되는 것이다. 가다가 적당히 캠핑할 장소를 찾아가면 된다. 가는 도중에 슈퍼마켓에 들러 쌀과 기타 필요한 부식들을 구입한다. 렌터카 회사에서 제공해준 책자에 도시마다 캠프밴들이 주차해서 물과 전기를 얻을 수 있는 캠핑 사이트에 대한 안내가 되어 있어서 편리하게 이용할 수가 있다. 차량의 크기에 따라 사용료가 다르지만, 기본적으로 크게 비싸지 않아서 부담이 크지는 않다. 그리고 바베큐와 샤워 시설도 있어서 편리하게 이용할 수가 있다. 한번은 캠핑 장에서 우리 옆 차에 주차해놓은 미국인 노부부와 함께 시간을 보내면서 즐거운 시간을 함께 하기도 했다. 그 노부부는 한 달 넘게 뉴질랜드를 캠프밴으로 여행 중이라고 했다. 아마도 젊은 시절을 열심히 살며 또 사랑했을 것이고 지금은 인생의 황혼기에 사랑하는 사람과 함께 여러 세상과 다양한 사람들을 만나면서 여행을 떠나는 모습이 멋지다. 나도 비슷한 모습으로 늙어가는 꿈을 꾸어본다. 꿈을 꾸면 언제인가 이루어지리라.

대략적인 일정을 잡아본다. 오클랜드-해밀턴-타우포-네이피어-파머스턴
-웰링턴-픽턴-크라이스트처치까지 갔다가 다시 오클랜드로 되돌아오는 일정
이다. 오클랜드에서 호주 시드니로 가는 비행기 표를 예약했기 때문이고 차량
도 오클랜드에서 다시 반환하는 조건으로 렌트를 했기 때문이다. 시드니로 가
는 비행 일정은 정해졌기 때문에 그 날짜에 맞추어 다시 돌아와야 한다. 시간
이 촉박하면 그냥 갈 수 있는 만큼 갔다가 다시 돌아오면 된다. 비록 알아서 책
임지고 여행을 진행해야 하지만, 한편으로는 자유롭게 우리가 원하는 대로 할
수 있어서 좋다. 캠프밴으로 여행을 하는 사람들 대부분이 서양 사람들이고 동
양 사람들은 전혀 볼 수가 없다. 아직 이러한 여행 패턴이 제대로 알려지지 않
아서 일수도 있고 아니면 직접 여행에 대해 모든 일정을 짜서 책임지고 한다는
것이 쉽지 않을 수 있어서인지도 모르겠다. 그러나 가능하면 온 가족들과 함께
차에서 같이 잠을 자고 음식을 해먹으면서 여유롭게 여행을 해보는 것도 재미
있고 또 추억거리도 많이 생겨서 가족 간의 정을 돈독히 하는 데 많은 도움이
될 것 같다.

캠핑 장에서 식사를 해서 먹는 것, 운치가 있다. 슈퍼마켓에서 아이들이 좋
아하는 음식 재료를 산 후 요리를 해서 차에 비치된 휴대용 테이블을 꺼내 야
외 잔디밭에서 식사할 때는 어느 고급 레스토랑에서 먹는 것보다 더 분위기 있
고 맛있다. 가끔 스테이크를 구워 포도주를 한잔 하게 되면 세상 더 이상 부러
울 것이 없기도 하다. 행복은 이렇게 사랑하는 사람들과 함께 맛있는 음식을
같이 먹을 때도 함께한다. 가끔은 요리를 좋아하는 내가 김치찌개를 만들어주
면 아이들이 무척 좋아한다. 맛있게 먹어주는 모습을 보는 것, 그것 또한 기쁨
이다. 나의 요리를 맛있게 먹어주는 가족이 있다는 것, 이것이 얼마나 큰 축복
인가. 이렇게 사소한 것에서 행복을 느끼고 함께 추억을 만들어 간다. 가끔 점

심은 차를 세워 요리해 먹고 가기도 한다. 벤치가 있는 한적한 곳에 차를 세워 아이들이 좋아하는 짜장 라면을 끓여 먹기도 했는데 그 분위기와 맛이 오래 기억에 남는다. 따듯한 날씨에 야외에 설치된 테이블에서 여유롭게 식사를 한 기억. 뉴질랜드 여행을 생각하면 꼭 떠오르는 추억이 될 것 같다.

가끔 다음 목적지에 늦지 않게 도착하기 위해 새벽에 출발하기도 했는데 그때 아내도 함께 일어나 조수석에 앉아서 피곤하게 운전하는 나를 도와주기도 한다. 아직도 어둠이 짙게 깔린 도로를, 차량의 통행이 한적한 새벽 길을 운전하면서 이런저런 많은 이야기를 나눈다. 다진이와 쌍둥이 아들은 여전히 깊은 잠에 빠져 있다. 이놈들은 엄마 아빠와 함께 떠나온 이 시간을 기억할까? 훗날 어떤 감정으로 추억하게 될까?

날이 밝아 오면서 주위의 풍경들이 보이기 시작한다. 길은 바다를 접한 해안가를 따라 이어진다. 바닷가 한적한 곳에 차를 세워서 아내와 함께 따뜻한 햇살을 느껴본다. 바닷가로 가서 얼굴을 스쳐가는 바람의 촉감을 느껴보는데 멀리 우리 차량 뒤에 있는 눈 덮인 설산의 모습이 눈에 들어온다. 여러 가지 감정들이 교차한다. 시집와서 예쁜 딸과 튼튼한 쌍둥이를 낳아준 아내가 고맙다. 쌍둥이 아빠가 되는 것이 그리 쉬운 일인가. 평범하지만 큰 어려움 없이 무난하게 살아갈 수 있는 게 얼마나 감사한 일인가. 온 가족이 함께 우리의 임시 집이 된 차를 타고 이 도시 저 도시를 다니면서 함께 추억을 만들어가고 있는 것에 정말 감사한다. 아내가 아침을 해서 아이들을 깨운다.

"얘들아, 이제 그만 일어나. 아침 먹자. 여기가 어딘지 아니? 우리 멀리 왔다."

우리는 함께 떠나 왔었지
가족이라는 이름으로 함께 떠나 왔었지
엄마로서 아빠로서 딸로서 그리고 아들로서
길 위에서 함께 우리들만의 추억을 만들어 가고 있지
나의 아픔이 우리들의 아픔이고
너의 아픔이 우리들의 아픔이고
나의 웃음이, 너의 웃음이 우리들의 웃음이고
너희가 엄마 아빠에게 온 순간부터
우리는 그 모든 것을 함께 하게 되었지

보이지 않아도 마음은 이어지고
말하지 않아도 느낄 수 있고
그러했었지
우리는 그것을 사랑이라고 말하지
사랑은 아무것도 바라지 않고 그냥 주는 것이지
사랑은 네가 힘들어할 때 곁에 그냥 묵묵히 함께 있어 주는 것이지
사랑은 한결같이 변함없음이지
우리는 지금 함께 여기에 있고

세상
애들아, 밖으로
나가거라 | 뉴질랜드·호주

우리는 세월이 흘러도 함께 같은 방향으로 걸어갈 것이고
그래서
먼 훗날에도 우리는 계속 지금처럼 그렇게 함께 하겠지

　북섬의 마지막 도시 웰링턴까지 도착한다. 여기서는 배에 차를 싣고 남섬으로 건너가게 된다. 자동차를 화물로 선적하고 나서 우리는 모두 선실로 올라간다. 선실에서 식사를 하면서 또 배로 여행하는 재미를 느껴본다. 3시간 여의 항해 끝에 배는 남섬 Picton에 도착된다. 도착하니 벌써 날은 어두워져 있고 비도 내리고 해서 우리가 가고자 하는 캠핑사이트를 찾기가 쉽지가 않다. 몇 번을 물어가며 겨우 도착하니 아이들은 배가 고프다고 난리다. 그렇게 우리는 이 여행에 조금씩 적응이 되어가는 것 같다. 집이 된 좁은 차 안에서 다섯 명이 생활하다 보니 아이들끼리 또는 엄마 아빠와 갈등하는 경우도 많다. 아이들은 서로

좋은 자리에서 자겠다고 다투기도 하는데 어쩌면 그렇게 해서 형제간의 미운정 고운정이 드는 것이 아닐까? 우리가 이런 여행을 하는 것은 가족끼리 좀 더 많은 시간을 함께 하면서 많은 경험과 또는 어려움을 함께하고 그렇게 해서 좀 더 부모와 많은 추억을 만들기 위함이다. 그냥 돌아갈 날짜만 정해놓고 그날그날의 상황에 따라다니는 자유로운 여행이지만 가끔은 모든 것을 직접 확인하고 결정을 해야 하는 어려움이 있다. 그러나 우리 가족끼리 우리의 의지대로 움직일 수 있다는 것이 또한 매력적이다. 오늘은 특별히 내가 김치찌개와 몇 가지 특별한 음식을 요리해서 가족들에게 맛보여 주는데 모두들 배가 고픈지 맛있게 먹어준다.

　남섬에 도착해서 계속 남하해 내려간다. 빙하와 또 멋진 자연환경을 가진 밀포드 사운드(Milford Sound)까지 가고 싶지만, 다시금 오클랜드까지 돌아가야 하는 일정이라 시간적인 여유가 되지 않아 크라이스트처치(Christchurch)까지만 가야 한다. 반환점인 크라이스트처치는 뉴질랜드에서 두 번째로 큰 도시이지만 인구는 40만 명이 안 되는 곳이다. 크라이스트처치라는 이름은 영국 옥스퍼드 대학의 크라이스트처치 컬리지 출신 젊은이들이 새 땅에서 새로운 사회를 만들려고 1840년 6개월 동안 배를 타고 건너와 모여 정착을 하게 되어 붙여진 이름이라고 한다. 식물원과 넓고 아름다운 공원이 많아 '정원도시'라고도 불리는데

우리는 시내만 둘러보았다. 이
곳의 대표적인 건물로 1864년
에 짓기 시작하여 1901년에 완
공된 크라이스트처치 대성당에
들러보고, 트램을 타고 시내를
둘러보는 등 모처럼 관광객의
기분으로 돌아가 이국적인 맛
을 느껴본다. 대성당 앞 광장에
는 다양한 공연과 마술을 하는
사람들로 인해 눈을 즐겁게 해
주기도 한다. 모처럼 근사한 레
스토랑에서 아이들이 좋아하는
음식을 시켜서 한가롭게 시간
을 보내려니 이보다 더한 행복
이 없다.

밀포드 사운드에 대한 아쉬움
을 뒤로 하고 반환점 크라이스
트처치를 돌아 다시 북으로 올
라간다.
오클랜드에서 호주 시드니로
가는 비행기 스케줄이 이미 정
해져 있어서 비행기 출발시간
에 맞게 도착해야 한다. 왔던 길

을 다시 돌아가니 눈에 익은 도로와 모습들이 보여서 반갑다. 다시금 펼쳐지는 뉴질랜드의 멋진 자연의 모습들, 수많은 양떼들 그리고 나지막하게 이어지는 능선들이 사람들을 편안하게 하고 마음의 휴식을 취하게 해준다. 사계절이 있는 대한민국도 자연의 축복을 받은 땅이지만 뉴질랜드 또한 다른 모습으로 자연의 축복을 받은 땅임이 분명하다. 빌딩과 수많은 인파에 싸여서 정신 없이 돌아가는 도시의 삶에서 한 번쯤 잠시나마 벗어나 자연의 일부로 돌아가는 것도 필요하다. 우리가 좀 더 많이 가지고 좀 더 많이 먹고 좀 더 편안함을 추구하는 삶이 진정 행복하고 또 가치 있는 삶일까 하는 의문을 가져본다. 작고 사소한 것에서도 감사하고 만족할 줄 안다면 그 또한 행복한 것이 아닐까? 조수석에 번갈아 가며 앉는 쌍둥이와도 많은 이야기를 나눈다. 이놈들이 커서 우리가 지금 무슨 이야기를 나누었는지는 기억이 나지 않더라도 이 길을 함께한 것은 기억되리라. 자식과 부모의 인연으로 이 세상에 만나서 함께하는 동안 사랑하고, 또 멋지게 한번 살아보아야 하지 않을까. 엄마와 아빠는 멋진 부모의 모습을 보여주어야 하고 너희는 이제 스스로의 삶과 인생을 살아가는 책임감과 용기가 필요하겠지. 엄마 아빠는 너희가 가고자 하는 방향을 안내할 수는 있지만 함께 같이 할 수는 없다. 너희 곁에서 묵묵히 지켜보고 마음속으로 응원을 해주는 것밖에 없단다. 스스로의 삶은 스스로가 살아가야 하기 때문이란다. 그 길은 가끔 힘들고 외롭지만 가야만 하지. 그러나 두려워할 필요는 없단다. 엄마 아빠도 그 길을 걸어왔고 또 분명 너희도 할 수 있으니까.

픽턴에 도착해 다시 배를 타고 북섬으로 넘어간다. 두 번째로 해보는 예약과 수속이라 쉽게 하게 된다. 북섬으로 올라와 뉴질랜드를 여행하면서 제일 인상 깊었던 도시 타우포에서 1박을 한다.

타우포시는 타우포호수를 끼고 형성된 도시인데 내게는 무척 편안하게 느껴

남섬, 픽턴에서 북섬, 웰링턴으로 가는 카페리

진 곳이다. 아내와 마트에 가서 아이들이 좋아하는 음식재료들을 사 와서 요리를 한 후 접이식 테이블에 올려놓으니 멋진 분위기가 연출된다. 아마도 이 순간들이 먼 훗날 내 삶 속에서 행복했던 기억 중 하나로 남을 것 같다. 다시금 부지런히 북으로 올라간다. 새벽에 출발할 때는 아이들은 여전히 꿈나라에 있다. 가는 도중 아이들이 좋아하는 KFC가 보여 차를 세운다.

"애들아, 너희들 KFC 먹을 거니?"

그 전까지 아무리 깨워도 일어나지 않던 아이들의 눈이 번쩍 뜨인다. 먹는 것에는 빠지지 않는 우리 아이들이 자랑스럽다.

오늘은 오클랜드에 도착하는 날로 우리는 비행기 시간에 늦지 않도록 서둘러 캠핑장을 출발한다. 이렇게 해서 꿈꾸어왔던 뉴질랜드 캠프밴 여행이 마무리되어간다. 캠프밴 여행에 대해 처음 이야기를 들었을 때 가능할까 생각했는데 마침내 이제 그 여행의 끝을 향해 달려가고 있다. 지금까지 별 탈 없이 우리와 함께 해준 캠프밴이 고맙다. 처음에는 오른쪽 핸들로 운전을 해서 차량과 도로가 익숙지 않아서 힘들었는데 끝날 때 되어가니 이제 완전히 적응된 것 같다. 세상 모든 일들이 무릇 처음에는 어색하고 힘들지만 자꾸 하게 되면 익숙해지고 자연스럽게 되는가 보다. 무사히 처음 차를 픽업한 렌터카 회사에 차만 안전하게 반납하면 나의 임무는 끝난다. 일단 가족들을 먼저 공항에 데려다 주고, 모든 짐들을 내려놓고 다진이와 함께 렌터카 회사로 갔다. 시내에서의 길 찾기가 만만치 않다. 제때 반납을 못해서 비행기를 놓치면 낭패라 긴장을 해서 찾아가는데 다행히 많이 헤매지 않고 도착했다. 차량을 받는 직원이 처음 우리가 픽업했을 때의 차량 상태와 비교를 해보기 위해 차 상태를 확인해보더니 오케이란다. 와우! 임무 완수다. 차 앞에서 잠깐이나마 감격해 만세를 부른다.

"다진아, 사진 찍어줘. 나중에 기억에 남게"

임무 완수의 인증샷을 찍고는 서둘러 택시를 타고 공항으로 간다. 가족과 다시 상봉한 후 체크인을 하니 아직 시간적인 여유가 많이 남아 있다.

수고했다, 이 규초. 그리고 함께 캠프밴 여행에 동참해준 가족들에게도 고맙다. 짧은 여행이었지만 좀 색다른 여행으로 가족들과 추억을 쌓을 수 있어서 감사하다. 언젠가 다시 한 번 좀 더 시간적인 여유를 가지고 뉴질랜드를 보고 느낄 수 있는 기회가 오기를 기대해본다. 아마도 그때는 엄마 아빠가 나이가 많이 들어서 오겠지….

우리를 태운 비행기가 호주 시드니에 도착한다. 3박 4일간의 짧은 일정이다. 마닐라에서 뉴질랜드를 직항으로 가는 비행기편이 없어서 어차피 시드니를 경유해야 하는 일정이라 뉴질랜드로 갈 때는 시드니 공항에서 곧장 비행기를 갈아탔지만 돌아가는 편에는 시드니에서 잠깐 여행을 하고 가려는 것이다. 시드니는 젊은 항해사 시절 석탄을 선적하기 위해 여러 차례 입항했던 곳이라 옛날 추억이 남아 있는 곳이기도 하다. 20대 중반에 총각으로 왔었던 곳을 이제 아내와 3명의 아이들과 함께 온 것이다. 여기서는 차가 없으니 대중교통 수단을 이용해야 한다. 힘들게 운전을 안 해서 좋은 것도 있지만 조금은 재미가 없을 것 같다. 시드니에서 제일 유명한 본다이 비치로 갔다.

"여보, 사실 여기에는 항해사 시절의 에피소드가 있어. 당직을 마치고 동료들과 함께 이곳으로 왔었는데 그때 처음 보는 비치의 모습이 너무 멋있어서 물에 들어가고 싶은데 수영복을 가져오지 않아 잠깐 고민을 했어. 그러다가 에라 모르겠다. 그냥 팬티만 입고 들어갔지. 여기 아이들이 뭐 수영복인지 팬티인지 알겠어. 그리고 외국 사람들은 남에 대해서 별로 신경을 안 쓰잖아. 그래서 팬티만 입고 물에 들어가서 한참을 놀다가 나오는데 나올 수가 없었어…. 왜냐하면 흰색 팬티인데 물에 젖으니 속살이 적나라하게 보이니까. 그렇다고 무작정 물속에 있을 수는 없잖아. 그래서 눈치를 보다가 후다닥 나와 옷을 입었던, 그런 조금 황당한 추억이 있었어."

난 뭐 대단한 무용담이라도 되는 듯 흥분해서 이야기를 한다. 오늘이 크리스마스이브라서 비치에는 산타클로스 모자를 쓰거나 복장을 한 사람들이 많다. 여기저기서 젊은이들이 무리를 지어 마음껏 즐기는 모습들이 보기가 좋다. 해가 저물어갈 무렵 시내로 나와 여행 후 처음으로 시드니 시내에 있는 한국 식당으로 찾아가 아이들은 고기로 실컷 배를 채우고 나도 좋아하는 소주 한잔 기울이니 여행의 즐거움이 한층 더 깊어진다.

시드니 본다이 비치

다음날 시드니의 대표적인 상징물 오페라 하우스로 갔다. 멋있는 장면을 찍으려고 여러 각도에서 찍어보았는데 제대로 되지 않는다. 사진작가는 아무나 하는 것이 아닌가 보다. 아이들과 함께 좀 더 멋진 모습을 담으려고 노력해보았으나 쉽지가 않다. 대충 찍고는 오페라 하우스 건너편 잔디밭에 누워서 하늘을 보니 햇살은 기분 좋게 내리쬐고 구름은 어디론가 열심히 흘러가고 바람은 얼굴을 간지럽게 스치고 지나간다. 그 유명한 오페라 하우스를 지겹도록 보다 보니 갑자기 안으로 한번 들어가 보고 싶다는 생각이 들지만 기회가 되지 않는다. 언젠가 오페라 공연을 직접 저곳에서 볼 수 있는 날이 오겠지. 이것도 꿈인가?

　　시드니 시내에서 떨어진 블루 마운틴을 가기로 하고 기차표를 예매했다. 여행사를 통하지 않고 직접 가서 하는 것이 힘은 들지만 이렇게 가족들과 함께 해보는 것도 재미있다. 기차를 타고 어디론가 가는 느낌도 참 좋다. 블루 마운틴에 도착해서 유명한 Three Sisters라 불리는 세 자매 봉을 Eco Point에서 바라보며 감상에 젖어본다. 마지막 날

에는 하루 차를 빌려서 야외로 나가고 싶다는 생각이 들어서 호텔 측에 문의를 했다. 렌터카 회사와 연락을 해보더니 가능하다고 한다. 그래? 그럼 한번 해볼까. 평범함을 거부하는 나의 성격은 차를 빌리는 것으로 결론을 내렸다. 다음 날 아침에 호텔로 차가 도착한다. 어디로 가나. 북쪽으로 가서 비치가 있는 곳으로 가기로 일단 마음을 먹고 시내를 빠져나간다. 그런데 안내 책자만 가지고는 쉽지가 않다. 물어서 가는데도 길을 잘못 들기를 몇 차례 하다 보니 진땀이 난다. 무식하면 용감하다고 했던가? 사실 시드니에서 운전을 한 번도 안 해본 놈이, 또 오른쪽 핸들의 차를 가지고 한다는 것이 어쩌면 너무 무모한 짓이 아닌지 모르겠다. 그러나 이미 벌여 놓은 일은 수습을 해야 하는 법. 마침내 힘들게 시내를 빠져 나와 북쪽의 교외로 향하면서 한숨을 돌리고 지나가는 멋진 풍경들을 감상할 수 있었다. 수고한 보람이 있는가 보다. 가다가 멋진 풍경이 보이면 차를 세워서 쉬었다 가기도 했다. 이것이 차를 직접 가지고 여행하는 매력이다. 그러나 그만큼 수고와 노력을 해야 한다. 한참을 달리니 바닷가가 나와서 차를 주차할 곳을 찾으려고 천천히 차를 운전하니 뒤에서 경적을 울리며 뭐라고 한다. 아, 이 친구들 왜 이렇게 험하지. 한때 백호주의라고 인송자별이 심했던 호주인과 뉴질랜드인과는 완전히 성품이 딴판이다. 동양인이라고 무시하는 것인가. 겨우 자리를 하나 찾아서 주차하고 비치로 가는데 쌍둥이가 갑자기 수영을 하고 싶다고 한다. 어떡하지 수영복을 안 가져왔는데…. 한번 수영하기 위해 수영복을 사는 것은 너무 아까워서 팬티만 입고 하려면 하라고 하니 그렇게 하겠다고 한다. 이놈들, 20여 년 전에 아빠가 입었던 똑같은 흰 팬티를 입고 물에 들어가 장난치며 잘도 논다. 역시 너희는 나의 아들이다. 그래도 수영은 나보다 좀 더 잘하네.

쌍둥이는 완전히 친구다. 있으면 싸우고 또 잠시라도 없으면 어디 있냐고 찾는다. 너희는 정말 행운아야. 쌍둥이 형제로 낳아 준 엄마에게 너희는 많이 감

사해야 돼. 지금은 어려서 비
록 많이 싸우고 갈등하지만 좀
더 크면 너희는 서로 의지할
수 있고 또 기쁨과 슬픔을 함
께 나눌 수 있는 형제인 것이
야. 쌍둥이라서 어떤 면에는
불편한 것도 있겠지만 그러나
그것은 너희 운명이야. 그러나
너희는 아니? 엄마 아빠는 정
말로 쌍둥이가 우리에게 온 것
에 얼마나 행복해했고 감사해
했는지를. 그 기분은 너희가
부모가 되었을 때 알게 될 거
야. 아빠의 아빠도 아마 똑같
은 그런 감정을 느꼈을 거야.

　돌아갈 시간이 되어 주차해
놓은 차로 가니 앞 유리창에
쪽지가 하나 붙어 있다. 자세
히 보니 불법주차 딱지다. 알고 보니 주차금지 경고 판이 있는 경계 점에 우리
가 차를 주차해놓았던 것이다. 렌트를 했는데 불법 주차 스티커를 발부했으면
어떻게 되는 거지? 만약 지불하지 않으면 어떻게 되는 거지?(결국, 마닐라로 돌아
와 신용카드로 결제했다) 다시 차를 몰고 시내로 돌아와 반납해야 한다. 반납할 장
소를 힘들게 찾아갔으나 시간이 늦어서 다른 장소로 가서 반납하라는 안내문이

붙어 있다. 아이고, 이제는 도저히 못 가겠다. 날은 어두워져 길을 찾기가 쉽지 않을 것 같아 결국 택시를 한 대 잡아 주소를 보여주며 앞에서 안내를 부탁한다. 호텔의 지정된 지하주차장에 주차하고 호텔에 키를 맡기고 마침내 마무리를 짓는다. 나의 무모함으로 몸은 힘들었지만, 또 새로운 도전을 통해 성취감을 이룰 수 있었다.

꿈을 꾸면 이루어지는 법이다. 그러나 꿈만 꾼다고 꿈이 이루어지는 것이 아니고 그 꿈을 이루기 위해 실행하고 도전을 해야 한다. 돈으로 살 수 없는 행복하고 아름다운 추억을, 사랑하는 가족들과 함께 만들고 다시 일상으로 돌아간다.

인도, 네팔 여행

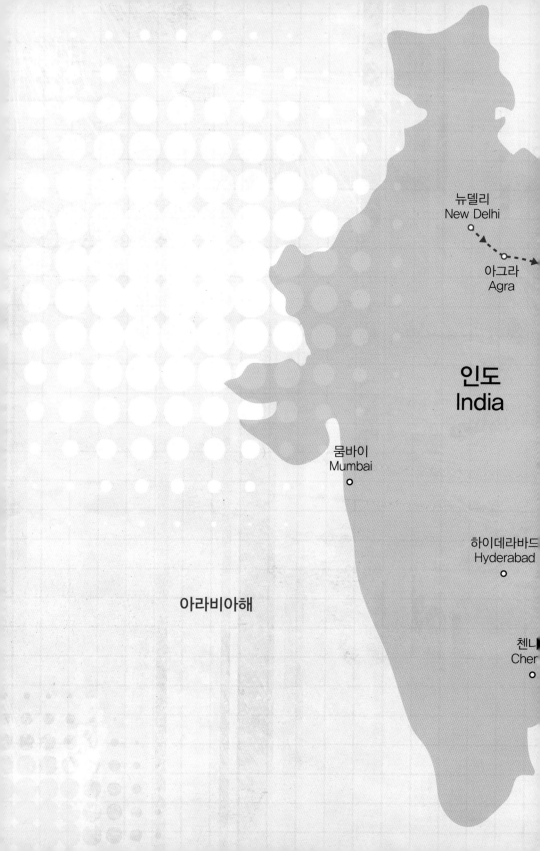

안나푸르나
Annapurna

두 Kathmandu

포카라 Pokhara

룸비니
Lumbini

네팔
Nepal

바라나시
Varanasi

보드가야
Bodhgaya

방글라데시
Bangladesh

인도양

타지마할 무덤에서

떠나기에 앞서

떠나고 싶다는 욕구가 가슴 저 밑바닥에서 가끔씩 미세한 움직임으로, 또 어떤 때는 강렬한 몸짓으로 꿈틀대곤 했다. 삶 자체가 어쩌면 찰나의 짧은 여행인지도 모르겠다. 살아 있음이 영원한 것으로 생각하지만, 오고 감은 누구에게나 예외 없이 다가오는 것이며 삶이라는 것이 뭐 거창한 것도 아니다. 누구나 하는 여행. 그러나 정신 없이 돌아가는 삶에 한 번씩은 쉼표를 찍으며 하늘 위 푸른 하늘을 바라보고 스쳐 가는 바람의 미세함을 느끼며 그냥 떠나고 싶었다. 또 쌍둥이 아들과 떠나고 싶었다. 남자들만의 은밀한 음모를 꿈꾸며 아들과 아빠의 관계를 넘어 남자 대 남자의 호흡을 같이 느껴보고 싶었다.

인도에 가기 전 한국에 잠시 들렀을 때 고열로 고생하는 용은이를 데리고 병원으로 가니 외국에서 왔다고 보건소로 가란다. 신종플루(H1N1) 때문에. 설마 내 아들놈이! 이틀 후 보건소에 걸려온 전화를 받으니 양성 반응이라며 격리치료를 해야 하기 때문에 앰뷸런스를 보낼 테니 국립의료원으로 입원 준비하란다. 참으로 난감하다. 어째서 이런 일이 일어났단 말인가! 모든 계획이 뒤죽박죽이다. 마닐라에 있는 아내는 전화를 걸어와 여행을 취소하란다. 그리고 모든 친척들이 그리하란다. 이처럼 전염병으로 세상이 시끄러운데, 그것도 위생상태가 엉망인 인도로 지금 이 시기에 간다니···. 하지만 얼마나 오랫동안 꿈꾸어 온 여행이던가!

5일 동안 격리 치료된 아들이 퇴원했다. 모든 여건은 도저히 떠날 수 없는 상황이다. 그러나 가고 싶다는 내 내면의 목소리와 아들놈도 할 수 있다는 이야기에 다시금 용기를 가지고 아내를 설득하고 스스로에게 주문을 한다. '할 수 있다. 할 수 있다.'

드디어 모두의 동의를 받았다. 아내가 믿고 아들을 맡겨 준 것에 대해서 고맙게 생각한다.

마침내 배낭을 메고 떠난다. 배낭을 메는 순간 자유인으로, 영혼이 가벼운 자유인으로 다시 태어난다. 20대의 청춘으로 돌아가는 기분이며 누구도 나를 구속하지 않고, 나 역시 누구도 구속하지도 않는, 오욕칠정으로 물든 영혼을 잠시나마 쉬게 하는 시간이다.

성자들이 사는 인도로, 아들과 함께 추억 만들기 여행을 떠난다.

인도의 기차와 오토릭샤

-기차

　델리에서 아그라(Agra)로 가는 코스의 열차표를 여행사를 통해서 구입할 수도 있었지만 직접 기차표를 구입해보기 위해 델리역으로 갔다. 기차역 1층은 내국인이 이용하고 2층은 별도로 외국인 전용 카운터가 있다. 외국인 전용 카운터는 에어컨도 되면서 여유 있게 기차표를 구매할 수 있지만 인도현지인들은 표를 구입하기 위해 길게 줄을 서있고 대합실에는 엄청난 수의 사람들이 자리를 깔고 앉아 있거나 또는 잠을 자고 있어서 지날 갈 틈이 없을 정도다. 그 사이로 가끔은 소들이 대합실이 제 안방인 양 들어와 누워 있는 사람들 틈을 지나가는데 저러다가 사람을 밟으면 어떡하지, 혼자 조마조마 한데 그 놈들은 잘도 피해 걸어가는 것이다. 아주 낯선 풍경이다.

인도의 기차와 기차표

인도의 기차는 늘 연착을 밥 먹듯이 한다. 이놈의 기차는 가다 서다, 가다 서다 급할 것이 하나도 없어 보인다. 어디를 가는지도 모르면서 무얼 그리 바쁘게 살아가느냐고 우리들에게 무언의 이야기를 하는 것 같다.

인도여행을 하면서 여러 차례 기차를 탔는데 제때 기차가 오는 경우는 드물었다. 1~2시간 연착은 보통. 6시간 정도 걸리는 곳을 10시간 가까이 되어 도착한 경우도 있었다. 그러나 누구 한 사람 불평하는 사람이 없다. 인도를 좀 더 느끼고자 한다면 한 번쯤 기차를 꼭 타봐야 한다. 그것도 3등 칸을! 거기서 일어나는 풍경들은 정말 가지가지다. 고래고래 외쳐대며 물건을 파는 사람, 열차가 들어오면 먼저 자리를 잡으려고 엄청난 짐꾸러미를 들고 돌진하는 사람들, 그 사이로 지나가는 소떼들, 살점이라고는 겨우 뼈만 덮을 정도만 붙어 있는 걸인들, 그 수많은 무리 속을 헤쳐나가며 우리가 탈 기차가 들어올 플랫폼에 간신히 도착했다.

잠시 후 기차가 들어오는데 전쟁이 따로 없다. 45도 이상 되는 더위에 무거운 배낭을 메고 인도 현지인 틈 속에 끼여 거의 육탄공격을 하다시피 힘들게 지정된 자리로 가니 현지인들이 앉아 있다. 표를 보여주며 우리 자리라고 하나 도통 비켜줄 생각을 안 한다. 참 난감하다. 화를 낼 수도 없고, 아이들은 나만 쳐다보고 있고…. 처음 접하는 상황이라 어떻게 해야 할지 당혹스럽다. 무거운 배낭을 메고 그냥 더 버티고 있으니 그때서야 마지못해 한 놈씩 한 놈씩 비켜주는 것이었다.

한번은 기차를 타고 가는데 갑자기 한 친구가 우리가 앉은 자리에 엉덩이 들이밀며 들어와 당당히 앉는 것이다. 한마디 양해도 없이 당연하다는 태도. 상식 밖의 무례한 행동들이 비일비재하게 일어나는 곳이다. 쌍둥이와 함께 "이 아저씨 진짜 이상하고 예의 없다"라며 궁시렁궁시렁 욕을 했지만 인도에서는 이것이 당연한 것인지 어떤지 알 수 없으니 그냥 지켜볼 수밖에 없다. 어쩔 수 없이 우리는 비좁게 앉아서 한 참을 가야 하기도 했었다.

류시화 시인의 인도 여행기 책 내용을 한번 옮겨본다.

"이 자리는 내 자립니다. 이 표를 보세요. 여긴 내 자리라고요. 그러니 당신들은 다른 데로 가시오. 여긴 내 자리니까 내가 앉을 겁니다."

그러자 그중 한 남자가, 외모로 보아 쉰 살 정도 돼 보이는 평범한 남자가 나를 올려다보며 조용히 말하는 것이었다.

"그런가? 넌 도대체 무슨 근거로 이 자리를 너의 자리라고 주장하는가? 이 자린 네가 잠시 앉았다가 떠날 자리가 아닌가? 넌 영원히 이 자리에 앉아 있을 것인가?"

우리는 지금 내가 가지고 향유하고 있는 것, 영원히 내 것이라고 움켜지고 아등바등하고 있지 않은가. 내가 소유하고 있다고 하는 것, 정녕 나의 것인가? 영원히 나의 것인가?

-오토릭샤

　인도에서 대표적인 교통수단 중 하나가 오토릭샤다. 오토바이를 개조해서 최소한 3명 정도 탈 수 있는 차량으로 만든 것인데 인도여행 중 시내나 멀지 않는 거리를 이동할 경우에는 대부분 오토릭샤를 이용했다. 짧은 거리는 20루피 정도, 한 시간 정도 걸리는 곳은 150루피 정도 되는 금액으로 거리에 따라 결정되지만 또한 운전사와 어떻게 흥정하느냐에 따라 가격에 차이가 난다.

　그래서 타기 전 항상 최대한 흥정을 해야 한다. 오토릭샤의 운전은 거의 예술에 가깝다. 반대편에서 오는 차량과 거의 충돌 직전까지 가다가 아찔하게 서로 피해 가는 솜씨가 사람의 간담을 서늘하게 만드는 것이다. 차량과 소떼들, 그리고 수많은 인파 속에서도 끊임없이 경적을 울리며 헤쳐나간다. 흡사 미꾸라지처럼 요리조리 잘도 빠져나간다. 그 솜씨는 거의 신의 경지에 이른 것 같다.

　인도에서의 차 경적소리는 사람을 환장하게 한다. 끊임없이 시도 때도 없이 울려대는 경적소리를 참는 것이 보통 일이 아니다. 인도의 자동차 경적에 대해서 이야기를 해보면, 인도에서는 운전 중 백미러를 전혀 보지 않고 운전을 한다. 아예 자동차 출시 때부터 백미러가 장착이 안 되어 나오는 것도 있다. 오토릭샤 같은 경우에는 거의 모든 차량에 대해서 아예 백미러가 없다.

인도에서 네팔 국경까지 넘어갈 때다. 차량을 렌트해서 가게 되었는데, 출발 때부터 계속해서 경적을 울리는 것이었다. 시내에서 짧은 거리 같으면 대충 참 겠는데, 3~4시간을 가야 하는 일정이라 영어가 안 되는 운전사에게 손짓발짓으로 제발 좀 경적을 울리지 말라고 사정했다. 그랬더니 잠시 동안 경적을 울리지 않더니 다시 또 경적을 울리기 시작하는 것이었다.

'아이고 이제 포기해야겠다. 네 마음대로 해라.' 뒷자석에 잠을 자려고 하는 쌍둥이도 짜증을 내지만 어떻게 할 수가 없다.

가는 동안 유심히 지나가는 차량을 보니 뒷부분에 'Horn Please' 또는 'Push Horn'이라고 적혀있었다.

"참 이상하다, 해석상으로는 경적을 울려달라는 것인데 이해가 안되네. 'Stop Horn'이라고 해야 되는 것인데?"

나중에 장기간 인도에서 배낭여행을 하고 있는 한국 사람을 만나서 물어보니 추월할 때 경적을 울리고 지나가라고 요청을 한다는 것이다. 이유인즉슨, 대부분의 차들은 백미러가 없어서 미리 '내가 지나가니 조심을 하라'고 경적신호를 보내달라는 것이다. 아! 그렇구나. 왜 모두들 경적을 그렇게 울리고 아무도 거기에 대해 짜증을 내거나 신경질을 내지 않았는지 그제서야 이해가 되었다.

참으로 엄청난 문화의 차이다. 그것도 모르고 운전사에게 제발 경적을 울리지 말라고 이야기했으니. 경적을 울리지 않으면 오히려 잘못된 것인데 말이다. 이렇게 우리는 우리가 가지고 있는 상식과 경험으로 모든 것을 판단하고 그것을 당연한 것으로 생각한다. 어떤 경우에는 그렇지 않을 수도 있는데 말이다.

인도여행을 마치고 마닐라로 돌아온 후부터는 필리핀의 운전사들이 그렇게 젠틀하게 느껴질 수가 없다. 차가 막혀도, 누군가 끼어들어도 별로 화가 나지도 않는다. 모든 것들이 상대적으로 느끼는 감정들이다. 이전에는 불평과 불만으로 다가온 것들이 오히려 감사한 마음으로 변해가니 참 마음이 이상하다. 그래서 현재 내가 누리고 있는 것들이 얼마나 소중한지 길을 떠나보면 알게 되는 것 같다. 길 위에서 외로움을 느낄 때 가족의 따뜻한 정이 얼마나 소중한지 알게 되고 공복을 채우기 위해 대충 한 끼를 때울 때 집에서 먹는 김치 한 조각에도 감사하게 되고 휑한 얼굴로 힘겹게 삶을 꾸려가는 사람들을 만날 때 현재 내가 영위하고 있는 것들이 얼마나 많은지 알게 된다.

그래서 길을 떠나면 이런 질문을 스스로 하게 되는 것 같다.

"나는 누구이며, 지금 나는 어디로 가고 있나?"

세상에서 가장 긴 밤

바라나시에서 보드가야(Bodh gaya)에 가기 위해 기차표를 예매하려고 했으나 원하는 날짜에 기차표가 없어서 할 수 없이 차량을 렌트했다. 바라나시에서 보드가야까지는 기차로 약 3시간 정도 소요된다. 보드가야는 불교의 4대 성지 중 하나로 부처님이 6년간 고행을 한 후 깨달음을 얻은 곳이다. 그래서 불교관련 유적지와 단체들이 활동을 하고 있는데 그중 한 곳이 한국의 불교 NGO단체인 JTS(Join Together Society)가 학교를 지어서 운영을 하고 있다. 학교 이름은 '수자타 아카데미'

이곳에는 한국의 자원봉사자 6분이 생활을 하면서 현지인 선생님 관리, 무료급식 등 전반전인 일을 맡아서 하고 있으며 이곳 학생 수는 거의 1,000명이 되는데 이들 모두에게 교육은 물론 아침과 점심까지 무료로 공급을 해주고 있다. 이곳에는 거의 대부분이 불가촉천민들이 거주하는 지역으로 교육은 전혀 생각도 못하고 그들의 생활상도 동물들의 수준과 다름이 없었는데 학교가 생기고 나서부터는 그들에게 엄청난 변화가 생긴 것이었다 이들에게는 어쩌면 기적이 이루어진 것이나 다름이 없는 것이었다.

보드가야 기차역 승강장 모습

보드가야의 어느 노점상 노인의 오침

오랫동안 비가 오지 않는 건기라 그런지 보드가야로 가면서 지나가는 풍경들이 무척 황량하다. 들판에 풀 한 포기 제대로 구경을 할 수 없고 바짝 마른 논밭을 보니 필리핀의 푸른 초원이 그렇게 그리울 수가 없다. 창문을 열면 후끈한 열기가 거의 사람을 질식하게 한다. 시원하게 한줄기 비를 뿌려주었으면 하는 간절함이 있지만 하늘을 보니 전혀 그럴 기색은 보이지 않는다. 사실 인도 도착 후부터 아직 비 한 방울 구경하지 못하고 있다.

보드가야의 수자타 아카데미를 찾아가는 길은 정말 힘들었다. 보드가야에 거의 도착할 지점부터 여러 차례 차를 세워서 한국에서 가져온 수자타 아카데미 명함을 보여주며 길을 물으면서 가는데 운전사가 제대로 찾지를 못한다. 운전사가 영어를 전혀 하지 못해서 우리와 대화가 되지 않는 상황이라 더욱 힘들다. 오던 길을 되돌아가기를 여러 차례, 그렇게 몇 차례 헤매다 간 곳은 수자타 빌리지!

참, 난감하다. 우리는 수자타 아카데미를 가야 하는데….

그곳에서 현지인을 만났는데, 이 친구가 자기가 확실히 알고 있다면서 따라오라고 한다. 그런데 안내한 곳으로 가보니 길이 끊어진 들판 한복판이다. 이곳에서 내려 500m 정도 걸어가면 된단다. 들판 멀리 건너편에 건물이 보이긴보이는데 얼른 보아도 수자타 아카데미 같지가 않다. 그리고 차에서 내려 배낭을 메고 가다가 우리가 찾는 장소가 아니면 그때는 어떻게 할 방도가 없다. 바라나시에 온 택시는 이미 떠나고 없을 것이고 사실 운전사도 빨리 돌아가야 한다면서 불평을 하고 있는 참인데 그냥 돌아가 버리면 우리는 완전히 낙동강 오리 알이 되는 것이었다. 참 난감한 상황이다. 어떡하나 고민을 하던 중 갑자기이원주 회장님이 작년에 이곳을 다녀가신 것이 생각났다. 곧장 전화를 거니 연결이 된다.

"회장님, 저 보드가야에 왔는데 지금 수자타 아카데미를 못 찾고 있습니다. 가는 길이 대충 어떻습니까?"

"그곳이 산 밑에 있는데 산이 칼 모양 같이 생겼다. 주위에 그렇게 생긴 산이 보이지 않나?"

멀리 건너편이 산이 하나 보이긴 한다.

"예, 산이 보이는데 들판 너머 칼 모양은 아니고 좀 나지막한 산봉우리 두 개가 보입니다. 예, 아마 저곳이 맞을 것 같습니다. 일단 저곳으로 한번 가보겠습니다."

"그래, 찾아보고 안 되면 다시 연락해라."

그때 동네 사람들에 둘러 쌓여 있는 우리에게 현지인 한 명이 다가와서 무슨 일인지 묻는다. 이 친구는 영어가 제법 되어서 여차 여차해서 어디를 찾아가려고 하는 중이라고 설명하니 그곳에 한번 가보았단다. 저 산 밑에 있단다. 아, 드디어 찾았구나. 그냥 운전사와 가려다가 혹시 가는 중에 또 헤매면 안 되겠다 싶어서 현지인에게 같이 가자고 부탁하니 그렇게 하겠단다.

산은 멀지 않는 곳에 있지만, 강을 건너 다시 돌아가야 하는 상황이라 가는 길이 거의 30분이 넘게 걸린다. 돌아 돌아서 가다 보니 수자타 아카데미 간판이 보인다. 드디어 찾았다. 수자타 아카데미를 찾았다! 아, 몇 시간을 헤매었나. 정말 힘든 하루다.

도착하니 자원봉사 하시는 분이 반갑게 맞아준다. 이곳은 위험해서 오후 5시 이후부터는 바깥출입을 하지 않는다고 한다. 이곳 주민들의 생활이 워낙 힘들다 보니 자주 무장 강도가 있다는 것이다. 사실 몇 십 년 전 이곳에서 처음 학교를 지을 때 무장 강도가 쳐들어와서 자원봉사자 한 분이 희생을 당하기도 했었다고 한다. 그래서 지금은 주정부에서 경찰을 파견시켜 약 20명 정도의 경찰관이 상주를 하고 있는 것이었다.

하룻밤을 묵고 갈 수 있는지 물으니 그렇게 하란다.

사실 외부인은 체류를 할 수 없는 규정인데 내가 필리핀 JTS에서 자원봉사를 해오고 있어서 가능했다. 그리고 한국에 있는 JTS

본부에서 먼저 우리가 갈 것이라고 이야기를 해놓아서 이곳 분들이 알고는 있었다. 우리가 잘 방을 배정해주는데, 오랫동안 사용하지 않고 있던 방이라서 먼지가 뽀얗다. 쓸고 닦고 나서 나무 침대를 가져와 침대보를 덮으니 그런대로 모양이 나고 잘 만하다.

이곳은 전기가 들어오지 않아서 밤에는 태양열로 충전한 배터리로 휴대폰 충전이나 몇 군데의 실내등과 같은 가장 필요한 곳에만 이용을 하고 있다고 한다. 그래서 당연히 선풍기는 사용할 수 없고 촛불을 켜고 밤을 보내야 했다. 우리가 도착한 날이 목요일이었는데 지난 월요일 개학을 했다가 이틀을 수업한 후 다시 임시 휴교를 했다고 한다. 온도가 최소한 45도 이상은 지속되고 있어서 수업을 받을 수 없는 상황인 것이었다.

그날 밤, 우리 세 부자는 밤을 거의 꼬박 새웠다.

더웠다. 정말 더웠다. 지금까지 살아오면서 처음으로 접해본, 어쩌면 내 생애에서 최고로 더운 밤일지도 모르겠다. 촛불을 켜고 시간을 보내다가 잠을 청하려고 하니 도저히 잠을 이룰 수가 없다. 세 사람이 간이침대에 누워서 어떻게든 잠을 자려고 노력하는데 안 된다. 어떻게 하다가 잠깐 잠이 들었으나 30분도 지나지 않아 다시 잠이 깬다. 수건에 물을 적셔와 배에 덮으니 조금 좋아졌지만, 그것도 잠시…. 다시 뜨거운 열기가 숨 막히게 한다.

"애들아 우리 등목할까?"
"네! 아빠, 등목해요. 너무 더워요!"
세 사람이 휴대폰 불빛을 이용해서 세면실을 찾아가 세 사람이 돌아가며 등목을 하고 오니 잠시 살 것 같다. 그러나 그것 또한 잠시뿐, 한참 시간이 흘렀을까 아이들이 묻는다.

세상 애들아 밖으로 나가거라 | 인도·네팔

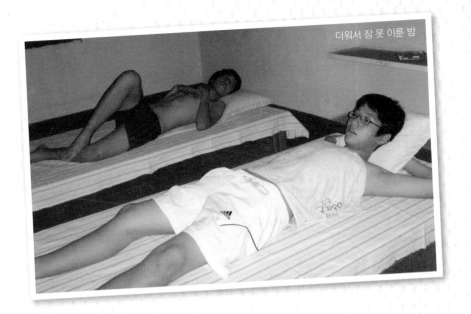
더워서 잠 못 이룬 밤

"아빠, 몇 시예요?"

"이제 11시다." 또 한참 후 묻는다.

"아빠, 몇 시예요?"

"이제 새벽 1시다."

이놈들이 빨리 날이 새기를 바라는 것이다.

"아빠, 더워서 정말 죽겠어요. 잠을 도저히 잘 수가 없어요."

아, 그러나 이 순간 아빠도 도저히 어떻게 할 수가 없단다. 아무리 아빠를 애타게 찾지만 아빠도 죽겠는데 어떻게 할 수가 없지 않겠니.

그날 우리가 애타게 기다린 것은 새벽 4시. 새벽 4시면 이곳 자원봉사자들이 일어나서 새벽 예불을 드리는 시간이다. 사실 자원 봉사자들도 너무 더워 방에서 잘 수가 없어서 모두 간이침대를 옥상에 갖다 놓고 밤을 보내고 있었다. 그래서 새벽 4시가 되면 그분들이 모두 내려가니 그때 우리가 옥상에 가서 잠을 잘 수가 있었다.

시간이 지나니 드디어 4시를 알리는 목탁소리가 들린다.

"이제는 살았다. 얘들아, 올라가자!"

조심스레 옥상에 올라가 보니 모두 내려가고 빈 침대만 놓여있다. 침대에 누우니 하늘에는 여전히 별들이 반짝이고 있다. 바람이 조금 불어서 잠을 청할 만하다. 모기가 물었지만 그 살인적인 더위에 비하면 아무것도 아니었다.

내 생애 새벽 4시를 그렇게 애타게 기다려 본 적이 없었다. 지금껏 살면서 그렇게 가장 긴 밤을 보낸 적은 없었다. 지금까지 내 생애에서 가장 힘든 밤을 쌍둥이 아들과 함께한 것, 난 정말 행운이라고 생각한다. 그 놈들이 이제껏 그렇게 아빠를 밤새워 애타게 찾은 적이 없었으므로…. 아마도 앞으로도 없을지도 모르겠다.

인도하면 떠오를 잊지 못할 세상에서 가장 긴 밤은 그렇게 지나갔다.

미국 쌍둥이와의 만남

아주 재미있는 만남이 있었다.

아그라에서 바라나시로 가는 기차를 타려고 있는데 건너편 플랫폼에 델리역에서 기차표를 예매할 때 잠깐 마주쳤던 일행이 보였다. 난 그냥 지나쳤는데 쌍둥이가 관심 있게 본 양이었다.

"아빠, 쟤네 델리역에서 본 아이들이에요."
"그래?, 어떻게 여기서 또 만나네."

기차가 들어오는 플랫폼이 바뀌는 관계로 서로 이동하다가 마주치게 되었다. 서로 기차가 어느 플랫폼으로 들어오는지 확인하다 보니 다음 행선지가 또 똑같은 것이었다. 바라나시로 간단다. 어? 우리도 바라나시로 가는데! 기차표를 확인해보니 차량도 같은 칸이다. 이거 재미있네. 이야기를 나누다 보니 그쪽 아이들도 쌍둥이란다.

"몇 살이지?"
"95년생"
"우리 아이들은 96년생인데, 한 살 차이네!"

　그쪽은 엄마가 아들 쌍둥이 데리고 여행을 하고 있고 우리는 아빠와 쌍둥이 아들이 여행을 하고 있고…. 참, 재미있는 만남이다. 같은 또래이고 서로 영어로 대화할 수 있으니 아이들끼리 금방 친해졌다. 그렇게 2박 3일 바라나시에 있는 동안 같이 여행을 하면서 참 재미있게 함께 시간을 보냈다. 원래 엄마는 워싱턴에서 학교 선생님으로 근무를 하다가 1년 전에 대만으로 와서 국제학교에서 학생들을 가르치고 있다고 한다. 그런데 7월에 다시 미국으로 돌아가게 되어 떠나기 전 인도 여행을 약 한 달 정도 할 예정이라고 한다. 아버지는 이라크에 파견된 군인이라고 하는데 어떤 이유인지는 모르겠지만 헤어졌다고 한다.
　새벽 5시에 일어나 같이 갠지스강에서 배도 타고 밤 늦게까지 숙소에서 쌍둥이 두 쌍이 함께 카드놀이도 한다. 남자 4명이 되다 보니 아주 재미있게 잘 노는 것이었다. 여행을 하면서 많은 사람들을 만나게 되지만 이처럼 같은 또래의 쌍둥이를 만나서 함께 여행하는 것, 참 특별한 만남이리라. 게다가 그쪽은 엄마와, 이쪽은 아빠와 함께. 그쪽은 남편과 헤어졌으니 같이 여행하는 것은 문제가 없겠지만, 난 토끼 같은 딸과 아내가 마닐라에서 눈을 부릅뜨고 있을 것

미국 쌍둥이와 함께

이니 안 되는 것이고…. 워낙 재미있는 만남이어서 그러한 상상도 해보았다.

헤어지기 전날 한국 식당으로 저녁 초대를 했더니 흔쾌히 받아들였다. 바라나시에 딱 한군데(?) 있는 한국 식당(라가 카페)으로 가서 잡채 등 여러 가지 한국 음식을 시켜서 먹는데 모두들 맛있게 잘 먹었다. 처음으로 접해보는 한국 음식인데 아주 맛있다면서 몇 번이나 감사인사를 하였다. 미국이나 필리핀에서 또 볼 수 있기를 바라며 아이들끼리는 서로 이 메일 주소를 주고받았다.

그 가족들도 훗날 인도여행을 이야기하다가 어쩌면 그때 만난 한국 쌍둥이 친구들을 기억할지도 모르겠다. 어떠한 모습으로 그들의 기억 속에 남아 있을지 모르겠지만.

바라나시 게스트 하우스에 바라본 갠지스 강

　살아가면서 우리는 숱한 만남이 이어지는데, 헤어진 후에도 서로에게 따뜻한 기억으로 남도록 해야 한다. 착하던 나쁘던, 돈이 많든 적든, 내 생각과 같던 다르던, 한국인이던 아니던 간에 우리가 누군가를 만날 때 마음을 열고 따뜻한 가슴으로 다가가면 헤어진 후에도 그들의 기억 속에는 호수에 퍼지는 잔잔한 물결처럼 아름다운 모습의 여운으로 남아 있지 않을까!

　여행을 하면서 이렇게 여러 가지 경험을 하게 되는데 인도에서만 경험할 수 있는 것들도 많다.

　바라나시 갠지스강에는 삶과 죽음이 함께한다. 강가에는 사람과 소의 배설물부터 그리고 타다만 시신까지 다양한 부유물들이 떠다니는가 하면 한쪽에는 빨래를 하고 또 한 쪽에는 성스러운 의식이 행해진다. 갠지스강에서 목욕을 하면 그들의 영혼이 구원을 받는다고 생각하여 힌두교인들이 죽기 전에 꼭 한번 오

갠지스강에서 목욕하는 모습

기를 소망하는 장소이기도 하다.

　인도는 내게 어떤 모습으로 기억될까? 인도에서 아들과 함께한 배낭여행, 길지 않은 시간이지만 오랫동안 기억될 추억들이 많을 것 같다. 혼돈과 무질서 그러면서 그 속에서 삶이 무엇인지 그리고 인간은 무엇을 위해서 살아가는지를 생각하게 한다. 삶과 죽음의 경계가 전혀 낯설지 않은 곳 인도, 가장 확실한 진리는 죽음이 누구에게나 다가온다는 것이라고 누군가 이야기를 했었지. 어느 날 문득 아들과 인도로 가야겠다는 생각을 한 후 마침내 우리는 인도로 왔고 또 무사히 마치게 된 것까지 감사한 일이다.

　지금은 잘 모르는 일이다. 왜 우리가 이곳에 왔는지, 언제 우리가 이곳에 다시 오게 될지. 삶이 무척 힘들거나 아니면 삶의 의미가 퇴색해질 때 지금처럼 갑자기 배낭 하나 메고 홀연히 이곳으로 다시 올지도 모를 일이다. 한 가지 확실한 것은 우리는 인도를 보았고, 흙먼지 날리는 인도의 골목 골목길에서 함께 희희낙락했으며 또 우리는 많이도 티격태격 싸웠다. 아빠와 함께한 인도 여행, 쌍둥이는 어떠한 느낌으로 다가오고 또 어떠한 모습으로 가슴에 남을까?

'아버지'

그렇게 불러본 기억은 없다.

내 기억 속의 아버지는 꿈속의 어느 한 장면처럼 그렇게 몇 조각의 편린으로 남아서 다섯 살 아들의 기억 속에 멈춘 후 간간이 어슴푸레 되새김질만 할 뿐이다. 아리한 아픔으로 폐부 깊숙한 곳에서 터져 나오곤 했었다.

아버지로서 정을 주는 감정은 알겠으나 그놈들이 느끼는 아버지의 정은 도통 알 수가 없다. 어떤 느낌일까? 바위 같은 든든함일까, 친구 같은 느낌일까? 아빠와 말이 통한다고 생각할까?

주는 것은 나의 몫이고 받는 것은 그들의 몫이리라. 이 낯선 이국의 밤하늘에서 우리는 서로에게 별이 될까?

너희 영혼에 무지개를 만들 수 있다면, 누군가의 눈물에 동참해서 함께 울 수 있는 너희가 된다면, 인도의 이 혼란스러움 속에서도 더욱 인간 내면으로 돌아갈 기회가 된다면 인도는 우리에게 축복의 시간을 준 것이리라.

안나푸르나 트래킹

-첫째 날

호텔 프런트 데스크에서 6시 기상 모닝 콜이 울린다. 어젯밤 대충 오늘 트래킹 할 짐들을 챙겨놓았지만 서둘러 나머지 짐들을 챙기고 아직도 깊은 잠에 빠져있는 쌍둥이를 깨워서 호텔을 출발하니 시간이 벌써 7시가 넘었다. 가볍게 짐을 꾸렸지만 그래도 무게가 제법 나간다.

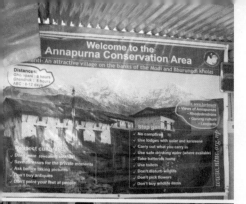

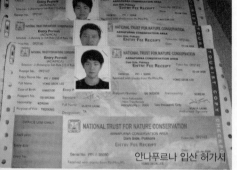

안나푸르나 입산 허가서

나야풀까지 태워준 택시기사 아저씨

쌍둥이도 작은 배낭을 하나씩 메고 나머지 짐들은 호텔에 맡겨놓았다. 호텔 앞에 있는 택시를 타고 나야풀(Nayapul, 트래킹이 시작되는 지역이름)까지 가는데 요금은 1,500루피. 1시간 20분 정도 소요된다고 한다. 시내를 빠져나가니 곧장 웅장한 산들의 모습들이 눈앞에 펼쳐진다.

어젯밤에 비가 많이 왔고 아직도 날씨는 여전히 흐리며 가끔 빗방울도 떨어지고 있어서 트랙킹을 할 수 있을지 걱정이다. 날씨가 좋아야 할 텐데, 가이드도 없이 트래킹을 하는 것이라 날씨도 여간 신경이 쓰이는 것이 아니다. 나야풀에 도착하니 시간은 거의 9시가 다 되어 가 마음이 급해진다. 혹시라도 오늘 목적지까지 낮 시간에 도착을 못하면 어떻게 해야 하나 걱정이다. 각자 배낭을 하나씩 메고서 오랫동안 동경했던 안나푸르나 트래킹을 시작한다. 보통의 경우 가이드와 포터를 동반해서 트래킹을 하는데 우리들은 무슨 용기인지 아니면 무식함이 앞서서 인지 모르겠지만 우리들이 직접 해보고 싶었다. 그래서 입산허가서도 직접 관련 관청에서 발급받아 오늘 트래킹을 시작하게 된 것이다.

초입은 그냥 평지로 되어 있어서 크게 힘들지 않게 시작된다. 워낙 유명한 트래킹 코스라서 그런지 올라가는 길에 가게들이 많이 있으나 트래킹 시즌이 아

니라서 그러한지 사람들은 많지 않아서 한산한 느낌이다. 올라갈수록 길이 다소 험해지면서 쌍둥이의 발걸음도 무거워지기 시작한다.

며칠 전 룸비니에서 설사와 고온으로 고생한 용은이가 아직 아프다면서 잘 못 걷겠다고 하는데 내가 보기에는 꼭 그렇지는 않은 것 같고 막내라서 좀 약한 모습을 보이는 것 같다. 그래서 가능하면 의도적으로 무시를 하면서 일단 조금씩 걸어가자고 재촉을 하며 한 발 한 발 앞으로 나아간다. 나중에는 더 힘든지 가방을 들어 달라고 한다. 아버지가 그까짓 거 못 해주겠나. 비록 나도 힘이 들지만…. 그런데 조금 있으니 용석이도 좀 들어 달라네.

"그래 네 것도 들어주마. 이리 다오. 아빠는 아직도 건재하다."

이 와중에도 카메라와 캠코더 카메라를 번갈아 잡아가며 아이들을 찍느라 바

쁘다.

먼 훗날 언젠가 오늘의 이 날들을, 2009년 7월 어느 날 우리 세 남자가 함께 힘들게 만들었던 추억의 낱장들을 기억할 수 있도록 아빠는 열심히 찍어댄다.

내가 너희에게 해 줄 수 있는 소중한 것들이 무엇일까? 돈일까? 아니면 너희가 원하는 모든 것들을 갖게 해주는 것일까? 그것보나 더욱 소중한 것은 아빠의 사랑을 전하는 것이리라. 아빠의 사랑을 받아 너희도 사랑을 주는 사람이 되고 그리고 먼 훗날 그러한 아빠가 되는 것. 사랑을 받아 봐야 줄 줄도 아는 법이니, 소중한 추억을 너희와 함께 땀 흘리며 힘들게 쌓아가고 있는 이 시간들이 내게는 정말 감사한 일이다. 어쩌면 지금 이 순간은 세상에서 가장 행복한 아빠가 아닐까 하는 생각을 해보게 된다.

본격적인 오르막길이 시작되니 더욱 숨이 가빠진다.

올라가는 발걸음은 무거워지고, 세 사람 모두 힘들어 하지만, 한 발 한 발 앞으로 나아간다. 아이들이 이제 목적지까지 얼마나 남았냐고 계속 물어보는데,

글쎄다, 나도 잘 모르겠다.

'그러나 아들아 이 길에도 언젠가 끝이 나올 것이다. 한 발 한 발 나아가다 보면 우리가 가고자 하는 곳에 도달할 수 있지 않겠니. 비록 지금은 힘든 시간을 보내지만, 이 힘든 시간을 극복하면 시원한 정상에서 우리가 걸어 온 길을 뒤돌아 보면서 스스로를 대견스럽게 생각할 거야. 땀과 눈물이 없으면 결코 우리가 원하는 꿈을 달성할 수가 없단다.'

아빠는 너희가 이 힘든 시간을 겪으면서 무엇인가를 느꼈으면 하는 바람을 가져보지만 아직 어려서 당장은 이해가 안 되리라. 그러나 어느 날 너희가 많이 성장했을 때, 그때는 아빠의 마음을 알아줄 수 있지 않을까 기대해본다.

아빠는 다만 최선을 다할 뿐이다. 아빠로서 할 수 있는 한 최선을 다해 너희를 사랑하며 같이 울고 웃으며 그렇게 함께 걸어가고픈 마음이다. 나는 너희 할아버지로부터 받아보지 못한 아빠의 정을 너희에게만큼은 다 주고 싶은 것이다. 비록 주는 정은 알더라도 아빠의 정을 받은 기억이 없어서 너희들이 아빠의 정을 받을 때 어떠한 기분일까 궁금하다.

시간이 12시가 다 되어 가지만 아직까지 모두 아무 것도 먹지를 못하고 있다. 마침 작은 식당이 나타나 여기서 점심을 해결하기로 했다. 몇 가지 음식을 주문한 후 뜨거운 물을 부탁하여 사가지고 온 컵라면과 같이 먹으니 어느 정도 요기는 된 것 같다. 식사를 하고 곧장 산을 오르기는 힘들 것 같아 잠시 쉬었다 가기로 했다. 시원한 바람과 함께 잠깐 눈을 붙이니 그 맛이 아주 달콤하다.

다시 올라간다. 올라오는 중간중간에 모내기가 한창이다. 산간지방이지만 비탈길에 조그만 논들을 만들어서 모를 심고 있고 또 한편에는 논두렁에서 아낙네들이 새참을 먹는 모습을 보니 옛날 고향 풍경이 생각나기도 했다. 평화롭다. 그리고 계곡에서는 물이 아주 풍부하게 내려와 마음에 여유가 있고 또 넉넉한 느낌이다. 인도의 작열하는 햇살과 황량한 벌판의 모습들과 대비되어 더욱 생기 있고 풍성한 느낌이 든다. 산이 깊을수록 물이 많음을 보며 사람도 그릇이 커야 무엇이든 그리고 어떠한 사람들이든 자신의 그릇에 담을 수 있지 않을까 생각하게 된다. 올라오는 길 세 사람이 폭포에서 내려오는 물에 발을 담그고, 작은 놈은 응가를 하면서 오줌을 흘린 바지를 씻는 모습을 바라보면서 참 행복하다는 생각이 든다. 온전히 우리 세 사람만 이 낯선 공간에서 함께한다는 것. 정말 멋진 일이다.

　계속해서 산을 올라가면서 앞서거니 뒤서거니 하며 또 중간중간 쉬어가면서 오르다 보니 오늘 목표한 간드룩(Ghandruk)에 도착했다. 산 정상에 마을이 있는데 조그만 슈퍼도 있고 로지(Lodge)들도 제법 많다. 제법 동네다운 모습이고 그리고 전기도 들어와서 쌍둥이가 노트북으로 가지고 간 동영상을 볼 수 있다며 무척 좋아한다. 숙소는 올라오면서 봤던, 산 정상에 제법 큰 건물로 보이는 곳에 정하기로 했다. 할머니 한 분이 수를 짜면서 우리를 맞아주는데, Lodge에는 손님이 없는지 한산하다. 그리고 숙박비가 아주 저렴하다. 숙박비가 200루피 정도 되니 달러로 약 3불 정도인 셈이다. 2층에 전망이 좋은 곳으로 정하고 모두 오늘 흘린 땀들을 씻고 나니 한결 가벼워진 기분이다.

　모두 배가 고파서 일찍 저녁을 주문해 먹고, 가지고 간 CD로 한국 TV 프로그램을 함께 보다가 용은이가 먼저 잠들더니 잠시 후 용석이도 잠에 빠져든다.

쌍둥이가 태어나서 오늘 처음으로 해본 산행이라 힘든 시간이었고 많이 피곤했으리라. 그러나 모두 잘 참고 견뎌 내어준 너희들이 대견스럽고 자랑스럽다.

이곳은 해발 2,000미터가 되는 높이다.

이 깊고 고요한 산중에서 달콤한 잠에 빠져 있는 쌍둥이를 보면서 창밖을 보니 하늘에는 보름달이 떠 있다. 보름달이 환하게 평화롭게 산중을 비추니 내 마음도 같이 고요해지며 어느새 깊은 상념에 빠져든다.

히말라야 산맥, 안나푸르나 산에서 쌍둥이와 함께 맞이하는 이 첫날 밤 오래오래 기억되리라.

-둘째 날

아침에 일어나 무심결에 멀리 산을 쳐다보는데 아, 멋진 설산의 풍경의 펼쳐지는 것이 아닌가. 어제 올라올 때는 날씨가 나빠서 보이지 않았던 모양이다 전혀 예상치를 못했던 광경이 눈앞에 펼쳐지니 더 놀랍고 또한 멋진 모습이다. 드디어 안나푸르나 설산을 보게 되니 이제 진짜 히말라야에 온 느낌이 확실히 든다. 오늘은 고레파니(Gorepani)까지 가야 할 여정. 주인집 아저씨에게 물어보니 7~8시간은 소요될 것이라고 한다. 빨리 서둘러야겠다. 정확히 9시 출발, 오늘 하루 트래킹도 쉽지 않을 것 같다. 출발한지 얼마 되지 않아 한 무리의 서양 친구들이 뒤따라온다. 이 사람들도 분명히 고레파니 쪽으로 갈 것 같으니 이

친구들을 뒤따라가면 될 것 같다. 오늘은 어제와 달리 정글 속으로 가는 길이 많고 그래서 거머리도 많이 나오니 주의하라는 이야기를 여러 차례 들은 바가 있다.

이 서양 친구들은 18일 일정으로 영국의 한 대학에서 교수들이 학생들을 데리고 와서 의료봉사를 마친 후 네팔여행을 하고 있다고 한다. 가는 도중 몇 차례 갈림길이 나왔는데, 다행히 가이드를 동반한 그룹들을 따라가다 보니 길을 잃지 않고 무리 없이 목적지까지 도달을 할 수 있었다. 운이 좋았다. 사실, 3박 4일의 트래킹 코스면 가이드를 동행해야 하는데 우리는 스스로 한번 해보고자 가이드 없이 트래킹을 하고 있는 것이다. 좀 무모할 수도 있지만 그렇게 위험하지는 않은 것 같고 또 스스로 할 수 있는지 도전을 해보고 싶었던 것이다.

오늘은 조금씩 고도가 높아지면서 산맥을 횡단하는 경우도 많다 보니 정글 속을 걷는 경우도 많이 생겼다. 역시 예상했던 대로 걸어가는 중에 거머리가 머리 위로 떨어지고 신발에도 기어들어와 쌍둥이가 기겁을 한다. 처음에는 징그럽다며 난리를 치더니 나중에는 자연스럽게 거머리를 떼어낸다. 잠시 쉬는 동안 혹시나 해서 모두들 신발을 벗고 양말까지 벗어보는데 용석이의 발가락 사이에 거머리가 붙어서 피를 빨아먹고 있는 것이 아닌가? 오 마이 갓!

잠시 쉬었다가 다시금 우리는 땀은 비 오듯이 오고 숨은 턱밑까지 차오르지만 멈추지 않고 한 걸음 한 걸음 걸어 올라간다.

용은이가 혼자 중얼거린다.

"한 발짝 한 발짝 앞으로…."

가는 도중 잠깐씩 쉬기도 하고 가지고 있는 물도 나눠 마시면서 서로를 격려하며 오늘의 목표지점을 향해 걸어 올라간다. 힘은 들지만, 한편으로 행복으로 충만한 마음을 감출 수가 없다.

거머리에 물린 아들

　말로만 듣고, 꿈속에서도 시
도해보리라 마음먹지 못했던
곳. 이 히말라야 산맥에서 쌍둥
이와 함께 땀을 흘리면서 추억을
만들어간다고 생각하니 소름이 끼
칠 정도로 행복한 마음이 드는 것
이다. 현실에서 완전히 벗어나 아
들 들과 함께 같은 생각으로 목표를 향해 걸어갈 수 있는 시간이 허락된 것에
대해서 정말 감사하는 마음이다.

　이제는 쌍둥이가 산을 오르는 것에 대해 어느 정도 적응이 되는지 힘들다는
큰 불평 없이 잘 올라간다. 이제는 오히려 내가 힘들어한다. 그러나 아버지로
서 힘들다는 표시는 하지 못하고 꾸역꾸역 올라간다. 오늘의 목표는 고레파니

인데 가는 도중 여러 차례 물어보니 가야 할 시간이 들쭉날쭉 한다. 한참을 걸어왔는데도 아직 가야 할 길은 상당히 많이 남은 것 같고, 그래서 오늘 어디까지 갈 것인지를 일찍 결정해야 힐 것 같다.

왜냐하면 무리하게 가다가 중간에 날이 어두워지면 곤란하고 그리고 우리에겐 가이드도 없으니 최대한 안전하게 트래킹을 해야 한다. 영국 친구들의 현지 가이드에게 다시 자세히 의견을 구하니 오늘 중으로 고레파니까지 가는 것은 무리일 것 같다고 한다. 계속해서 정글이 더 깊어지고 내일 아침에 가면 가는 도중 멋있는 설산의 풍경을 볼 수도 있을 것이라고 조언을 해준다. 전문가의 조언을 따르기로 하고 조금 더 가면 나오는 로지에서 1박을 하기로 결정했다.

해발 2,630m에 위치한 타다파니(Tadapani)에 묵을 수 있는 곳이 몇 군데 있는데 그중 큰 로지를 정했다. 짐을 푼 후 저녁을 먹으며 가지고 간 양주를 한잔

하니 몸이 착 가라앉는다. 생각 같아서는 많이 마실 것 같은데 그렇지가 않다. 마침 주방에서 포터들이 자기들끼리 모여 노래하며 신나게 놀고 있어서 아직도 많이 남아 있는 양주를 갖다 주니 무척 좋아한다. 나더러 앉아서 노래 한 곡 하면서 같이 놀자고 하는데 평소 같았으면 주제넘게 눌러 앉아서 같이 놀 것인데 쌍둥이도 있고 해서 참는다.

이곳은 전기가 없어서 촛불로 밤을 보내야 하는데 쌍둥이는 전기 없이 이 밤을 어떻게 보내야 하냐고 걱정을 한다. 전기 없이 살아간다는 것은 평소에 상상을 하지 못하고 살고 있는 아이들이니 힘들 수 밖에 없다. 노트북을 오늘은 내가 좀 사용하려고 하니 쌍둥이가 배터리를 조금만 사용하고 영화를 볼 수 있게 남겨 달란다. 촛불 켜고 세 사람이 따뜻한 이불 속에서, 이 깊은 산중에서 영화를 보는 맛! 아주 운치 있고 참으로 맛있다.

-셋째 날

아침에 일어나보니 비가 부슬부슬 내리고 있다. 날씨가 어떻게 변할지 모르니 서둘러야겠다. 아침을 일찍 먹고 우의를 입고 고레파니로 향해 출발한다. 오늘은 가늘 길이 오르막과 내리막이 반복적으로 이어진다. 내리막이 있으면 반드시 오르막이 있는 법. 처음에는 내리막이 나타날 때 좋아하던 아이들이 나

중에는 내리막을 싫어한다. 분명히 오르막이 다시 나올 것이니. 삶도 그러한가? 행복하다고 너무 기쁨에 겨워하지 말고 불행하다고 비관할 필요도 없듯이 그냥 살아가는 것이다. 우리가 뭐 그리 대단한 존재인가!

3일째가 되니 트래킹이 모두 제법 적응이 되어 힘은 들지만, 이전보다는 모두들 잘하고 있다.

고레파니까지는 거리가 멀지 않아 일찍 도착할 것 같다. 이번 트래킹에서 최고 높은 지점은 약 3,200m 정도. 아이들이 다음에는 안나푸르나 베이스캠프(4,130m)까지 가보자고 한다. 농담인지 진짜인지. 그러나 세상일은 모르는 것! 농담이 또 진짜 실행이 될지, 또 다른 꿈이 이루어질지….

고레파니에 다 도착하니 그림 같은 설산의 풍경이 펼쳐진다. 숨이 막힐 정도

로 멋있다. 아이들과 정신 없이 설산의 풍경을 배경으로 사진을 찍어댄다. 구름은 발 아래에 있고, 얽히고설킨 현실의 삶을 완전히 잊어버리고 단지 순간순간 삶에 집중하는 것, 이것이 여행의 묘미가 아닐까.

고레파니에 도착해 아이들은 먼저 로지에 올려 보내고 혼자서 맥주 한잔 하는데 닭 장사가 보이는 것이 아닌가? 그래 맞다, 어제 아이들에게 고레파니에 도착하면 삼계탕을 해주겠다고 약속을 하지 않았나. 그런데 마침내 눈앞에 산

닭을 보았으니 속으로 쾌재를 부른다.

"얼마죠?"

"한 마리에 700루피입니다."

숙박비가 200루피인 것에 비하면 비싸지만, 이 높은 산중에서 삼계탕을 먹을 수 있다면 오히려 비싼 편이 아니다.

"내가 묵는 로지가 저 뒤편에 있습니다. 로지 식당에 가서 털을 좀 뽑아줄 수 있어요?"

그렇게 해주겠단다. 주인에게는 주방을 빌리는 값을 주겠다고 하니 요리를 하게 해준다. 자, 이제 자칭 요리전문가 이규초가 직접 삼계탕을 해본다. 사실 삼계탕은 처음 해본다. 그러나 뭐 별것 있겠나. 마늘과 생강을 얻어서 닭과 함께 그냥 푹 삶는다. 인삼은 없으니 사실 삼계탕은 아니고 닭백숙이다. 의기양양하게 아이들을 보며 삼계탕 먹으러 내려가자고 했더니 놀라서 묻는다.

"정말요?"

"그럼, 어제 아빠가 분명히 삼계탕 해준다고 했잖아. 빨리 내려가자!"

삶은 닭고기를 소금에 찍어서 먹어보니 맛이 비슷하다. 국물도 그런대로 맛

안나푸르나에서 요리한 닭백숙

이 나고. 성공이다!

"이놈들아, 봤지? 아빠가 약속한 것 분명히 했지?"

혼자서 너무나 자랑스럽게 생각하는데 이놈들은 먹느라 정신이 없다. 다음
날, 먹다 남은 고기와 국물에 밥을 넣어 푹 삶으니 닭죽이 되어 훌륭한 아침식
사가 되었다.

히말라야에서 닭백숙, 괜찮은 추억거리다. 다음에 또 오게 되면(누군지 모르겠
지만) 함께 여행할 그 사람들을 위해 반드시 이 비장의 무기를 꼭 써먹으리라!

-넷째 날

전망 좋은 곳에 숙소를 정해 오늘 아침에 눈을 뜨자마자 설산의 아름다운 모
습을 보려고 했는데 날씨가 도와주지 않는다. 다행히 잠시 후 잠깐 동안 설산
을 덮고 있던 구름이 사라지며 안나푸르나의 멋진 설산의 모습을 볼 수가 있어
서 그나마 위안으로 삼았다. 급히 카메라로 그 멋진 모습을 담는다.

오늘 나야풀까지 내려가려면 서둘러야 한다. 어제 난로 근처에 둔 빨래들은

아주 뽀송뽀송 기분 좋게 말랐다. 사실 계속 날이 흐려서 빨래 말리는 것이 힘들었는데 오늘 제대로 옷을 말리게 된 것 같다. 서둘러 아침을 먹고 우리가 묵은 힐탑 게스트하우스를 출발하니 시간은 오전 9시 15분, 나야풀까지 7시간은 걸린다니 쉬지 않고 서둘러 내려가야 할 상황이다.

오늘은 대부분 내려가는 길이라 그렇게 부담스럽지는 않을 것 같다. 내려가는 길에 고레파니 쪽으로 올라오는 여러 그룹의 서양 사람들을 무척 많이 만났다. 사실 나야풀에서 고레파니 쪽으로 먼저 올라와서 간드룩(Ghandruk) 쪽으로 내려가는 것이 보통의 코스인데 가이드 없이 트래킹을 하다 보니 처음에 잘못해 반대 방향으로 돌게 된 것이었다.

내려가는 중에 여성 한 분이 쉬고 있는데 한눈에 봐도 한국사람 같다. 그 쪽에서 먼저 나마스떼(네팔 말로 '안녕하세요') 하길래 "안녕하세요."라고 하니 한국분이었냐며 반가워한다. 잠시 같이 쉬면서 이런저런 이야기를 나누었다.

쌍둥이에게 "너희는 행복하겠다. 아빠와 이렇게 여행을 하면서 같이 시간을 보낼 수 있어서. 대부분의 한국 아빠들은 여건상 그렇게 하지를 못한단다. 또 너희는 한국말도 잘하는구나. 그래, 한국 사람은 반드시 한국말을 해야 돼. 얼마나 좋니? 영어도 잘하고 한국말도 하고"라며 나를 추켜세운다.

아빠 칭찬에 괜히 으쓱해지며 기분이 나쁘지 않네.

카트만두에서 시작해서 10일째 네팔 여행 중인데 총 한 달 일정으로 여행을 하고 있다고 한다. 서로 시간이 촉박해 작별 인사를 나누면서 기념사진 한 장 찰칵.

"인연이 되면 언제 또 만나겠죠. 즐거운 여행과 추억거리 많이 만드시길 바랍니다."

내리막길이 결코 걷기 쉬운 길은 아니다. 올라갈 때는 힘이 들어 숨이 차는 것도 있지만 계속 내려 가려니 체중이 앞으로 쏠려 다리에 엄청 무리가 가는 것이었다. 평소에 쓰지 않는 근육을 사용하려니 아주 힘들다. 내리막길이라서 쉬울 것이라고 생각했는데 세상에 쉬운 일은 없구나.

가끔 쉬어가며 간다. 오늘은 날씨가 좋아서 햇살이 매우 따갑다. 오랜만에 접하는 좋은 날씨다. 그러다 보니 땀을 많이 흘려서 물도 엄청 많이 마시게 된다. 각자의 짐은 각자가 알아서 책임을 져야 하는 것이 좋을 것 같아 세 사람의 배낭 무게를 대충 비슷하게 배분을 했다. 아들이라고 봐주거나 아빠라고 더 해야 할 필요는 없다. 각자의 인생의 무게는 스스로 감당해야 하는 것을 지금부터 경험하고 또 알게 하고 싶은 것이다.

언젠가 자신의 인생은 스스로가 판단하고 그에 대한 것은 모두 책임을 지고 살아가야 한다. 내가 자식들에게 해줄 수 있는 것은 돈을 물려주는 것보다 스스로 살아갈 수 있는 힘을 길러주는 것이리라. 어떠한 어려운 상황이 닥쳐도 포기하지 않고 끝까지 헤쳐나갈 수 있는 힘, 오늘 우리가 이 산에서 배워야 하는 것이 아니겠니. 지금 이 순간은 누구도 대신해 줄 수가 없다 너희 두 발로 오르막과 내리막길, 비가 오나 뜨거운 태양이 너희를 힘들게 하더라도 오롯이 너의 뜨거운 심장과 두 발로 걸어가야 하는 것이다. 심장이 터질 것 같고 두 발이 도저히 떼어지지 않더라도 그래도 앞으로 나아가야 하는 것이다. 너희의 무거운 짐을 잠시 누군가 대신 들어줄 수는 있지만, 너희가 가고자 하는 곳까지는 순전히 너희 몫이고 그리고 책임이란다. 그것이 인생이란다.

오늘 우리가 이 히말라야 산맥을 걸어가는 이유를 너희는 알겠니? 왜 땀을 흘리면서 무거운 두 다리를 끌며 앞으로 나아간 이유를 말이야. 포기하고 싶지만 끝까지 이 길을 걸어 가야 하는 의미. 너희와 함께 걸어가는 이 길이 아빠에게는 축복의 길이요, 기쁨으로 충만한 더할 수 없는 행복의 길이다. 아빠가 앞서 나가면 너희 둘이 따라오기도 하고 또는 아빠가 중간에서 너희의 보호를 받으며 걸어가기도 하고, 또 때로는 너희 둘이 앞서 걸어갈 때 아빠는 뒤에서 너희를 지켜보며 든든한 마음이 들기도 한다. 각자의 몫으로 포기하지 않고 훌륭히 해나가는 모습이 그렇게 보기가 좋을 수 없었다. 그래서 나는 너희 아빠인 것에 대해서 자랑스럽게 생각을 한단다. 너희에게 자랑스러운 아빠이고 싶다. 또 그렇게 생각과 행동으로 보여줘야 할 것이고!

가도 가도 끝이 없다.

멀리 구름이 발 아래에 있는 산을 지나고 맑은 계곡을 끼고 내려가기도 한다. 히말라야의 물은 너무 맑다. 초록이다. 더운 날씨에 그냥 뛰어들고 싶은 생각이 굴뚝 같지만, 시간이 부족해서 그렇게 하지를 못해서 아쉬울 뿐이다. 그래도 가는 동안 잠시 세 사람이 계곡의 물에 신발을 벗고 발을 담근다. 시원하다. 한가롭다. 평화롭다. 행복하다! 발을 담그고 있는 동안 여러 생각들이 스쳐 지나간다. 언제 또 이런 날이 오려나, 내 인생 최대 축복의 날이.

모두 배고파하면서도 시간이 촉박해 점심도 거르며 걸어간다.

트레킹을 마치고 입구에서

　가는 동안 나야풀까지는 얼마나 남았는지 계속 물어보는데, 한 시간 전에 물었을 때 3시간 정도만 가면 된다고 했지만 여전히 3시간 정도는 가야 한다고 한다. 모두 힘이 빠진다. 잠시 쉰다. 배낭에 아직 라면 한 봉지가 있는 것이 생각나 쌍둥이에게 주니 수프를 뿌려 후다닥 먹어 치운다. 배가 많이 고프겠지.

　몇 군데의 마을을 지나고 산과 계곡을 지나고 나니 드디어 나야풀에 도착한다. 시간은 오후 5시 30분. 그러니 거의 9시간을 쉬지 않고 걸어온 것이다. 드디어 해냈다. 큰 사고 없이 무사히 우리가 계획한 것을 해냈다. 그것도 가이드의 도움 없이.

　쌍둥이, 수고했다 그리고 고맙다. 오늘 우리가 3박 4일 동안 히말라야 산을 걸어 온 것을 두고두고 기억될 것이다. 너희 나이 13살 때 아빠와 함께 힘들게 하지만 행복하게 했던 트래킹을, 아마 앞으로 세상을 살아가며 가끔 힘들 때 오늘 이 시간들을 생각하게 될 것이다.

　포카라까지는 차로 1시간 30분 정도 걸리는데 버스를 타려다가 너무 힘들어 택시를 탔다. 요금은 올 때의 절반으로 700루피다. 오는 길에 아내에게 무사히 도착했다고, 임무 완수했다고 자랑스럽게 문자를 보낸다. 그 동안 트래킹하는

3박 4일 동안 전화가 전혀 되지 않아서 무척 걱정을 많이 했을 것이다.

저녁을 먹으려고 한국 식당에 도착하니 그동안의 긴장이 풀려서 그런지 갑자기 피곤이 밀려와 정신을 못 차리겠다. 쌍둥이는 삼겹살로 저녁을 아주 오랜만에 맛있게 먹는데 난 시원한 맥주 한잔에 몸이 가라앉으며 완전히 퍼진다. 숙소에 도착해 샤워를 하고는 정신 없이 그대로 쓰러졌다.

시베리아 기차여행

북극해

러시아
Russia

상트페테르부르크
Saint Petersburg

모스크바
Moskva

카잔
Kazan

노보시비르스크
Novosibirsk

이르쿠츠크
Irkutsk

소치
Sochi

야쿠츠크
Yakutsk

블라디보스토크
Vladivostok

태평양

시작에 앞서

2010년 12월 27일 인천공항. 지난밤 눈이 너무 많이 내려서 몇 시간을 지체한 후 마침내 블라디보스토크로 가는 비행기가 이륙을 한다. 공항에서 체크인을 하기 전부터 다진이가 머리와 목이 아프고 온몸이 쑤신다고 해서 걱정이다. 아직 여행을 시작하지도 않았고, 여행을 가는 곳이 한국보다 몇 배나 더 추운 곳으로 가는데 과연 이 여행이 잘 진행될지 걱정이지만 비행기는 이미 러시아 블라디보스토크로 날아가고 있다.

어느 날 집에 들어가니 딸이 "아빠, 연말에 여행 안 가요? 아직 한 번도 눈을 못 보았잖아요. 눈 구경 하게 한국으로 여행 안 가실래요?" 하기에 속으로 '그래? 한번 또 일을 저질러 봐?' 하고 생각했다.

그렇게 갑자기 시베리아 여행을 실행하게 되었다. 그러나 사실 내 마음속에는 시베리아 횡단열차에 대한 동경과 궁금증이 오래 전부터 꿈틀대고 있었던 것이었다. 인도와 네팔 여행을 다녀온 후부터 다음 여행지로 시베리아 횡단열차 여행을 계속 마음속에 두고 있었다.

시베리아는 사람이 살기에 극한의 지역인 유형지로 알고 있었기에 겨울에 시베리아로 간다는 것은 너무 무모한 짓이 아닐까? 혼자도 아니고 가족과 함께 떠나는 여행, 인터넷에서 날씨를 알아보니 영하 30도에서 40도 정도란다. 와, 죽인다! 잠시의 망설임이 인다. 아내가 동의할까? 아이들은 또 어떻게 반응할까? 그러나 내 마음은 이미 결정이 되어있는 느낌이다. 가야 한다고, 지금 떠나지 않으면 또 언제 기회가 올지 모르는 일이고 그것이 네가 꿈꾸는 것이라면 해야 된다고. 그렇게 나 자신에게 달콤하게 속삭인다. 아니 아주 강렬하게 자신에게 이야기를 한다.

며칠 동안 어떻게 가족들에게 이야기를 할까 고민을 하다가 드디어 시베리아 여행에 대해서 이야기를 했다. 아내에게 먼저 계획을 이야기하니 생각보다 쉽게 OK 한다. 그리고는 아이들에게 이야기한다.

"다진아, 너 눈 보고 싶다고 했지? 눈 실컷 볼 수 있는 곳으로 여행갈래?"

"한국으로 가요?"

"아니, 시베리아. 러시아의 시베리아로."

"네? 아니, 왜 거기로 가요? 춥고 볼 것도 없는데 차라리 유럽이나 모스크바로 가지."

자, 이제 어떻게든 좋게 포장을 해서 아이들을 설득시켜야 한다.

"시베리아 횡단열차가 있는데, 기차 안에서 같이 먹고 자고, 식당 칸도 있고…."

쌍둥이로부터 질문이 쏟아진다.

"시베리아로 가면 뭐해요? 기차만 타요? 기차에는 TV가 있어요? 인터넷은 되나요?"

이놈들은 그냥 집에서 인터넷이나 아니면 게임을 하는 것이 제일 하고 싶은 것이다. 쉽게 동의를 안 한다. 그래서 다시 설득해본다. "한국을 거쳐서 가니 갈 때 올 때 한국에 며칠 있을 수 있을 거야" 그렇게 하니 아이들이 조금은 생각이 바뀌는 모습이다. 그렇게 해서 결국 가족들은 나의 또 다른 즐거운 음모에 동행을 하게 되었다.

자, 한번 가보지 뭐.

시베리아 횡단열차를 타고서 눈 덮인 자작나무 숲을 보러 가는 거야! 창 밖으로 끝없이 펼쳐질 그 모습들을 상상하면서 벌써 나의 심장은 흥분과 설렘으로 뛰기 시작한다.

꿈을 꾸는 것으로만 머무는 것이 아니고 그 꿈을 만들고 실행하기 위해서 이제 준비를 해야 한다. 제일 중요한 것은 시베리아 횡단열차의 기차표 구매다. 기차표는 한국의 시베리아 횡단열차 전문여행사를 통해서 구입하고 날씨가 춥지 않다면 배낭여행의 컨셉에 맞게 도착해서 숙소를 정하겠지만 여건상 어쩔 수 없이 미리 대략의 일정에 따라 숙소도 정했다. 다음은 비자를 받아야 한다. 그런데 문제가 생겼다. 필리핀에서 받을 수 없고 한국에서 받아야 한다는 것이다. 이미 열차표를 예약해놓아서 아이들도 모두 여행을 가는 것으로 알고 있는데 어떡하나. 그러나 쉽게 포기하지 않는 성격이라 고민을 하다가 한국 여행사에 부탁하면 될 것 같았다. 비자 전문여행사에 문의를 하니 가능하다면서 여권과 사진만 보내주면 대행을 해준다고 한다. 국제특송우편으로 여권을 서울로

보내니 1주일 후에 비자를 받았다면서 다시 마닐라로 보내주었다. 그렇게 우여곡절 끝에 시베리아로 떠날 수 있게 된 것이다.

비행기에 한국 승객은 거의 없고 대부분 러시아 사람이다. 이 겨울에 블라디보스

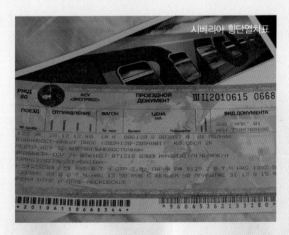
시베리아 횡단열차표

토크로 가는 사람이 있을 리가 만무하다. 옆자리에 앉은 아가씨가 영어를 곧잘 한다. 그리고는 한국 승무원에게 언니라 부르며 한국말도 하고. 학생인가? 아니면…. 모르겠다. 그것은 내가 상관할 바가 아니고 문제는 감기가 심하게 걸린 딸이다. 제발 한숨 푹 자고 나면 아무 일 없었다는 듯이 괜찮아지기를 바랄 뿐이다.

인천에서 블라디보스토크는 2시간이 채 안 걸리는 짧은 비행시간으로 생각보다 한국에서 가깝다. 처음으로 가보는 러시아. 어떤 모습일까? 여행을 떠날 때 항상 느끼는 설렘이고 궁금증이다. 누구나 그렇겠지만, 생애 처음으로 접한 외국은 두고두고 기억에 오래 남아 있을 것이다.

어느 시골에서 자란 청년에게 파키스탄의 카라치는 생애 처음으로 접한 외국이었다. 1985년 해양대학 실습선을 타고 가 본 그곳. 청년은 참으로 궁금했다. 그쪽 사람들은 어떻게 살아갈까? 어떤 모습일까? 무엇을 먹고 살까?

청년이 카라치에 도착해서 본 모습은 너무나 신기했다. 중동의 전통적인 복장, 악취 같기도 하고 정확히 표현하기 힘든 알 수 없는 냄새, 지저분하고 질서라고는 전혀 없는 거리 모습들…. 그러나 어릴 적부터 외국을 동경해온 그 청

1985년 해양대학 시절

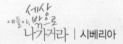

년에게는 꿈이 이루어진 것이었다. 태어나 처음으로 접해본 다른 세상의 모습이었다. 젊은 시절 나의 이야기다.

혹시나 공항에 눈이 쌓여 착륙을 못하나 걱정을 했는데 다행히 착륙에는 문제는 없었다. 창밖으로 보이는 모습이 한산하다. 말로만 듣던 자작나무와 눈들로 덮인 산들의 모습이 눈에 들어왔다. 드디어 시베리아로 왔다는 실감이 든다. 공항은 어느 시골 버스 대합실처럼 조그마하고 한산한데 이민국 직원들의 큰 덩치와 무표정한 모습 때문에 다소 긴장이 된다. 여권과 입국신고서를 제출했는데도 이민국 직원이 뭐라 뭐라 그러는데 이해를 못하겠다. 알고 보니 출국신고서도 같이 작성하라는 이야기였다.

네 사람이 다시 출국신고서를 작성을 하고 보니 모두 나가고 우리만 덩그러니 남아 있다.

"에고, 처음부터 순탄치 않은 여행이구나."

수속을 밟는데 족히 몇 분은 걸리는 것 같다. 바쁠 것도 없어서 오래 기다리는 것이 문제 될 것은 없었지만 그래도 좀 심하다. 한국에서는 몇 십 초면 되는데, 새삼 대한민국의 위대함을 느끼게 된다.

공항을 빠져나와 숙소로 정해진 현대호텔로 가려고 택시기사에게 가격을 물어보니 엄청 비싸다. 알고 보니 공항에서 시내까지 한 시간은 걸리는 먼 곳에 위치해 있었는데 난 그것도 모르고 있었던 것이다. 난 항상 이렇다. 미리 꼼꼼하게 확인하거나 챙기지를 못하고 그냥 일단 저질러서 대충 가는 성격이다.

택시비가 적정한지 확인해보고자 공항 안으로 들어가니 조그마한 대한항공 카운터가 있고 고려인으로 보이는 직원이 있길래, 한국어로 물어보니 답을 한다. 기사가 말한 가격은 다소 비싸지만 미리 차량을 수배해놓지 않아서 어쩔 수 없다는 이야기다. 그렇다고 부르는 대로 다 줄 수는 없는 법. 영어가 통하지 않아서 종이에 숫자를 써가며 흥정을 했는데 어느 정도 절충이 되어서 시내에 있는 현대호텔로 출발했다. 시내로 가는 길이 온통 공사 중이라 어수선하다. 딸애는 여전히 몸이 아파서 정신을 못 차리고 있어서 걱정이다.

우리가 묵은 현대호텔은 현대그룹에서 투자해 만든 호텔인 것 같다. 이름뿐만 아니라 건물의 형태가 서울에 있는 현대그룹 건물과 똑같은 모습이다. 한인회 사무실, 영사관 및 기타 한국기업체들도 이곳에 사무실을 두고 있어서 어쩌면 이곳이 한인들의 중심지가 아닌가 하는 생각이 들었다. 호텔 체크인 후 딸에게는 일단 푹 자라고 하고, 아들 쌍둥이와 일단 간단히 시내의 모습을 보러 나갔다. 언제 다시 이곳을 올지 모르니 정해진 일정 내에서 최대한 많은 것을 보고 또 느껴볼 필요가 있는 것이다.

호텔로 돌아오니 딸애는 여전히 기운을 못 차리고 있고 뜨거운 국물을 먹고 싶다고 해서 호텔 내에 있는 한국식당에서 설렁탕을 사 먹였는데 가격이 만만찮다. 네 사람이 간단히 먹었는데도 거의 100불이다. 러시아의 물가가 보통이 아니다. 그러나 어떡하랴, 환자가 있으니…. 설렁탕 한 그릇으로 아무 일도 없었다는 듯 빨리 기운 차리기를 바라는 마음뿐이다.

잊지 못할 분, Mr. Eugene Kozab

블라디보스토크는 원래 시베리아 횡단열차가 끝나는 도시로 인식되어 있지만, 우리에게는 횡단열차를 타고 처음 출발하는 도시이다. 원래 블라디보스토크라는 말은 '동방을 지배하라'는 뜻이라고 한다. 동해연안의 최대 항구 도시 겸 군항이다. 겨울에도 얼지 않는 부동항으로 1809년대부터 무역항으로 크게 발전하였으며 제2차 세계대전 때는 연합군의 전쟁 물자를 이곳에서 하역하기도 했다고 한다.

이곳에서의 일정은 1박만 하는 것으로 되어있다. 블라디보스토크를 관광하기에는 터무니없는 시간이다. 그래서 시베리아 횡단열차를 타기 위해 그냥 잠깐 들리는 곳으로만 생각해야 했다. 예약해놓은 기차 티켓은 이곳 현지에서 수령하기로 되어 있어 전날 한국의 바이칼투어 여행사에서 알려준 곳으로 연락을 하니 늦어서 오늘 수령하라고 하는데, 다행히 여행사 사무실이 호텔 내에 위치하고 있다. 아침식사 후 호텔 내 5층에 위치한 사무실로 가니 러시아 직원만 있다.

티켓을 받으러 왔다고 하니 잠시 기다리라고 한다. 어딘가 연락을 하는데 잠시 후 고려인이 와서 티켓을 주며 자세히 설명을 해준다. 아, 말이 통하니 정말 좋다! 그래서 염치불구하고 블라디보스토크에 대한 간단한 안내와 시베리아 횡단열차에 대한 정보, 그리고 기차를 탈 때 주의할 점 등 여러 가지를 물어보니 친절히 답해준다.

시베리아 횡단열차 탑승시간은 오늘 저녁 7시 40분. 기차티켓을 수령하고는 곧장 배낭과 음식물을 담은 박스를 호텔에 맡기고 시내로 나갔다. 딸애는 다행히 하루 푹 쉬고 나니 감기가 어느 정도 나은 것 같아 마음이 다소 가볍다. 옷은 완전 무장을 하고 아이들을 앞세워 시내를 걸어가 본다. 지나가다 백화점 같은 건물이 있어서 안으로 들어가 보니 영화관이다.

영화관? 러시아에서 영화관은 어떨까? 갑자기 또 호기심이 발동한다. "애들아 우리 영화 한번 볼까? 러시아에서 영화 한번 보는 것도 괜찮잖아."

상영하는 영화가 미국 영화이고, 3D 영화다.

세 놈 중 두 놈은 OK를 하는데 한 놈은 러시아어라 이해를 못해서 재미없다

며 반대를 한다. 하, 이놈을 설득시켜야 되는데….

"자막이 영어로 뇌어 있을 거야. 한번 시도해보자"
"아빠, 만약 영어 자막이 없으면 난 그냥 나올 거예요."
"알았어, 알았어."

영화가 벌써 상영이 되기 시작해서 부랴부랴 표를 구입한다. 그리고 영화를
볼 때는 팝콘이 있어야 제 맛이니 그 와중에 팝콘을 사고, 3D 안경을 받아 들고
영화관으로 들어갔다. 그런데 어이쿠! 이 일을 어떡해? 영어자막이 없고 러시
아어로만 나온다.

"어떡해 아들아, 미안해. 우리 그냥 조금만 보고 나가자."

아버지의 체면이 말이 아니다. 화면만 20~30분 보다가 "애들아 이제 가자.
러시아에서 영화관 구경 잘했지." 하며 영화관을 빠져 나왔다.

자막이 나왔어야 되었는데. 에이, 어쩔 수 없지 뭐.

거리로 나오니 추위가 다시 매섭다. 지하도를 지나가니 항구 쪽으로 가는 길이 있고 광장이 나타난다. 광장에는 과자랑 소시지 등을 파는 몇몇 노점상들이 있는데 소시지는 꽁꽁 얼어 사먹을 수가 없고 대신 과자를 사서 먹어보는데 그런대로 먹을 만하다. 여행의 맛 중에는 거리에서 파는 현지 음식들을 접해보는 것도 무척 좋다. 위생 상태가 어떨지 모르지만 그래도 저렴한 가격으로 현지인들의 음식을 맛 볼 수 있는 것이다.

광장에서 멀지 않은 곳에 2차 대전 때 취역했다가 지금은 박물관으로 운영되고 있는 잠수함을 구경하고는 늦은 점심을 해결하기 위해 아침에 고려인이 알려준 백화점으로 갔다. 음식코너에서 몇 가지 음식을 고르면서 사진을 찍는데 관리인 아저씨가 와서 인상을 쓰며 사진을 찍지 말라고 한다. 뭐 식당에서 사진도 못 찍나? 이 동네 참 이상하구만

점심을 먹고는 피곤해서 탁자에 얼굴을 기대고 잠깐 눈을 붙이는데 또 아까그 인상 쓰던 아저씨가 와서 안 된다고 한다. 정말 이상한 나라네, 이거 무서워서 뭘 할 수 있겠나.

"얘들아 가자. 참 이상한 곳이다. 그렇지?"

호텔로 돌아가는 길.

아직 기차 탈 시간이 남아 있어서 가는 길에 있는 일본식당에 일단 들어가 몸을 좀 녹이며 아이들은 우동을 주문하고 난 맥주 한 병 시켜 마시면서 여행자의 자유로움과 여유로움을 느껴본다. 시원한 맥주 한잔 하면서 아이들과 소곤소곤 이야기를 나누는 재미가 쏠쏠하다. 이국의 새로운 무언가를 보는 것도 여행이지만 이렇게 낯선 곳에서 사랑하는 사람들과 함께 정다운 이야기를 나누는 것

또한 여행의 맛이리라!

호텔에 맡겨놓은 짐을 찾아서 5시 30분경 블라디보스토크역으로 출발했다. 기차는 저녁 7시 40분 출발. 호텔을 나서니 벌써 날이 어두워지기 시작했다. 아침에 안내해준 고려인의 말대로 차를 이용하지 않고 걸어서 기차역까지 가기로 했다. 퇴근시간이고 그리고 일방통행이라서 교통체증이 심할 것이라고 해서 걸어가기로 결심을 한 것이다. 또한 내심 뭐 이 정도는 한 번 해보아야지 않겠어? 그래야 배낭여행의 맛이 나는 것이라는 생각도 있었다. 그것이 나중에 얼마나 힘든 상황을 만들 줄 모르고…. 각자 자기의 배낭을 메고 음식이 담긴 박스 등을 들고 추운 거리를 걸어가는데 쉽지 않다. 가는 길은 대충 알아서 길 수 있지만 바람이 보통 매서운 것이 아니다. 아이들이 힘들어 했지만 그래도 서로 돌아가며 물건들을 들고 간다. 오늘 지나간 적어 있는 지하도와 광장을 지나가는데 벌써 시간이 제법 흘러간다.

가는데 길이 갈라진다. 어떡하나. 길을 잘못 들었다가는 추운 날씨에 다시 되돌아오는 것이 너무 힘들 것 같아 아이들과 함께 짐을 내려놓고 지나가는 사람들에게 'Railway Station'으로 가는 길이 어디인지 물어보나 영어가 안 통하는지 그냥 무시하고 지나간다. 다시 몇 차례 지나가는 사람에게 물어보는데도 또 그냥 지나가버린다. 날은 완전히 어두워졌고 시간은 자꾸 흘러갔다.

아이들은 춥다면서, 나만 바라보고 있는데 사실 그 시간은 길지 않았지만 참 난감하고 힘든 순간이었다. 다시 용기를 내어 지나가는 사람에게 영어로 물어

보니 어? 대답을 한다.

"시베리아 횡단열차를 타러 갑니까? 그럼 나를 따라오세요."
와! 살았다. "얘들아 이 아저씨가 안내해준단다. 가자."

정말 은인이었다. 구세주를 만난 기분이었다. 그렇지 않았다면 추운 곳에서
얼마나 더 고생했을지 모르는 일이었다. 친절하게 음식이 담긴 박스도 같이 들
어 준다. 가면서 이야기를 나누었는데 이전에 부산에 가본 적도 있다고 한다.
가는 길을 멈추고 친절하게 역까지 안내해주고 또 우리들 기차표를 확인해서
출발시간까지 친절히 알려주는 것이었다. 기차역에 도착해서 아이들은 대합실
에 기다리게 하고 나 혼자만 자기를 따라오라고 해서 갔더니 어디에서 기차를
타게 되는지 정확한 플랫폼을 알려주는 것이다. 혹시 나중에 다른 플랫폼으로

잊지 못할/Mr. Eugene Kozab씨와 함께

갈지 몰라서 친절히 타는 곳까지 직접 안내를 해주는 것이었다. 추운 날씨에, 가는 길을 멈추고 시간을 내어서 이렇게 친절히 안내를 해주다니!

고마운 마음에 나중에 혹시 필리핀으로 오게 되면 연락하라며 명함을 건네주고 감사한 마음을 전하려고 이 메일 주소를 부탁했다. 성함과 이 메일을 주소를 알려주며 자신은 블라디보스토크 시청에서 근무하는데 언론/홍보 담당 국장이라고 한다. 이름은 Mr. Eugene Kozab.

아니 그럼 엄청 높은 사람이잖아? 이렇게 황송할 수가! 감동이었다. 떠나면서도 기차 내에서는 귀중품을 조심하라며 여러 차례 주의를 주는 세심한 말씀까지 잊지 않는다.

아이들과 함께 진심으로 고맙다는 말을 전하며 다음에 꼭 다시 한 번 볼 수 있기를 바라고 덕분에 여행을 잘할 수 있게 되겠다며 거듭 감사를 전했다.

기차 탈 시간까지 아직 30여 분 남아있어서 대합실에서 기다리고 있는데 러시아말로 안내방송이 나온다. 사람들이 일어나 나가기 시작하는데 우리는 무슨 말인지 알 수 없고 그리고 또 기차 출발 시간이 30분 정도 남아있어서 그냥 앉아있었다. 그런데 멀리서 조금 전에 떠난 그분이 다시 오는 것이었다.

"아니 왜 다시 오셨습니까?"

가는데 우리가 탈 기차에 대해서 개찰을 한다는 방송을 듣고 다시 돌아왔다고 한다. 혹시 우리가 러시아 안내 방송을 몰라서 마냥 기다릴지도 몰라 걱정이 되어서 가는 길을 되돌아온 것이라며 빨리 배낭을 들고 나가자고 한다. 직접 기차까지 안내를 해주겠다면서 말이다. 혹시 우리가 기차를 놓칠까 우려해서 이 추운 날씨에 가던 길을 되돌아 다시 돌아온 것이었다! 기차표를 보고 우리가 탈 기차의 차량까지 확인하고 침실까지 안내를 해주고는 떠나는 것이었다.

정말 고마웠다. 여행을 많이 했지만 이렇게 많은 도움을 주고 진심으로 걱정하고 도와주시는 분은 이분이 처음이었다. 시베리아 여행을 하면서 여러 차례

험한 꼴과 불친절한 사람들을 많이 접했지만, 이분의 도움과 따뜻한 마음을 생각하면 모두 이해해줄 수 있을 것 같다.

"Mr. Eugene Kozab 선생님, 정말 감사합니다! 그때 도움이 없었으면 저 정말 아이들하고 추운 날씨에 엄청 헤매고 힘들었을 겁니다. 도움 잊지 않을게요. 언제 필리핀에 꼭 한번 놀러 오세요."

시베리아 횡단열차

시베리아 횡단 열차는 1891년부터 건설을 시작하여 1916년에 전 구간이 개통되었으며 총 10억 루블의 비용이 발생했다고 한다. 복선화가 된 것은 1937년이었으며 모스크바에서 블라디보스토크까지의 거리는 9,334km로써 세계에서 가장 긴 직통열차로도 유명하다. 모스크바까지는 7일이 소요되며 총 60여 개의 역에서 정차한다. 이 열차는 횡단 중 바이칼호수를 남으로 끼고 가며 우랄산맥을 넘어 모스크바를 지나 핀란드의 헬싱키까지 이어주는 최장 코스의 열차이다.

우리는 4개의 침대가 있는 방을 이용했는데, 좁은 공간을 최대한 활용해 장거

리 여행객들의 편의에 신경을 썼지만, 화장실 안에 샤워시설은 없었고 단지 간단히 세수할 수 있는 시설만 있었다. 그리고 객차마다 2명의 승무원이 배치되어 12시간씩 교대로 근무하며 간단한 청소와 잡무처리를 해준다. 열차 승무원들은 모두 여자들인데 대부분의 승무원들이 무뚝뚝하고 사소한 것에도 소리를 질러 여간 신경 쓰이는 것이 아니었다. 한번은 객차를 지나는데 열차승무원이 고함을 지르면서 뭐라고 하길래 영문도 모르고 멍하게 쳐다보았는데 아마 느낌상 빨리 문을 닫으라는 것 같았다. 날씨가 워낙 춥다 보니 객차마다 있는 이중문을 열고 다른 객차로 지나갈 때 찬바람이 들어오니까 빨리 문을 닫고 지나가라는 것이었다. 다행히 우리 객차에 배정된 승무원은 아주 곱게 나이 든 아주머니였는데 얼굴처럼 마음씨가 고와 편안한 여행을 할 수 있었다. 또 식당차에는 웬만한 음식들이 가능해서 자주 이용을 하기도 했는데 여러 차례 이용하다 보니 식당차에 있는 덩치가 아주 큰 아주머니와 말은 안 통해도 나중에 친해지기도 했다.

블라디보스토크를 밤에 출발해 바깥 풍경은 볼 수가 없었는데 다음 날 흔들리는 기차 느낌에 잠에서 깨어 창밖을 보니 지난밤에는 볼 수 없었던 차장 밖 풍경이 한눈에 들어온다. 하얀 눈으로 덮인 벌판이 끝없이 펼쳐지고 눈 덮인 자작나무들이 하염없이 스쳐 지나간다. 겨울철 시베리아 들판은 눈과 자작나무로 지극히 단순하다. 간간이 통나무로 만들어진 집들이 군데군데 있었는데 그곳은 불을 때는지 굴뚝에 연기가 모락모락 나고 있다. 문득 집안의 풍경이 어떤 모습일까 궁금해진다. 가족의 아침 식사를 위해 엄마가 분주히 움직이고 있을까? 아이들이 깨어 있다면 무엇을 하고 있을까? 눈 덮인 허허벌판에서 아버지는 어떤 일을 하면서 가족을 부양할까? 이 추운 곳에서 어떻게 삶을 영위할까? 아마도 수천 년 전부터 이곳 조상들은 추위를 이기며 살아갈 수 있는 삶의 지혜들을 터득했을 것이고 그러한 것들이 현재의 후손들에까지 전해져 내려오고 있으리라.

아이들은 여전히 꿈나라에 있는데 기차는 아랑곳하지 않고 그 육중한 몸을 이끌며 앞으로 나아가고 있다. 이런 기분…. 아빠만 믿고 이 먼 곳까지 따라와 낯선 곳에서 곤히 잠들어 있는 아이들의 모습을 보고 있는 기분! 그리고 이놈들을 위해서 어떤 아침을 만들어 줄까 고민하는 행복은 정말 멋진 일이다. 이 순간만큼은 그 누구도 부럽지 않다.

덜컹거리며 나아가는 기차에서 문득 어린 시절 기차에 대한 추억이 떠오른다. 기차는 어린 나에게 두려움과 이별의 슬픔으로 남아 있다. 서울로 시집간 누님이 고향에 내려왔다가 서울로 다시 갈 때면 항상 경산 기차역으로 따라갔었다. 어머니는 누님의 무거운 짐을 기차 안으로 들어 주기 위해 같이 들어가시고 어린 나는 플랫폼에 혼자 남겨지곤 했는데 그 순간이 내게는 엄청난 두려움이었다. 만약 어머니가 기차 출발 전까지 내려오지 못하고 나만 혼자 남겨지면 어떡하나. 누님이 타던 기차는 항상 밤에 출발하는 기차였는데 아마도 군용열차였으리라 생각된다. 그 짧은 시간이 어린 나에게는 엄청나게 두려운 시간이었다. 그러나 다행히도 어머니는 기차가 출발하기 전에 내리셨는데, 한번은 기차가 출발해서 서서히 움직이는데 기차에서 뛰어내리시다 다친 적도 있었다. 그 이후로 기차는 더욱 내게 두려움의 대상이었으며 기차가 떠난 후 밀려오는 이별의 슬픔도 어린 마음에 깊이 새겨지곤 했었다. 사랑하는 사람을 보내고 집으로 돌아가는 길은 어린 나에게 참으로 감당하기 힘든 시간이었다.

그럼에도 불구하고 나는 기차여행을 좋아한다. 고등학교 때부터 목적지 없이 갑자기 기차를 타고 떠나곤 했었다. 아마도 나의 방랑벽은 그때부터 시작되었으리라. 나는 기차에서 창밖에 스쳐 가는 풍경을 여유롭게 지켜보는 것이 좋다. 기차는 한번 출발하면 되돌아가지 않는다. 그래서 기차는 삶과 같다고 생각한다. 한번 지나간 시간은 되돌릴 수 없으니까. 그리고 반드시 종착역이 있다. 우리 삶이 유한하듯이. 우리는 인생이라는 기차에 탑승해 종착역에 도착할 때까지 여러 기차역에 내리고 타는 숱한 사람들을 만나면서 만남의 기쁨과 헤어짐의 슬픔을 겪게 된다.

지금 나는 어느 기차역을 향해 가고 있을까? 나는 지금 얼마나 많은 기차역을 지나왔고 또 얼마나 많은 기차역이 내게 다가올까? 그러면서 만나는 숱한 사람들에게 나는 어떤 미소를 보일까? 지금 내 옆자리에 앉은 사람을 나는 어떤 말과 행동으로 대해야 할까? 그들의 기차여행에 조금이라도 즐거움을 줄 수 있는, 그래서 이 기차여행이 끝나는 날 서로를 보며 환하게 웃을 수 있는 여행이 되기를 희망한다.

기차여행에 대한 단상과 어린 시절 기차에 대한 추억을 곱씹으며 난 아주 먼 곳 시베리아에서 그때의 나보다 더 성장한 아이들과 함께 기차를 타고 함께 추억을 만들어 가고 있다.

자, 이제 아이들을 깨워야 한다. 마트에서 구매한 즉석 밥과 참치통조림, 멸치볶음 등을 내놓으니 훌륭한 아침 밥상이 된다. 그런데 문제는 즉석 밥이다. 전자레인지에 데워야 하는데 전자레인지가 없으니 어쩌지? 하지만 궁하면 통한다고 마침 생각난 것! 뜨

거운 물을 여러 차례 부었다가 빼기를 반복한 후에 맛을 보니 전자레인지에 데웠을 때만큼은 아니지만, 그런대로 먹을 만하다.

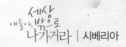
세상 애들아, 밖으로 나가거라 | 시베리아

"애들아 그만 일어나 창 밖을 한번 봐. 눈이 엄청 많이 왔다. 그리고 아침 먹자. 아빠가 맛있는 아침 준비해놓았다."

다음날도 기차는 시베리아 설원을 달려간다. 좁은 공간에서 아이들과 생활하다 보니 가끔은 갈등도 생긴다. 그래서 아빠 역할 힘들어서 못 하겠다고, 사표를 내야겠다고 농담 삼아 이야기를 하기도 한다. 이럴 때는 잠시 떨어지는 것이 좋다. 식당 칸으로 가서 러시아 맥주를 한잔 하며 눈 덮인 자작나무 설원을 바라보노라니 자연스럽게 상념에 젖어 든다.

많은 생각이 스쳐 지나간다. 고향 생각, 돌아가신 어머님 생각, 어린 시절 한겨울에도 들판에서 뛰어 놀던 생각, 그때 같이 놀던 친구들. 코 흘리며 추운 줄 모르고 자치기하던 기억, 해 저문 저녁이면 집으로 돌아가 넉넉지 못한 형편이었지만 좁은 방 안에서 가족들과 따뜻하게 저녁밥을 먹던 기억들이 떠오른다.

한 친구가 생각났다.

빨간 벽돌공장 공장장의 첫째 아들이었는데 어머니는 구미여고를 졸업한 인텔리 여성이었다. 우리 어머니는 무학자로 농사일밖에 모르는 사람이었다. 또 그 친구는 언젠가부터 초등학교 반장을 도맡아 했지만 나는 수줍음이 많은 평범한 아이였다. 비록 배경은 많이 차이 났지만, 우리는 같이 겨울에는 연날리기, 여름이면 냇가로 가서 고기 잡고 목욕도 하고 그렇게 재미있게 놀곤 했다. 그런데 그 친구가 중학교 2학년부터 담배와 술 등을 배우며 어긋나기 시작했다.

안타까웠다. 여러 차례 말리기도 했지만, 친구는 쉽게 돌아오지 못했다. 결국. 그 친구는 야간 상고를 택했고 그 이후로 우리는 만남이 뜸했다. 세월이 흘러 배를 타고 휴가를 나왔는데 그 친구가 군대에서 사고로 죽었다는 소식을 들었다. 너무 안타깝고 슬픈 기억이다.

왜 갑자기 그 친구가 생각났을까? 아득한 세월 너머 아스라한 기억의 조각들이 퍼즐처럼 맞추어진다. 정말 지나간 모든 것들은 전부 아름다운 것인가!

시베리아 횡단 열차는 여전히 눈 덮인 자작나무 숲을 헤치고 가쁜 숨을 몰아쉬며 앞으로 나아간다. 나도 독주의 보드카로 취기가 오르고 해는 어느덧 뉘엿뉘엿 저물어간다. 북쪽에서의 해는 빨리 진다. 가도 가도 끝이 없는 이 넓은 세상에서 나라는 존재는 무엇일까?

이런 기분은 정말 좋다. 보드카 취기에 삶이 좀 더 느슨해지고 시베리아의 설원은 오히려 따스함으로 다가온다. 낯선 곳에서 나와 관계된 모든 것에서 벗어나 단순한 인간의 모습으로 돌아가는 것이 참으로 좋다. 우리는 원래 백지였으리라. 우리의 삶은 원래 복잡하지 않았을 것이리라.

무릇 삶이라는 게 얽히고 설켜서 살아갈 수밖에 없는 것이지만, 가끔은 이방인의 모습으로 낯선 곳에 오롯이 혼자되어 해 저무는 풍경을 감상해볼 일이다.

사람들은 말한다.
왜 그 추운 곳으로 굳이 고생하면서까지 가려고 하지?
나도 모르겠다.
내 안의 내가 외치는 소리가 떠나라는 것이었다.
그것이 지금 네가 원하는 것이라면 그냥 하라는 것이었다.
떠나는 것이었다.
네가 정녕 하고 싶은 것이면 그것보다 더 중요하고 소중한 것이 어디 있느냐고 내가 내게 묻는다.

기차에서 바라보는 시베리아 자작나무 풍경

설렁탕 사건

　저녁 시간이 다 되어갈 즈음 다진이가 갑자기 뜬금없이 갈비탕을 먹고 싶다고 했다. 다진이는 그냥 해본 말이었지만 그때 내 머릿속에 전광석화같이 생각난 것이 서울에서 사 온 인스턴트 설렁탕이었다. 전자레인지만 있으면 쉽게 해결되지만 기차에는 사용할 수가 없고 대신 식당차 주방이 생각났다. 사실 보드카의 취기도 좀 있었고 식당차에서 몇 번 만난 서빙하는 아줌마와도 어느 정도 친해진 것도 작용했으리라. '그래 주방으로 가서 부탁해보자.'

　말은 안 통하지만, 즉석 밥도 함께 가져가 같이 데워달라 부탁하려고 아이들 몰래 선반 위의 인스턴트 설렁탕과 즉석 밥을 슬그머니 챙겨서 나오는데 다진이가 어디 가느냐고 묻는다.

　"응. 잠깐 밖에 나갔다 올게."

　어차피 놀라게 해주려면 최대한 감동받게 하고 싶었고, 사실 내가 생각한 것이 안될지 모르니 괜히 먼저 큰소리쳤다가 실망하면 아빠 체면이 말이 아닐 것 같아 말하지 않고 그냥 나온 것이었다.

차량내의 온수기

　설레는 마음으로 식당차를 향해 차량 몇 칸을 지나다가 온수가 나오는 곳에서 뜨거운 물을 받는데 그 차량에 담당 여자 승무원이 나오더니 큰 소리로 소리치면서 내 가슴팍을 치는 것이 아닌가? 너무나 갑자기 당한 상황에 어찌할 바를 몰랐다. (온수가 나오는 곳이 각 차량마다 있는데 위치가 승무원 침실 바로 앞에 있어서 내가 물을 받을 때는 보이게 되어있다)

'뭐지? 이 여자가 왜 이러지? 내가 무얼 잘못했다고…. 동양인이라고 이 여자가 사람을 깔보고 무시해서 이러나?' 지금 생각해보면 우리가 탄 차량에서 뜨거운 물을 이용하지 않고 왜 그 승무원이 담당하고 있는 차량에 와서 물을 받느냐는 것이었는지도 모르겠다. 이전에 몇 차례 고함을 지르는 봉변을 당했지만, 이번 경우는 특히 억울했다. 순간 어떻게 해야 할까 짧은 시간에 별생각이 다 들었다.

'같이 쏘아붙일까? 아니야. 잘못하면 말도 안 통하는 내가 오히려 누명을 뒤집어쓰겠지? 열차 내 난동죄로 험한 꼴을 당할 수도 있어. 아이들과 함께 이 여행을 문제없이 마쳐야 되는데 잘못하면…. 하지만 가만히 있으면 너무 억울한 일이잖아.'

그래서 어정쩡하게 물러나며 잠시 노려보는 것밖에 할 수 없었다. 일단 대충 그렇게 마무리하고 딸을 즐겁게 해주어야 한다는 본래의 목적을 위해서 식당칸으로 갔다. 엄청 분하고 화가 났지만 일단 참았다.

식당차로 가니 역시 그 덩치 큰 아줌마가 있다. 먼저 미소를 지으며 인스턴트 설렁탕 봉지와 즉석 밥을 내밀며 손짓 발짓 가능한 모든 것을 동원해 설명하니 알아듣는 눈치다. 그러더니 주방에 있는 요리사를 불러서 무어라 전달하는데 주방장도 이해하는 눈치였다. 내가 다시 한 번 더 주방장에게 설명하니 가지고 온 것을 달라고 했다. 사실 이건 별일은 아니지만, 말도 안 통하고 게다가 무표정하고 무뚝뚝한 사람들에게 부탁하는 것이 쉬운 일은 아니었다.

인스턴트 설렁탕에 즉석 밥을 함께 넣어서 끓이니 보글보글 맛있게 데워지고 있었다. 끓이는 동안 고마움을 표현하고자 초코파이 한 박스를 사서 주니 무척 좋아했다. 잠시 후 맛있게 데워진 설렁탕을 가지고 간 빈 컵라면 컵에 담았다. 꼭 맞았다.

의기양양하게 아이들에게 가는데 조금 전에 가슴팍을 친 승무원이 있는 차량을 또 지나가게 되었다. 어떻게 해야 하나. 마침 그 표독스러운 승무원이 침실 내 책상에 앉아 있길래 "왜 사람을 쳐? 내가 무얼 잘못했다고 사람을 치는 거야?" 하며 목소리 높여 영어로 말했다. 그 여자도 무슨 말인지 이해는 못 했겠지만 대충 감은 잡았을 것이다. 그렇게 한참 노려보니 여자가 내 눈을 외면하는 것이 아닌가? 자기도 좀 심했다는 것을 느꼈는지 아니면 낯선 동양 남자가 좀 세게 나오니 한발 물러선 것인지 모르겠다. 그렇다고 현실적으로 거기서 더 이상 내가 할 수 있는 것은 없었다. 화나고 분했지만, 말이 안 통하니 더는 따질 수도 없어 그 정도로 화를 눌러야 했다.

침실로 돌아오니 아이들이 어디 갔다 왔는지 묻는다.

"얘들아 설렁탕 먹어라"

"네? 어떻게 설렁탕을 만들었어요?"

아이들은 신기해하며 정말 맛있게, 정신없이 먹는다. 시베리아 횡단 열차에서 설렁탕을 맛보는 것! 비록 난 맛도 못 보았지만 맛있게 먹는 너희 모습을 보니 나도 행복하단다. 그런데 아이들은 알고 있을까? 이 설렁탕이 어떻게 해서 만들어졌는지…. 가슴까지 맞아가며 만들어진 것을.

그나저나 아이들은 먹는 내내 신기한가 보다.

"아빠, 말도 안 통하는데 어떻게 주방을 사용하게 해줬어요?"

"아빠는 슈퍼맨이니까."

안가라강의 몽환적인 모습

이르쿠츠크와 바이칼 호수

 바이칼 호수가 있는 이르쿠츠크역에 12월 31일 늦은 밤에 도착 후 대합실을 빠져나오니 광장에 있는 온도계가 영하 30도를 가르켰다. 대중교통수단을 이용해서 숙소로 갈려고 생각했으나 엄청난 추위 때문에 도저히 엄두가 나지 않아 할 수 없이 택시를 이용해서 숙소로 갔다. 다음날 새해 아침 추위가 엄청나 완전무장을 하고 이르쿠츠크 시내로 아이들과 함께 나갔다. 공원에는 새해라 그런지 가족 단위가 많았다. 매서운 날씨에도 그들은 추위에 적응이 되어서인지 가족들끼리 재미있는 시간을 보내며 즐겁게 놀고 있다. 가족 단위로 사진 찍는 모습이 명절임을 느끼게 해준다. 그런데 우리 아이들은 날씨가 추워서인지 표정이 영 별로이다. 춥더라도 한번 구경을 해보고자 하는 나의 바램은 통하지 않는다. 호텔로 돌아갈 사람은 먼저 가라고 하니 쌍둥이 아들은 그리하겠다고 한다. 기분이 좋지는 않았지만 쿨하게 보내주고 다진이와 함께 한적한 공원으

로 가니 멋진 풍경이 나타난다. 시내를 흐르는 안가라강 건너편이 물안개로 덮여 아주 신비스럽고 몽환적인 모습을 연출한다. 지금까지 살아오면서 이렇게 환상적인 모습을 본 적이 없다. 좀 더 멋진 풍경을 느끼고 싶었으나 다진이가 너무 춥다고 해서 근처에 있는 수도원에 들어갔다. 잠깐 몸을 녹이고 나니 조금 전 보았던 모습을 다시 보고 싶었다.

"다진아 아빠 조금 전 갔던 그곳에 잠깐 다시 갔다 올게. 여기서 잠시 몸 좀 녹이며 기다리고 있을래?"

딸애가 오케이 한다. 그래 빨리 갔다 올게.

다시 돌아가 환상적인 모습을 보면서 혼자 감탄을 한다. 이 순간 정말 누군가와 함께 이 풍경을 보면서 감동했으면 좋겠다는 생각이다. 강가 난간 쪽으로 가니 연인들이 서로 헤어지지 말자는 의미를 담아 걸어 놓은 수많은 종류의 자물쇠들이 있었다. 자물쇠를 잠근 후 아마도 열쇠는 이 차가운 앙가라 강에 던졌으리라. 젊은 날 사랑이 뜨거울 때 했던 맹세는 영원할 것 같지만 사랑의 감정도 세월이 가면 변하는 것. 이곳에 함께 왔던 연인들은 여전히 그 마음 변하지 않고 잘 살고 있을까?

그렇게 풍광에 정신 줄을 놓고 있는데 한쪽에 한 무리의 러시아 젊은이들이

신나게 떠들고 있다. 또 슬쩍 말을 걸어보고 싶다는 생각이 들었다.

"너희들 학생이니?"

"그래, 너는 어디서 왔니?"

"코리아에서 왔어. 아이들과 시베리아 횡단 열차 타고 바이칼호수를 보러 왔지." 그러자 그 친구들은 마시고 있던 보드카를 권한다.

"한잔 할래?"

안주는 달랑 얼어붙은 소시지 몇 개. 하지만 꿀맛이다. 추위로 꽁꽁 언 몸인데다가 빈속에 보드카가 들어가니 속이 짜릿하다. 엄청난 추위에 발을 동동 구르면서 몇 잔을 연거푸 마셨다. 취기가 오르니 더욱 친해졌고 모두 깔깔거리며 즐거워하고 있는 사이에 시간이 제법 흘러갔다.

'참, 다진이가 수도원에서 기다리고 있지!'

한참 재미있게 놀다 보니 다진이가 기다리고 있다는 사실을 잊어버리고 있던 것이다.

"얘들아 난 가봐야 해. 딸이 기다리고 있어."

"그래 잘 가. 여행 잘해."

이르쿠츠크의 젊은이와 함께

술에 취해 서로 웃으면서 인사를 나누고 정신없이 달려가는데 수도원에서 다진이가 나오고 있었다.

"다진아, 미안해. 러시아 사람들 만나서 이야기하다 보니 늦었어."

아! 그런데 이 녀석, 말도 안 하고 울면서 무조건 걸어간다. 크게 화가 난 모양이었다.

"아빠는 내 생각 안 했어요? 혼자서 그렇게 오래 기다리게 하고…. 아빠 기다리는데 술 취한 아저씨가 와서 자꾸 말을 걸어서 수도원 밖으로 나갔는데도 또 따라오잖아요. 얼마나 무서웠는데요! 그래서 다시 들어와 기다려도 아빠는 안 오고…. 엉엉."

엄청나게 우는 것이 아닌가! 참 난감했다. 달리 방법은 없고 무조건 잘못했다고 할 수밖에 없었다. 이러쿵저러쿵 변명을 해보지만 쉽게 풀리지 않는다. 러시이 젊은이들과 보드가를 마신 대가가 아주 혹독하구나. 그러나 계속 미안하다고 하니 다소 기분이 풀리는 모양이다.

"다진아 우리 저녁 먹고 가자. 아까 그 호텔 옆에 서양식 레스토랑 있었잖아. 아마 피자도 있을 거야"

어떻게든 다진이 마음을 풀어주기 위해서 온갖 수를 쓴다.

"알았어요. 아빠."

겉으로는 마지못해 오케이 하는 듯했지만 피자가 먹고 싶었던 다진이는 기분이 풀리는 것 같다.

레스토랑 안으로 들어가는데 입구에서 외투를 벗어서 맡기고 들어가라고 했다. 즐거운 마음으로 외투를 벗는데 뭔가 쿵 하는 소리가 났다. 목에 걸고 있던 다진이 카메라가 함께 떨어진 것이다. 급히 주워서 작동을 해보니 작동이 안 된다. 이전에도 몇 차례 떨어진 적이 있었지만 큰 탈 없이 작동되었는데 이번에는 목도리를 세게 벗으면서 땅에 떨어져 카메라가 큰 충격을 받은 모양이다

오 마이 갓! 이 일을 어쩌나. 딸이 무척 아끼는 카메라다. 울고 있는 딸을 겨우 달랬는데 다시 이런 난감한 상황이 발생하다니! 정말 미치겠다. 그러나 또 아이를 진정시켜 어떻게든 수습을 할 수밖에 없다.

"다진아 한국 가서 고쳐줄게. 만약 못 고치면 다시 사줄게."

"아빠, 그거 얼마나 비싼 건데, 어떡해요…."

"아빠가 어떻게든 해결할 테니 걱정하지 마. 책임지고 해결할게. 알았지?"

자리에 앉아 겨우 진정을 하고 주문을 하는데 기분이 엉망이다.

딸애는 피자, 난 맥주에 안주 하나, 보드카의 취기가 아직 많이 남아 있어

서 맥주가 잘 들어가지도 않는다. 식사하는 동안 서로 아무 말도 없었다.

2011년 1월 1일에 러시아 이르쿠츠크에서 참 많은 일이 벌어졌다.

아빠는 너희 협조가 없어 힘들었고(물론 너희도 힘들었겠지만), 그리고 눈덮힌 앙가라 강의 신비스럽고 환상적인 풍경도 보았으며, 러시아의 젊은이와 엄청난 추위 속에서 보드카에 취해 신나게 낄낄 웃고 즐겼지만, 사랑스러운 딸을 울리고 거기에다가 카메라까지 망가뜨려 마음 아프게 만든 일들…. 잊지 못할 새해 첫날의 기억들이다.

시베리아에서 어머니를 그리며

한국에 있는 여행사를 통해 예약한 통나무집. 비얀카에서 내려서 야롭스키 스트리트 20번지로 찾아가면 된다고만 알고 이르쿠츠크에서 15인승 미니 승합차를 타고 바이칼 호수로 출발했는데 비얀카에 내리자마자 바이칼 호수의 찬바람이 우리를 강타한다. 체감온도가 최소 40도 정도는 될 것 같다. 주위에 사람도 없어서 어디로 가야 할지 물어볼 수도 없다. 일단 가까운 건물이 있는 것으로 가니 카페가 있다. 종업원에게 주소를 이야기하면서 숙소를 물어봤지만 모른다고 한다. 난감하다. 아이들은 나만 쳐다보고 있다. 어떻게든 해결하려고 밖으로 나가보니 다행히 근처에 관광안내소가 있어 주소를 보여주며 물어보니 이곳에서 멀지 않다고 한다. 배낭을 챙겨서 걸어가는데 추위와 바이칼 호수에서 불어오는 칼바람에 모두들 정신이 없다. 쌍둥이는 남자라서 어떻게든 참고 가는데 다진이는 너무 춥다고 울먹이기까지 한다. 어떻게든 빨리 통나무집 숙소를 찾아가야 한다. 알려준 대로 차로에서 좁은 골목 안으로 들어가 야롭스키

20번지만 찾으며 걸었다.

"아빠, 이 길 맞아요?"
"그래 맞을 거야. 조금 전 그 관광안내소에 있는 아저씨가 이 길이라고 했어."
"아빠, 그런데 이 길이 아니면 어떡해요?"

바람과 추위 때문에 서로 말하기도 쉽지 않다. 그리고 혹시 이 길이 아니면 정말 난감한 상황에 처해지는 것이라 내심 걱정을 했다. 다시 되돌아간다는 것은 정말 악몽이고 골목길에 사람도 없어 누구에게 물어볼 수도 없다. 20번지만 나오기를 바라며 한참을 걸어가는데 중간에 러시아 아주머니를 만났다. 내 모자를 바로 씌워주며 뭐라고 말한다. 아마도 모자를 꼭 쓰라는 것 같았다. 하지만 강한 바람 때문에 모자는 또 벗겨지고 정신을 못 차리겠다. 알고 보니 날씨가 추운 곳에서 머리는 반드시 보호해야 하는 것이었다. 시베리아의 추위가 워낙 심해 잘못하면 머리의 실핏줄이 터질 수 있다는 것을 나중에야 알았다.

어떻게든 빨리 숙소를 찾으려고 정신 없이 20번지를 찾으며 가는데 방금 지나친 집에서 우리를 부르는 것이었다. 우리가 찾던 20번지 통나무집이었다. 추위 때문에 제대로 보지도 못하고 지나친 것이다.

"얘들아 드디어 찾았다! 빨리 들어가자."

주인아저씨가 열어주는 대문을 지나 집 안으로 들어가니 우리가 묵을 방을 안내해주었다. 무거운 배낭을 내려놓고는 곧바로 침대에 쓰러졌다.

긴 시간은 아니었지만 정말 힘든 상황이었다. 혹시나 길을 잘못 들었으면 위급한 상황에 놓일 수도 있었지만, 다행히도 길을 헤매지 않고 한번 만에 찾을 수 있어 운이 좋았던 것 같다. 말도 안 통하고 극심한 추위 속에서 가이드도 없이 아이들을 데리고 나섰다는 것이 지금 생각해보면 참 무식한 행동 같기도 하고, 또 아찔했다는 생각이 들기도 한다. 그러나 덕분에(?) 또 한 번 시베리아 여행에서 잊지 못할 추억을 만들었다.

저녁때가 되어 어디서 저녁을 먹을까 고민을 하다가 오늘 낮에 길을 물어본 카페 옆, 레스토랑에서 저녁을 먹기로 결정했는데 쌍둥이 중 한 녀석이 자기는 너무 춥고 배가 고프지도 않다면서 안 가겠다고 한다. 몇 번을 이야기해보았지만, 생각을 바꾸지 않아서 할 수 없이 그 아이만 놔두고 셋이 나갔다. 기분이 좋지 않았지만 할 수 없었다. 내 마음대로 다할 수는 없지 않은가.

통나무집 주인 아저씨와

레스토랑에서 돼지 스테이크와 감자구이를 시켜 먹으려고 하는데 서빙하는 아가씨가 전혀 알아듣지를 못한다. 그때 딸이 돼지 그림을 그려서 보여주니 그제야 알겠다는 표정을 지으며 아가씨도 우스운지 우리와 함께 따라 웃는다. 덩치가 보통 러시아 사람답지 않게 아담하고 또 매우 상냥했으며 다음날 우리가 그 레스토랑에 또 찾아갔을 때 한번 본 사이라고 아주 반갑게 맞아주기도 했다.

따라온 쌍둥이 중 한 녀석이 통나무집에 남아있는 녀석을 위해서 음식을 포장해 가야 한다고 했다. 한번 배고파 봐야 한다는 생각에 음식을 가져가지 말라고 하니 자기가 사서 가겠다고 이미 약속을 했단다. 평소에는 자주 싸우던 녀석들이 이럴 때는 어떻게 또 서로를 챙기는 모습을 보인다. 결국, 돼지고기 스테이크와 감자구이를 포장해 가서 동생을 챙기는 것이 아닌가.

저녁을 먹고 돌아와 세 아이가 한 방에서 컴퓨터를 이용해 영화를 보고 있는데 싸우는 소리가 난다. 가보니 쌍둥이 중 한 녀석이 누나와 말다툼을 하는 것이었다.

"애들아, 그만해라. 서로 조금씩 양보해라."

그만하라고 몇 번을 이야기하지만 멈추지 않는다.

고함을 치고 싶은 생각이 목까지 차 올랐으나 더 이상 말하지 않고 더 있으면 감정 컨트롤이 안될 것 같아 마시고 남은 보드카와 치즈 몇 조각을 가지고 1층 거실로 내려와 버렸다. 보드카 몇 잔이 들어가니 갑자기 무기력해지면서 내가 왜 힘들게 아이들을 데리고 이 먼 곳까지 왔나 하는 생각과 굳이 이렇게까지 할 필요가 있나, 내가 쓸데없는 짓을 하고 있지나 않나…. 난 너희를 위해 이렇게 최선을 다하고 있는데 형제끼리 너무 서로를 위해주지 못한다는 생각에 왠지 나도 모르게 눈물이 나며 갑자기 어머님 생각이 난다.

"어머니 왜 이렇게 힘들죠? 어머니, 이럴 때 어떡해야 하나요? 어머니도 이렇게 힘드셨어요?"

안 그래도 나이 먹어갈수록 눈물이 많아지고 있는데 보드카의 술기운 때문인지 내 눈물샘은 더욱 예민하게 자극된다. 한참 있으니 딸애가 내려온다.

"아빠, 미안해요. 잘못했어요. 내가 좀 더 참아야 했는데….".

"다진아 우린 가족이잖아. 누가 잘못해도 서로 아껴주고 위해줘야지. 그리고 이렇게 즐거운 여행을 왔는데 여기까지 와서 싸우면 어떡하니. 다진아, 갑자기 네 할머니가 보고 싶다."

"……"

그렇게 나는 딸과 함께 나의 어린 시절, 그리고 어머니와 관련된 이야기를 한참을 나눴다. 이야기를 하면서도 눈물이 왜 그렇게 나는지. 보드카 취기와 시베리아 밤은 더욱 나를 추억 속으로 몰아가고 있었다. 나는 더욱 아팠고 애절했다.

이제는 멀리 여행을 떠나신 어머님에게 편지를 써본다.

어머님 전상서

어머니, 그 동안 안녕하셨어요!

하늘나라로 여행을 떠나신 지가 어언 5년이 다 되어가네요.

지난겨울 이곳은 엄청 추웠는데 그곳은 괜찮으셨는지요?

이렇게 어머님께 글을 쓰게 되는 것도 참 오랜만이군요.

이 세상에 태어나 어머니와 첫 만남의 기억은 정확하지 않지만 제 기억 속에 어머니와의 여행이 시작된 순간들이 어슴푸레 아주 작은 조각들로 꿈인 듯 현실인 듯 그렇게 남아 있습니다.

어머님의 품은 항상 따뜻하고 아늑했습니다.

어떠한 것도 품을 수 있고 어떤 아픔도 보듬어 주시는 안식처였죠.

어머니는 강하셨지요.

40대 초반에 홀로되셔서 4남 2녀를 아무 탈 없이 잘 키우셨죠.

어머니는 여장부셨죠.

어떤 어려움이 닥쳐도 기필코 이겨내셨죠.

그러나 어머니로는 강하셨지만, 여자로는 얼마나 힘드셨겠습니까?

나이 50이 다 된 자식이 이제야 알 것 같습니다.

어머니는 항상 잠이 부족하셨지요.

밭에서 김을 매다가 호미를 쥔 채 꾸벅꾸벅 졸던 모습. 그때의 어머님 모습은 제게 정지된 화면처럼 확연히 새겨져 있습니다.

가을밤 어두운 방안에서 콩잎과 깻잎을 다듬으며 졸던 모습도 기억 속에 또렷이 남아 있습니다.

아마도 1인 2역을 완벽히 수행하려니 잠 잘 시간이 없었으리라 짐작이 갑니다.

어머니는 엄격하고 무서웠죠. 어머님의 말씀은 법이었죠.

무슨 일이든지 한번 말씀하시면 어떻게든 해야 했지요.

어릴 때는 서운하기도 했지만 철들면서 어머님이 왜 그리했는지, 왜 그렇게밖에 할 수 없었는지 알게 되었지요.

어머님의 엄격함이 아마도 저를 조금 더 사람 구실을 하게 만들어 주셨는지 모르겠습니다.

어머니, 또 생각나는 것이 있네요.

겨울철 공사판에서 일을 마치고 퇴근하실 때 항상 챙겨 오시던 건빵. 그리고 그 건빵을 누님, 형님과 나눠 먹던 기억. 아마 제가 좀 더 먹으려고 떼를 썼던 것 같아요.

그리고 명절이면 항상 콩나물을 길러 시장에 내다 파셨지요.

기억납니다.

새벽 잠결에 어렴풋이 어머님이 콩나물시루에 물을 줄 때 나는 물소리.

제게는 참 따뜻한 기억으로 남아 있습니다. 어머님은 콩나물에 물을 주듯 제게도 아낌없는 사랑의 물을 주시면서 키우셨죠.

어머니.

매년 겨울철이면 여기 마닐라의 막내아들 집으로 오셨는데 그때 어떠셨어요? 불편하거나 혹시 제가 잘못한 것은 없으셨어요?

지나고 보니 아쉽고 후회가 되는 것도 있네요. 그때 좀 더 다정하게 밤늦게까지 조곤조곤 이런저런 얘기를 나누지를 못했던 것 같습니다.

또 기억나는 것이 있네요. 끼니마다 반주를 하던 당신께서 아침 식사 때 "얘야, 한잔하고 출근해라" 하며 저한테도 권하셨죠. 사실 부담스러웠지만 거절할 수도 없었죠. 아마도 그것조차 사랑의 표현이셨겠지요. 지금은 그립네요. 누가 제게 출근 전 술 권하는 이가 있을까요?

어느 날 한국에서 어머님이 긴 여행을 떠나셨다는 전화를 받고 너무 슬펐죠. 막상 떠나시고 나니, 이 세상에서 더는 같이 숨 쉴 수 없다는 생각에 참 막막하고 어떻게 말로 표현할 수 없는 아픔이었죠. 그러나 누구나 가는 길이니 편안하게 가셨기를, 그리고 슬픔의 눈물이 아닌 고마움의 눈물을 당신이 떠나실 때 흘리려고 애썼습니다.

　어머니 그곳은 어떠셔요?
　참 아버님은 만나셨어요? 요즘도 소주 한 잔씩 하시나요?
　이곳에서 힘든 시간을 보내셨으니 그곳에서는 아버님하고 즐겁게 술 한 잔 기울이시면서 언젠가 다시 만날 때까지 편안히 잘 계셔요.

　어머니, 어머님이 제게 주신 사랑을 이제는 제 아이들과 주위에 갚으며 살게요. 그것이 아마도 어머님의 은혜를 갚는 길이겠지요.

　어머니, 그런데 이 편지를 어디로 부쳐야 하나요?
　참, 어머니는 제 가슴 한가운데 계시죠.
　그리고 어머니, 어머님을 위해서 시 한 수 지어 보았습니다.
　제가 그래도 한때 문학 소년이었잖아요.
　시가 마음에 드시면 오늘 밤 제 꿈에 한번 다녀가실래요?
　오셔서 잘했다고 칭찬 한번 해주세요.

　어머니 항상 건강하시고 즐겁게 지내세요.

2011년 1월 3일
시베리아 바이칼 호수에서 막내아들 올림

당신이었나요

당신이었나요?
새하얀 봄날의 목련 꽃처럼 순백의 사랑을 주신 분이 당신이었나요
멀리 집 떠난 자식이 고향에 돌아왔을 때 맨발로 뛰어 나와
"이놈아"라며 눈물 글썽이었든 분이 당신이었나요?
바다로 떠난 아들 위해 365일 하루도 빠짐없이 새벽 불공을 드린 분이 당신이
었나요?

질곡의 삶을 살아오신 당신.
삶의 벼랑 끝에서도 자식 위해 끝까지 삶을 포기치 않았던 당신.
자식 위해서라면 어떠한 고난과 어려움도 참으시며 살아온 당신.
그러나 정녕 당신을 위한 삶은 없었습니다.

기억납니다.
당신과의 마지막 이별의 순간이.
아, 이것이 마지막 이별의 순간임을 예감하며 중환자실 의식이 없으신 당신
에게 눈물 흘리며 이렇게 말씀 드렸지요.
"고맙습니다. 수고하셨습니다. 사랑합니다."

당신이 없는 세상을 생각할 수 없었습니다.
당신이 떠나면 세상이 끝나는 줄 알았습니다.

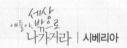

그러나 무심하게도
세상은 돌아가고 있네요.

당신을 생각하면
왜 아직도 목이 메일까요?
당신을 그리워하면
왜 가슴이 아파올까요?
그러한 당신은 지금 내 가슴 어느 곳에 머물고 있나요?

당신의 사랑으로 인해 따뜻한 가슴을 가질 수 있었습니다.
당신의 삶을 지켜보며 인생을 어떻게 살아야 하는지 알게 되었습니다.
당신의 든든한 울타리로 인해 당당한 한 인간으로 살아갈 수 있게 되었습니다.

"어머니"라는 세 글자는
나의 고향입니다.
나의 그리움입니다.
나의 눈물입니다.
나의 종교입니다

세상에서 가장 고귀하고 위대한 당신은 나의 어머니.

나는 그날 참으로 많이 아파했고 많이 그리워했다. 먼 훗날 내 딸이 시집갈 때쯤 아니면 같이 술 한잔 할 나이가 되었을 때 나는 이날을 기억하며 그날 우리가 함께 눈물 흘리며 보냈든 시간을 되새김질할 것이다. 그렇게 나는 너의 가슴에, 너는 나의 가슴에 조금씩 깊이 자리하게 되리라는 것을 믿는다.

언젠가 바이칼 호수 옆 그 통나무집에 꼭 다시 가보고 싶다.

여행을 마무리하며

이르쿠츠크 공항에 도착해 대한항공을 타고 다시 인천으로 돌아간다. 이제 이 여행의 끝이 다가오고 있다. 나만 믿고 같이 길을 떠나 준 아이들이 고맙다.

사실 여행 중 힘든 순간들도 많았고 또 서로 많은 갈등도 있었지만 그래서 우린 더욱 서로를 알게 되고 또 이해할 수 있게 되었는지 모르겠다.

아빠는 가끔 슈퍼맨이 되어야 하기도 했다.

겉으로는 표현을 안 했지만 속으로는 걱정한 순간들도 많았다. 아빠만 믿고 따라왔기 때문에 나는 너희를 끝까지 지켜주어야 했던 것이었다. 너희가 원하는 것이 있으면 주어진 조건에서 최선을 다해 들어주려고 노력을 했었다. 또 일부러 좀 더 강하게 키우고, 많은 경험을 하게 하려고 너희를 힘들게 한 적도 있었다. 나중에 세상 밖으로 나갔을 때 지금 이 순간들을 생각하면 큰 힘이 되리라 아빠는 믿기 때문이다.

이 여행에서 너희에게 주고 싶은 것은 따뜻한 심성을 가진 한 인간으로 성장하는 것, 그리고 새로운 세상, 다양한 문화와 관습을 보면서 시야를 더 크게 만들었으면 하는 것이다. 때로는 우리의 상식으로 이해가 안 되는 것을 보면서

세상
애들아, 밖으로
나가거라 | 시베리아

그것이 '틀림이 아니고 단지 다를 뿐이다'라고, 그래서 삶의 이치에서 다름을 깨우치는 것이다. 아직 너희 나이에서는 생각할 수 없겠지만 먼 훗날 기억 속에 남아 어떠한 상황에서도 너희 생각이 더 여유롭고 풍요로웠으면 좋겠다.

얘들아, 고마워. 그리고 수고했어. 아빠는 행복했다. 이 길을 너희와 함께 할 수 있어서. 튼튼하게 잘 자라 아빠와 삶의 많은 부분을 함께 할 수 있어서… 우리는 또 언제 길을 떠날 수 있을까? 하지만 끝은 다시 새로운 시작을 의미하는 것 아니겠니?

남미 자동차여행

콜롬비아
Colombia

페루
Peru

멕시코
Mexico

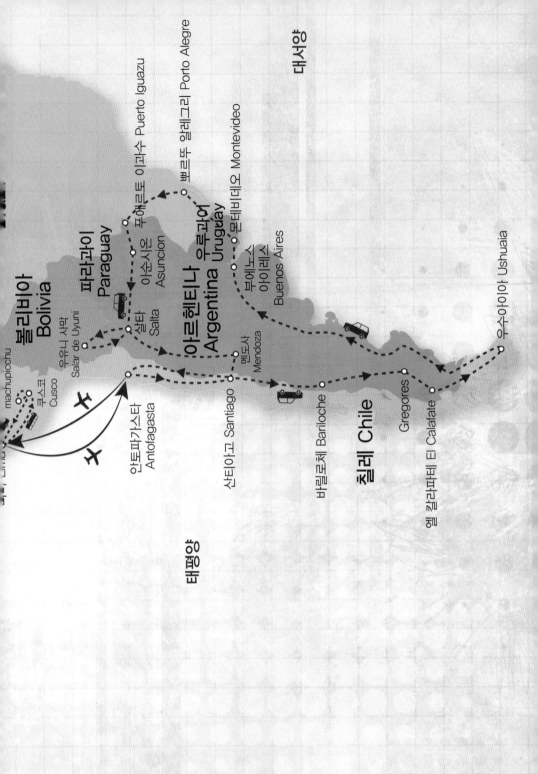

대서양

볼리비아
Bolivia

파라과이
Paraguay

쁘에르또 이과수 Puerto Iguazu

쁘르뜨 알레그리 Porto Alegre

몬테비데오 Montevideo

우루과이 Uruguay

아르헨티나
Argentina

아순시온
Asuncion

부에노스
아이레스
Buenos Aires

살타
Salta

우유니 사막
Salar de Uyuni

쿠스코
Cusco

machupicchu

안토파가스타
Antofagasta

멘도사
Mendoza

산티아고 Santiago

칠레 Chile

바릴로체 Bariloche

Gregores

엘 칼라파테 El Calafate

우수아이아 Ushuaia

태평양

아르헨티나를 가다

몇 해 전 어느 날 대학친구 허민이로부터 한 통의 이메일을 받았다. 바이크로 남미 종단 여행을 3개월 일정으로 떠난다는 내용이었다. 메일을 받고 자리에서 일어나 사무실 창밖으로 보이는 마닐라 만을 바라보며 속으로 '나도 떠나고 싶다, 남미라는 미지의 세계를 내 두발로 다녀보고 싶다!'라고 외치고 있었다. 사실 남미는 인도와 네팔여행을 다녀온 후부터 내가 꼭 가보아야 할 곳으로 자리잡고 있었다. 그리고 간다면 꼭 쌍둥이와 같이 가보고 싶다는 생각을 하고 있었다. 아이들과 바이크로 갈 수는 없고 대신 자동차로 남미를 종단해보고자 하는 꿈을 항상 꾸고 있었던 것이다. 남미 곳곳에 아들과 함께 진한 추억을 남기고 싶다는 생각은 항상 머릿속에, 아니 내 가슴속에 똬리를 틀고 있었다. 바람처럼 아들과 함께 떠나고 싶은 생각이 참으로 간절했었다.

2011년 6월 9일 오후 6시 카타르 항공편으로 출발한다.

사실 출발 전에 칠레에서 터진 화산의 화산재가 부에노스아이레스까지 날아와 항공편이 취소될 수도 있다고 해서 마음을 졸였는데 다행히 항공기는 정상적으로 출발했다.

드디어 그렇게 그리던 남미로 쌍둥이와 함께 떠난다.

떠나기까지 과정은 역시 쉽지 않았다.

여행을 떠나려면 먼저 아내의 동의를 얻어야 하고 쌍둥이의 동의도 받아야 한다. 고민하던 어느 날 퇴근하기 전, 집으로 전화를 했다.

"여보, 오늘 저녁 밖에서 먹을까?"

"무슨 일 있어요?"

"아냐. 그냥 저녁이나 먹자고….."

아내는 영문도 모른 체 오랜만에 단 둘이서 저녁을 먹자고 하니 즐거운 표정이다. 집 근처 분위기 있는 레스토랑에서 식사하면서 속으로는 언제 이야기를 꺼내야 하나 신경을 바짝 쓰다 보니 음식 맛을 전혀 느낄 수가 없다. 식사가 끝나갈 즈음 드디어 말을 꺼낸다.

"여보, 사실 부탁이 하나 있는데 들어줄래?"

"네?"

아내는 뜬금없는 내 말에 눈이 동그래진다. 뭔가 큰일이 있는 것이라고 짐작한 표정을 지으며.

"아니, 문제가 있는 것은 아니고…. 그러니까, 음….."

"빨리 말을 해요. 말을 해야 어떻게 할 것인지 알 게 아니에요?"

"그러니까…. 사실 이번 아이들 방학 때 남미여행을 가고 싶어. 자동차로"

아내는 전혀 예상치 못한 상황에 어이가 없어 한다.

"아니, 그 위험한 곳을 어떻게 가요? 그리고 방학 동안 아이들 공부도 시켜야 하는데! 안돼요."

나는 다급하게 "여보 일단 들어봐. 당신이 염려하는 것 알아. 그리고 공부를 해야 한다는 것도 알고. 그런데 있잖아 세상 밖으로 나가는 것도 큰 공부야. 그리고 평소에 내가 아이들과 함께하는 시간이 별로 없으니 이렇게 여행을 하면서라도 아이들과 함께 시간을 보내고 싶은 거야. 이 여행이 쉽지 않고 위험할 수 있다는 것도 알아. 하지만 나 정말 가고 싶어! 보내줘." 하며 속사포같이 하고 싶은 이야기를 전하며 아내의 동의를 구하기 위해 애를 썼다.

아내는 한참 후 한풀 꺾인 목소리로

"난 모르겠어요. 아이들에게 가려고 하는지 먼저 물어봐요."

아, 이 정도면 일단 칠부 능선은 넘은 것이다.

"알았어. 그럼 아이들하고 한번 이야기해볼게."

쌍둥이와 마지막 관문을 넘어야 한다. 금요일 학교를 마치고 사무실로 오라고 했다. 아이들도 왜 아빠가 사무실로 오라고 하는지 궁금해하면서

"아빠, 왜 무슨 일이 있어요?" 하고 묻는다.

"아냐, 밥이나 같이 먹자고 우리 사우나 갔다가 저녁 먹을까?"

난 최대한 아이들의 기분을 즐겁게 만든 상태에서 이야기를 꺼내려고 작전 중인 것이다. 세 사람은 근처 사우나에 가서 시원하게 땀을 빼고 식당으로 갔다. 어떤 상황에서 이야기를 꺼내어야 할지 눈치를 보다가 아내에게 했던 질문을 아이들에게 했다.

"얘들아 아빠 부탁이 있는데 들어줄래?"

미적거리는 나를 보더니 아내와 똑 같은 말을 한다.

"이야기를 들어봐야 들어줄지 안 들어줄지 알잖아요. 빨리 이야기해보세요."

"이번 방학 때 우리 남미 여행가자. 자동차로 가는 거야. 그렇지만 지난번 인도 여행처럼 그렇게 힘들지 않아. 재미있을 거야. 가면서 밥도 해먹고 무엇보다, 우리가 가고 싶은 데로 가면 돼."

생각보다 아이들은 심각하게 반응하지 않는다. 그때 한 녀석이 "그러면 우리 미국 가요. 미국 가면 갈게요 아직 미국을 못 가봤잖아요"라고 한다.

"얘들아, 미국은 나중에 언제든 쉽게 갈 수 있어. 그런데 남미는 그렇지가 않아. 그래서 이번 기회에 같이 한번 가보자는 거지."

난 이런저런 감언이설로 아이들의 마음을 움직이기 위해 최대한 신경을 써본다. 아이들이 이렇게 반응하는 것을 보면 큰 문제가 없을 것 같다. 아내에게 전화를 걸었다.

"여보, 아이들하고 이야기했는데 가능할 것 같아. 갈 수 있겠지? 고마워!"

내가 언제부터 남미여행을 꿈꾸어 왔던가! 항상 남미로 떠나는 것을 상상해 왔는데, 드디어 이 길을 사랑하는 쌍둥이 아들들과 함께 떠난다. 이 여행을 허락해준 아내에게 감사하고 함께 이 길을 같이 떠나주는 아이들에게도 고마운 마음이다. 50일 일정의 여행이 어떻게 전개될지 모르겠다.

그래서 불안하고 또 걱정되는 면들도 많지만, 여행중 문제가 생기면 그때 그때 어떻게든 문제를 풀면서 여행을 해오지 않았던가! 한국의 정반대에 위치한 남미, 배를 타고 브라질을 가본 적은 있지만 이렇게 본격적인 여행은 처음이다. 그것도 배낭여행 아니면 차량여행으로. 아주 색다르고 또, 힘든 시간도 많을 것이라 생각한다. 그러나 힘든 시간일수록 우리는 여행에서 더 많은 추억거리를 쌓을 것이고, 부자의 정까지 더욱 돈독히 할 수 있는 기회가 되리라 믿는다.

사람들은 말한다. 왜 그렇게 굳이 힘든 여행을 가느냐고, 왜 그리도 자주 떠나는 것이냐고.

그러면 난 이렇게 반문하고 싶다.

살아가면서 좀 힘들면 어떠냐고, 고통과 어려움은 우리들의 삶을 좀 더 농밀하게 만들어 주지 않느냐고.

그리고 내가 부모님으로부터 받은 사랑은 돈과 물질이 아니라 어려운 환경 속에서 자식을 위해 희생하는 모습에서 사랑을 느꼈고, 그것이 이 세상에서 가장 자랑스러웠다고.

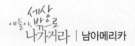

비행기는 중간 기착지인 브라질 상파울루에 10일 오후 3시에 도착했다.

상파울루 승객들은 모두 내리고 부에노스아이레스로 갈 승객들만 기내에 남아 있는데, 잠시 후 안내방송이 나왔다. 부에노스아이레스 공항이 칠레 화산재 때문에 공항이 잠정 폐쇄되어서 오늘 출발을 할 수 있을지 알 수 없다면서 일단 기내에서 내려서 공항에서 대기하라고 했다. 현지에서 상황을 파악하고 회의 중이라 2시간 이내에 최종 결과가 나올 것이라면서 공항 내 라운지에서 기다려 달라는 것이다. 큰일이다. 시작부터 이렇게 꼬이면 어쩌지?

시간이 2시간을 넘겼지만, 안내방송은 나오지 않고 있다. 부에노스아이레스 공항에서 기다리고 계실 월드옥타(세계 한인무역협회) 아르헨티나 지회장님이신 주 대석회장님도 걱정되고, 남미를 종단하려면 하루라도 빨리 여행을 시작해야 하는데 공항이 폐쇄되어 여기서 며칠을 보낸다면 어떡하나. 아이들도 지쳤는지 체념한 듯 보였고 그사이 나는 잠깐 졸고 있는데, 갑자기 '와' 하는 소리가 들린다. 비행기가 출발한다는 안내방송이 나온 것이다. 빨리 주 회장님께 전화를 걸어 비행기가 다시 출발한다는 말씀을 드리고 탑승을 했다.

3시간여 비행 끝에 부에노스아이레스는 자정이 다되어 도착했는데 주 회장님께서 직접 마중을 나오셨다. 작년 창원에서 진행된 행사장에서 뵙고 두 번째였는데 몹시 반갑게 맞이해주셨다. 그 늦은 시간에 한국 식당으로 데려가 저녁식사까지 챙겨주신다. 식당에는 마침 월드옥타 차세대 무역스쿨 졸업생들도 모임

을 하고 있어서 함께 반가운 만남을 가졌다.

숙소는 미리 예약해놓은 게스트하우스, '남미사랑'이였는데 늦은 시간인데도 자지 않고 있는 젊은 배낭 객들이 많아 문이 열려있다. 배낭여행 객들에게 이름은 알려져 있는 게스트하우스지만 시설은 적당히 잘 수 있는 정도다. 어차피 집을 나서면 고생길. 잠자리는 문제가 아니다. 다음날 아침 주 회장님께서 게스트하우스를 방문하셔서 이것저것 필요한 정보를 일려주시고 차량구매는 월요일인 내일 알아봐 주시겠다고 했다.

어차피 내일까지 기다려야 하는 상황이라 일요일인 오늘, 부에노스아이레스를 간단히 탐방하기로 했다. '좋은 공기'라는 뜻을 가진 부에노스아이레스(Buenos Aires)는 아르헨티나의 수도로 정치 · 경제 · 교통 · 문화의 중심지이며, 세계적인 무역항이기도 하다. 남미의 파리라고도 불리고 탱고와 정열이 넘치는, 밤에도 잠들지 않는 도시이다. 우리 세 사람은 관능과 열정, 고독으로 충만

한 도시에서 유럽풍의 건물들을 감상
하며 여유롭게 분위기에 젖어 든다. 거
리의 악사들, 좌판을 깔고 다양한 공예
품을 팔고 있는 사람들을 감상하다가
목이 말라 노상에서 파는 값싼 생과일
오렌지 주스를 즉석에서 한잔 사서 마
셨다. 상큼하고 시원한 맛이 목줄기를
타고 내려가다 새삼 깨닫는다.

'아, 아들과 진짜 남미에 와 있구나!'
오후에는 산마르틴 광장으로 갔다.
거리에서 악사들의 노래와, 또 탱고를
추는 무용수들이 지나가는 사람들의
눈길을 사로잡는다. 탱고 없이는 이 도
시를 이야기할 수 없을 정도. 누군가
'섹스가 육체의 위로라면 탱고는 영혼
의 위로'라는 말을 했을 정도로 아
르헨티나 사람들 생활의 일부분이기도

하며 그들의 심신을 달래주는 영혼의
치료제이기도 하다.
다음 날 아침 주 회장님께 연락이 왔
다. 차량구매를 하게 될 경우 여러 절
차가 복잡하다고 하신다. 거주지 증명
서를 관할 경찰서에서 받아야 하고, 세
무서에 가서 개인사업자 등록을 해야

한다고 한다. 그러나 그렇게 해서 차를 구매한다고 해도 영주권이 없는 외국인은 아르헨티나 밖으로 차를 가지고 나갈 수 없다고 한다. 오늘 중으로 어떻게든 방향을 정해서 진행을 해야 하지만 스스로 할 수 있는 상황이 아니라 기다릴 수밖에 없는 상황이다. 이렇게 고민하고 있는 내 모습을 보고 민박집에 있는 사람들이 같이 관심을 가지며 걱정을 해준다. 저녁 식사 초대를 해주신 주 회장님과 상의해서 결국, 차를 렌트하기로 결정했다.

주 회장님께서 소개시켜주신 렌터카 회사에 연락하니 소형 승용차만 가능하고 우리가 원하는 밴은 없다고 한다. 그래서 민박집 주인의 도움으로 다시 렌터카 주소를 확인하고는 쌍둥이와 함께 무조건 주소를 들고 렌터카 회사로 갔다. 다행히 우리가 원하는 밴이 있는데 검은색으로 된 포드의 'Journey'다. 우리들의 배낭과 요리도구를 실을 공간이 충분해서 이것으로 최종 결정을 했다. 최소 40일 이상 빌리는 조건으로 계약금을 지불했고, 차는 다음날 정오경에 픽업할 수 있다고 했다. 아쉽게 우리가 가고자 하는 나라 중 페루와 볼리비아는 차량을 가지고 갈 수 없어 안타까웠지만, 일단 꿈꾸어 왔던 자동차로 남미여행을 시작할 수 있게 된 것이 흥분되었다. 민박집으로 돌아와 그 동안 함께 걱정해준 젊은 친구들에게 내일 출발 할 수 있게 되었다고 이야기를 하니 같이 기뻐해준다. 드디어 출발할 수 있다는 생각에 마음이 가벼워지고 기분이 좋아 여행객들과 맥주로 간단한 파티를 하면서 며칠간의 마음고생을 털어버렸다.

다음 날, 정오경 렌터카 회사에서 차를 픽업했다. 이제 이 애마와 함께 남미를 종단하게 된다는 사실, 이제 이 Journey와 함께 진짜 여행이 시작된다는 사실이 무척 흥분된다. 차를 픽업해 다시 게스트하우스로 오니 주 회장님께서 여행 중 필요할 것이라며 여러 가지를 구입해오셨는데 그중에 밥통도 있다. 이 밥통은 우리가 여행하는 동안 아주 요긴하게 사용되었다. 고마운 마음을 어떻게 표현해야 할지 모르겠다.

이제 다음 목적지는 우루과이. 인터넷에 검색을 해보니 몬테비데오로 가는 배가 오늘 밤 11시에 있다고 한다. 한시라도 빨리 부에노스아이레스를 출발하고 싶다는 생각에, 그냥 육로로 갈까? 그러나 밤이라서 힘들다는 게스트하우스 주인의 조언을 듣고 그냥 배를 타기로 했다. 그러나 일분일초라도 빨리 떠나고 싶은 생각에 밤 11시까지 기다리기도 힘들다. 일단 쌍둥이와 함께 택시를 타고 부두 터미널로 갔다. 스케줄을 확인해보니 6시 30분에 콜로니아로 가는 선박이 있다고 한다. 어디면 어떤가. 일단 무조건 여기를 떠나 우루과이로 가면 되는 것이다. 다시 게스트하우스로 돌아와 서둘러 짐을 챙겨 부두로 떠나려는데 그 동안 몇 일동안 알고 지낸 여행객들이 모두 격려해주며 조심하라고 말한다.

"40일 후에 다시 여기서 봐요. 그때까지 여기에 있다면….."

부두 터미널로 가는 길은 택시를 타고 갈 때 유심히 봐 두어서 힘들지 않게 도착했다. 선박에 차를 선적하기 전 세관들이 짐 검사를 하는데 이분들이 괜한 트집을 잡는다. 차에서 밥솥, 라면….. 모든 짐들을 바닥에 내려놓는다.

"아저씨, 이건 여행 다니면서 요리를 해먹을 식기와 음식재료에요. 배고프면 밥솥에 밥도 해먹어야 하잖아요."

이 사람 저 사람 와서 둘러보더니, 나중에 별것 아니라 여겼는지 그냥 다시 차에 실으라고 한다. 우여곡절 끝에 정열의 도시, 탱고의 도시 부에노스아이레스와 이별하고 우루과이로 떠났다.

차량파손 사건 - 우루과이

부에노스아이레스를 출발한 선박은 2시간이 안 되어 우루과이의 클로니아에 도착했다. 쌍둥이는 다른 여행객들과 입국장으로 가고 난 1층으로 내려가 차를 몰고 나가니 이민국 통과 절차 없이 그냥 부두 밖으로 나와버렸다. 그냥 통과? 신기하다. 그나저나 쌍둥이를 찾아야 한다. 밤은 어둡고 어디서 찾을까 걱정하는데 쌍둥이가 나온다.

"얘들아, 아빠 걱정했잖아. 그런데 여기 신기하다. 입국절차도 없이 그냥 통과네."

밤이 깊어 내비게이션으로 근처에 있는 유스호스텔을 찾아가니 다행히 방이 있다고 한다. 하루에 1인당 17불로 조식포함이니 나쁘지 않으며 그리고 깔끔하게 되어 있다. 아침에 일어나 호스텔 밖을 나가보니 동네가 한가로운 것이 유럽의 어느 시골 마을 같은 분위기다.

호스텔에서 제공해준 아침 식사를 간단히 하고 10시쯤 여유롭게 출발했다. 출발 후 시내를 곧장 빠져나오니 넓은 평원이 나타나며 일직선의 도로가 이어진다. 우루과이의 주산업이 농업과 목축업임을 증명하듯 넓은 초원이 길 양 옆

으로 끝없이 펼쳐진다. 우리 세 사람은 음악과 함께 평화롭고 낯선 모습들을 보면서 운전하노라니 어느새 자유로운 영혼이 된 기분이고 이제야 제대로 길을 떠나는 느낌이다.

몬테비데오까지는 시간이 오래 걸리지 않아 시내에 있는 맥도날드에서 늦은 점심을 해결하고 나니, 딸아이로부터 전화가 왔다. 걱정되는지 조심하라고 한다.

"다진아 괜찮아, 문제없어. 그리고 여기 생각보다 위험하지도 않으니 걱정 마."

식사 후 근처에 있는 쇼핑센터에 들려 여행에 필요한 식기 등 간단한 살림살이를 구매했다. 그리고 나서 곧장 다시 출발할까 고민을 하다가 아무리 일정이 빡빡해도 한 나라의 수도를 그냥 지나치기는 아쉬워 몬테비데오에서 하루를 묵어가기로 하고 내비게이션의 도움을 받아 호스텔을 찾아갔다. 호스텔에는 젊은 배낭여행객이 많이 있어서 이들과 함께 어울리면서 아이들에게 저녁을 해주고, 나는 스테이크를 구워 포도주를 한잔 하며 여유롭게 여행객의 분위기를 느끼다 잠이 들었다. 깊은 잠에 빠져 있는데, 꿈결인 듯 깨우는 소리가 들려 문을 열어보니 숙소 직원이 큰일 났다면서 빨리 나와 보란다. 시간은 새벽 1시다. 오 마이 갓! 밖으로 나가보니 호스텔 앞에 세워놓은 우리 차의 운전사 쪽 유리창이 깨져 있고 차 안에 있는 물건도 없어졌다. 다행히 중요한 것은 호스텔 방에 가져다 놓았지만 내비게이션과, 비디오카메라 그리고 용은이 배낭이 안 보인다. 힘들게 차를 빌려 출발했는데 여행을 시작하자마자 이게 무슨 일인가. 정말 화가 났고 또 어떻게 해야 할지 걱정이었다. 그러나 한밤중에 어떻게 내가 할 방법은 아무것도 없다. 호스텔에서 안내해준 근처 유료 주차장에 차를 옮기고 일단 잠을 다시 청해본다. 침대에 누워서 억지로 자려고 하니 잠이 오지 않는다. 파손된 차를 가지고 앞으로 계속 여행하는 것은 무리이고, 또 미국차인데 여기서 유리 재고가 있을지도 모르는 일인데, 없으면 어쩌지? 아르헨티나에 주문을

파손된 차량 모습

해서 다시 가져와야 하나? 그럼 갈 길이 먼데 그때까지 여기서 머물러야 하나? 머리는 온통 혼란스러운 생각으로 복잡해 잠이 오질 않는다. 그러나 쌍둥이는 세상 모르고 잠들어 있다.

언제 잠이 들었는지 깨어 보니 아침이다. 일단은 포드 대리점이 있는지 먼저 물어보는 것이 급선무다. 아침에 교대한 호스텔 프런트 데스크 직원이 지난밤 있었던 일을 보고받았는지 걱정된다는 표정으로 도움을 주려고 한다.

"몬테비데오에 먼저 포드 대리점이 있는지 확인을 좀 해주세요."

한참 확인을 하더니 있다고 한다. "그럼 주소를 좀 확인해주세요"

일단 무조건 차를 대리점으로 가져가 보기로 마음먹고 아이들을 깨워 간밤에 일어난 일을 이야기한 후 호스텔에서 기다리라고 했다.

"애들아 대리점으로 가서 수리할 수 있는지 확인해보고 올 테니 너희는 아침 먹고 기다리고 있어. 시간이 얼마 걸릴지 모르겠다."

주소를 받았지만, 내비게이션이 없으니 어떻게 혼자서 찾아갈 수는 없다. 그래서 자주 이용하는 방법으로 택시를 불렀다. 주소를 주며 여기로 가자. 난 따라갈 테니 하는 식으로. 가는 길 내내 가슴이 조마조마했다. 만약 교체할 유리가 없으면 어떻게 해야 하나. 주문해서 올 때까지 기다려야 할까, 일단 비닐로 막고 갈까. 몬테비데오를 떠나면 앞으로 당분간 큰 도시가 없기 때문에 그것도 해결책이 될 수는 없다. 20여 분을 달려가니 매장이 나왔다. 키가 훤칠하고 호남형인 매니저가 어떻게 왔느냐고 묻는다.

"어젯밤 차량 강도가 유리창을 파손시켰어요. 그래서 유리창을 갈아야 하는데, 혹시 재고가 있습니까?"

확인해볼 테니 조금 기다려 보라고 한다. 짧은 시간이지만 마치 대학입시 결과 발표를 기다리는 것처럼 떨리는 기분이다. 잠시 후 나타난 매니저가 다행히 재고가 하나 남았다고 한다. '와! 살았다!' 안도감에 쾌재를 부른다.

"유리를 갈고 썬텐해서 굳는 시간도 있으니 3시간쯤 후에 오셔요."

3시간이 문제인가 30시간도 기다릴 수 있겠다.

급한 유리창 문제를 해결하고 나니 도난 당한 내비게이션을 구매해야겠다는 생각이 들어서 직원의 안내를 받아 몇 군데의 가게를 들렀다. 다행히 내가 원하는 내비게이션을 구매할 수 있었다. 도난 당한 것과 똑같은 GARIM이라는 브랜드나. 시간이 되어 매장으로 가니 차가 벌써 준비되어 있어 대금을 지급하고 나중에 보험처리가 될지도 몰라 영수증을 잘 챙긴 뒤, 차를 인수받았다. 잠깐 헤어졌는데도 오랫동안 헤어진 연인을 다시 만난 기분이었다. 매니저에게 고맙다는 인사를 하고 급히 호스텔로 돌아왔다.

정비소의 매니저

"얘들아 차를 무사히 고쳤어. 이제 다시 출발할 수 있으니 빨리 짐 챙겨라. 오늘 가야 할 길이 멀다."

호스텔 직원들도 차를 고쳐 다행이라고 한 마디씩 건넨다.

아! 십년감수 했네. 남미의 특성을 모르고, 비록 호스텔 앞이지만 도로에 주차하고, 게다가 순진하게도 내비게이션을 차에 둔 채 주차했으니 이건 그냥 가져가라는 유혹이었던 것이다. 그런데 이 친구들, 용은이 배낭에 들어있는 한국 책들은 어떻게 하려나? 열심히 한국어 공부해라. 너희는 필요해서 가져갔고, 난 다행히 다시 여행을 계속 할 수 있으니 뭐 큰 문제는 아니다. 하지만 당신들은 나를 너무 마음 졸이게 했어. 다음부터는 그러지 마세요!

몬테비데오와의 짧은 시간 동안 잊지 못할 추억을 만들고 오후 3시경 호스텔을 출발했다. 이제 여기서부터는 북으로 계속 올라가면 된다. 브라질 국경 쪽으로 가는 것이다.

도시를 벗어나니 다시 넓은 평원이 펼쳐지고 우리의 애마는 언제 무슨 일이 있었냐는 듯 시원스럽게 달리고 있다. 한 차례의 홍역을 치르고 나서인지 긴장이 풀리면서 힘이 쫙 빠지는 기분이다. 늦게 출발해서 오늘은 많이 달리지 못하겠다. 날이 어두워지기 시작해서 일단 가는 길에 마을이 있으면 숙소를 알아보기로 했다. 아무리 가도 적당한 곳이 나타나지 않다가 그때 아주 조그마한 시골 동네가 보인다. 일단 마을 안으로 들어가 보았다. 5분도 안 되어 마을을 둘러볼 정도로 작은 마을인데 마침 여인숙 같은 호텔이 있다.

"얘들아, 어서 가서 확인해봐. 방이 있는지."
"아빠, 방이 있대요. 그리고 가격은 1,000페소래요"
"얘들아, 주차장이 있는지 그것도 확인해야 해!"

두 번 다시 똑같은 일을 당할 수는 없기에 차는 무조건 안전한 곳에 주차해야 겠다는 생각을 하게 되었다. 차를 주차한 후 내비게이션도 떼고, 간단히 요리 해 먹을 도구들을 챙겨 방으로 간다. 밥 해먹을 공간이 없어서 화장실에서 요리했다.

"얘들아, 오늘은 너희가 요리해줄래? 아빠는 좀 쉴게."

그러고 보니 오늘, 온종일 제대로 먹지도 못했다. 오늘은 정말 긴 하루다. 지옥과 천당을 경험하고 나니 맥이 탁 풀린다. 아이들이 요리한 것을 먹고 보드카를 반병이나 비웠다. 그리고는 완전히 곯아떨어졌다.

이구아수폭포 – 브라질

오늘은 브라질로 넘어가는 일정이라 좀 일찍 서둘러 가야 한다. 우리가 머물 렀던 이 이름 모를 작은 마을을 다시 오기는 아마도 불가능한 일일 것이다. 마을

을 빠져나오니 끝없는 평원이 다시 펼쳐지고 도로는 일직선으로 뻗어있고 차량 통행도 적어서 아주 한가롭게 운전을 하면서 간다. 넓은 초원에 인적은 한적하여 어느 꿈속 같은 낯선 곳에 우리만 남겨져 있는 것 같은 기분이 들었다. 하늘은 맑고 햇살은 적당히 따스해 우리들의 드라이빙을 더 기분 좋게 만들어 준다.

그렇게 한참 달리고 있는데 우루과이 경찰이 우리 차를 세우는 것이다. 우린 특별히 잘못한 것이 없어서 영문도 모르는 체 차를 세워 경찰에게 "우리가 무슨 잘못을 했나요?"라고 궁금한 듯 물으니 차에 라이트를 안 켰다는 것이다. "아니 낮인데 무슨 라이트를 켜요?" 지금 내가 다녀본 나라 중에는 그런 경우가 없어서 항의하니 여기서는 그렇게 해야 한다는 것이다. 로마에 가면 로마법을 따라야 하니 억울하지만 어쩔 수 없다. 우리는 한국에서 온 여행객인데 몰라서 그랬으니 한 번만 기회를 달라고 이야기해보았지만, 경찰은 무시하고 우리 차 넘버를 적으며 티켓을 끊고 있었다. '에라 모르겠다. 마음대로 해라.'하며 포기하는데 경찰 아저씨가 다시 와서는 어디로 가느냐면서 말을 걸었다. 그러

더니 한참 적은 티켓을 보여주며 사인을 하라고 한다. 티켓을 보니 무슨 알 수 없는 형상의 문자가 그려져 있다. 경찰은 일단 티켓 끊는 시늉을 하기 위해서 그런 문자를 그려놓은 것 같았다. 필리핀에서도 경험했었는데 우루과이에서도 똑같이 하는 걸 보니 나쁜 경찰들의 꼼수는 전 세계적으로 통하는가 보다. 10달러 정도 주고, 우리는 서로 웃으면서 헤어졌는데 경찰 아저씨가 조심해서 운전하란다.

'네, 그 돈으로 맛있는 것 사 드세요.'

3시간여를 달려 국경 도시 추이(Chuy)에 도착한다. 육로로 차를 가지고 국경을 넘어가는 것은 처음이라 다소 긴장된다. 차를 주차하고 우리 세 사람은 사무실로 들어가 여권과, 차에 관한 서류를 제출했다. 출입국 하는 사람은 우리밖에 없다. 서류를 훑어보고 몇 가지 간단한 질문 후 출국을 허가해준다. 같은 사무실 안에는 브라질 이민국 직원들이 바로 옆에 위치해 브라질 입국 절차를 밟았다. 30여 분 만에 우루과이 출국과 브라질 입국, 차량 통관까지 쉽게 처리되었다.

"애들아, 생각보다 쉽네. 자 다시 달리자!"

우리는 다시 북으로 열심히 달려간다. 오늘 목표는 포르투알레그리(Porto Alegre)까지 가는 것으로 잡았다. 700km 정도 거리라서 부지런히 달려가야 한다. 지나가는 길에 고속도로 통행료를 내야 하는데 브라질 돈이 없어서 어쩌지? 일단 차를 톨게이트에서 좀 떨어져 주차한 후 "용은아, 아빠는 여기서 차를 세워 기다릴 테니 네가 가서 혹시 달러도 받는지 확인 해봐라" 하고 말했다. 용은이가 가서 확인을 해보더니 달러를 받는다고 했다. 휴, 다행이다. 브라질로 넘어와 다시금 부지런히 달려간다. 점심을 넘긴 시간, 아이들이 배가 고프다고 한다. 한적한 곳에 차를 세워 라면을 끓이고 그리고 어젯밤에 지어 놓은 밥이랑 같이 먹으니 꼭 캠핑 온 기분이다. 자동차 여행은 힘든 점도 있지만 이렇게 원하는 때 원하는 장소에 차를 세워 우리 의지대로 하고 싶은 여행을 할 수 있다는 점이 큰 매력이다.

어둠이 짙게 내려앉을 즈음, 포르투알레그리에 도착했다. 아르헨티나, 우루과이와 달리 다른 피부색을 가진 사람들이 많다. 흑인도 많고, 거리도 어두침침하며 조금 음산한 분위기를 자아낸다. 우루과이, 아르헨티나와는 확연히 다른 브라질의 분위기에 신경이 쓰여 최대한 빨리 묵을 곳을 찾는데, 몬테비데오에서 구입한 내비게이션이 국경을 넘어오면서 제대로 정보를 제공해주지 않아 쉽지 않다. 다행히 적당한 숙소를 찾고, 주차할 곳도 있다. 한번 혼이 난 후부터는 묵을 곳을 정하기 전, 차를 안전하게 주차할 곳이 있는지 제일 먼저 확인하게 된다.

다음날은 이구아수폭포가 있는 포즈 두 이과수(Foz Do Iguazu)까지 갈 예정이라 아침 일찍 일어났다. 최소한 800km가 넘는 거리라 서둘러 출발해야 한다. 내비게이션의 도움을 받을 수 없는 상황이라 표지판을 보거나 아니면 가는 도중 물어 물어 가야 하는 코스라 쉽지 않은 하루가 될 것 같다. 시내를 벗어나 평원을 달리니 조금씩 지형이 변해간다. 아르헨티나에서부터 지금까지 산을 보지 못하고 평원만 지나왔는데, 이제부터 오르막과 내리막이 조금씩 있고 산의 모습이 보이기 시작한다. 이렇게 순식간에 변해가는 자연경관의 다양한 모습이 신기하다. 어제보다는 내륙으로 많이 들어왔고 도로 사정도 좋지 않고 도로가 갈라지는 곳이 자주 나타났다. 그때마다 조심스럽게 확인을 하고, 또 확실히 하기 위해 지나가는 사람들에게 재차 물어보곤 했다. 사실 스페인어가 되지 않으니 지도를 펴서 우리가 가는 곳을 손가락으로 표시하며 상대방의 눈빛을 맞추면 무어라 대답하면서 왼쪽 오른쪽을 가리킨다. 그러면 우리는 '네. 네. 고맙습니다' 하고 큰 방향만 확인한 후, 다시 출발한다. 우리는 그렇게 가다가 물어보고 또 가다가 물어보길 수 차례 반복했다. 아마도 오늘의 목적지에 도착할 때까지 수십 번은 더 물어봐야 할 것 같다. 차에 기름이 다 되어간다는 경고음이 나타난다. 주유소를 찾는데 나타나지는 않는다.

"아빠, 혹시 기름이 다 떨어져 차기 멈추면 어떡해요?"
"어떡하긴, 지나가는 차에서 기름을 얻든지 아니면 다른 차를 얻어 타고 가까운 주유소까지 가서 사오든지 하면 되지 뭐"

난 태평스럽게 이야기를 했지만 사실 속으로 주유소가 안 나타나면 어떻게 하나 걱정했다. 다행스럽게도 얼마 가지 않아 주유소가 나타나 Full Tank로 주유하고 다시 열심히 달려간다.

늦은 점심을 해결하기 위해 차를 세워 요리할 곳을 찾아보았지만 쉽게 나타나지 않는다. 적당한 곳을 겨우 찾아 소시지와 계란프라이를 만들어 간단히 해결했다. 용은이가 갈 길이 멀다면서 빨리 가자고 재촉을 해서 부지런히 달려가지만 벌써 어슴푸레 날은 어두워지기 시작한다. 가는 도중 도시가 나타나면 신경이 무지 쓰인다. 시내 안에서 헤매게 되기도 하고 또 제대로 빠져나가지 못하면 오랜 시간을 허비하게 되기도 한다. 밤은 이제 완전히 깊어졌다. 두 놈이 번갈아 가며 조수석에 앉아서 가는 길을 안내해주고 말동무도 되어준다. 지나가는 차들도 뜸하다.

"아빠, 하늘 봐요. 별이 참 많네요."
"그렇구나. 정말 별이 엄청 많네. 마치 하늘에 별을 확 뿌려 놓은 것 같다."
언제 우리가 이렇게 하늘을 보며 별에 대해 이야기한 적이 있었던가.
"얘들아, 너희 학교친구들은 지금 무얼 할까?"
"외국 친구들은 자기 나라로 가고, 한국 친구들도 대부분 한국 가서 지금쯤은 학원에서 공부하고 있을 거예요. 아마도 우리만 이렇게 놀고 있을지 몰라요."
"얘들아, 이거 노는 거 아니야. 책을 통해서 배우는 공부도 있지만 이렇게 넓은 세상에 나와 여러 가지를 경험하는 것도 공부야."
여전히 갈 길은 멀다. 밤은 깊어 가는데 아직도 가야 할 길은 300km 나 남아 있다. 어두운 길을 빨리 운전하다 보니 조수석에 앉아 있는 아들도 신경이 쓰이는지 자꾸 속도를 늦추라고 말한다. 그렇게 2시간 이상 지났을까. 조수석에 앉은 아들이
"아빠, 난 피곤해서 안 되겠어요. 좀 쉴게요" 하더니 조금 후 쌍둥이 둘 다 잠에 빠져든다.

난 쌍둥이를 태우고 밤하늘의 별을 보면서 짙은 밤을 달리고 또 달렸다. 아이들은 아빠만 믿고 이 여행을 떠나왔고, 지금 이 순간도 아빠만 믿고 편히 잠든 모습을 보니 우리가 함께 있는 이 순간들이 너무 고맙다는 생각이 든다. 오늘

이 밤길을 달리면서 너희와 나눈 이야기와 느낌들은 아빠의 기억 속에 오래오래 남을 것 같다.

밤 11시경, 이구아수폭포가 있는 도시 '포즈 두 이과수'에 도착했다.

"얘들아, 이제 거의 도착이니 일어나. 오늘 어디서 잘 건지 빨리 찾아봐야지."

시내를 지나가면서 적당한 곳을 찾아보다가 주차장이 있고, 작지만 깔끔하게 보이는 게스트하우스를 발견했다. 다행히 방이 있다고 한다. 가격도 적당하고 요리를 할 수 있는 부엌도 있어 안성맞춤이다. 사실 너무 피곤해서 아무 곳이나 빨리 정해 쉬고 싶은 생각뿐이었다. 긴 하루였다. 오늘 달린 거리는 거의 1,000km 정도고 운행 시간은 점심먹을 때 잠시 쉰 30분을 제외하고는 14시간이다. 온종일 앉아서 운전하다 보니 엉덩이도 아프고 브레이크를 밟은 오른쪽 다리에 쥐도 나서 엄청나게 아프다. 피곤을 달래기 위해서 억지로 맥주 한잔을 하고 침대에 누우니 나도 모르게 '아이고 아이고' 앓는 소리가 나온다. 비록 힘들고 긴 하루였지만 우리는 드디어 그 유명한 이과수폭포가 있는 도시 '포즈 두 이과수'에 도착했다.

다음날, 피곤 때문에 숙면을 취해 그런지 일어나니 몸이 한결 가볍다.

"얘들아, 여기가 어디인지 아니? 그 유명한 이과수폭포가 있는 곳이야. 구경하러 가게 어서 일어나봐."

아침을 먹고는 차를 몰아 이과수폭포가 있는 곳으로 갔다. 이과수폭포는 브라질 중동부 파라냐주의 고원지대를 흐르는 이과수 강이, 아마존 남부의 저지대를 흐르는 파라냐 강과 만나면서 형성된 것으로 브라질과 아르헨티나 접경지역에 있다. 이과수의 원래 뜻은 원주민 언어로 '이(y)'는 '크다'를 의미하고 '과수(Gausu)'는 물을 의미한다. 즉 거대한 물이라는 뜻인데, 말 그대로 100미터 가까

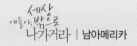

이 되는 낙차와 엄청난 유량으로 인해 장엄한 광경을 연출한다. 또 수량에 따라 다르지만, 150~300개의 크고 작은 물줄기가 협곡으로 떨어지는 모습을 볼 수 있다.

아이들과 함께 맨 처음 나타난 폭포의 모습에 감격하며 사진을 찍기 시작했는데 안으로 들어갈수록 더욱 멋진 모습의 폭포가 나타나 또 사진 찍느라 정신이 없다. 사진 찍기를 별로 좋아하지 않는 쌍둥이를 세워놓고 이 각도에서 찍어보고, 저 각도에서도 찍어보고 엄청나게 셔터를 눌렀다. 아빠는 마냥 신이 났는데 아이들은 어떤 마음인지 모르겠다.

멋지다! 어떻게 이렇게 멋진 광경이 만들어졌을까. 가까이 갈수록 새로운 각도에, 새로운 폭포가 나타나면서 그 웅장함이 더욱 강하게 느껴진다. 자연이 만들어 놓은 한 편의 멋진 작품을 보며 같이 있던 관광객도 모두 탄성을 질렀다.

사건 하나, 아들 중 한 녀석(실명을 거론하면 혹시 나중에 명예훼손으로 고소가 들어올지 몰라서)과 사진 찍는 문제로 신경전을 벌였다. 다시 오기 힘든 곳이라 생각되어 좋은 장면을 카메라에 많이 담아 두려고 아이들에게 여러 번 폭포를 배경으로 포즈를 취하게 했는데 ○○이가 덥고 힘든지 제대로 따라 주지 않았다. 몇 번을 이

이구아수 폭포

야기해도 들은 체를 하지 않아 순간적으로 감정이 격해지면서 소리를 질렀다. 조금 전까지 멋진 폭포에 들뜬 마음은 온데간데없고, 폭포 난간에 기대어 떨어지는 물을 보며 감정을 다스렸다.

'힘들다. 이 녀석들은 왜 아빠의 마음을 몰라줄까. 난 너희 기분을 이해하려고 노력하는데 너희도 아빠의 마음을 조금이라도 이해해주면 안 되는 거니?' 갑자기 맥이 풀린다. 이럴 때는 침묵이 최고다.

시간이 지나가니 감정이 조금씩 가라앉았다. 지구의 반대편에, 그것도 세계 7대 자연경관이라는 곳까지 와서 부자가 서로 갈등을 겪고 있다는 것은 정말 슬픈 일이다. 다시 감정을 추스르고

"애들아, 마지막으로 여기서 아빠랑 같이 사진 찍고 가자."

어쩌면 훗날 이과수폭포를 떠올릴 때 폭포의 장엄한 모습보다 이 사건이 먼저 생각날지도 모르겠다. 여기서 찍은 사진은 절대 쉽게 주지 않을 것이다. 너희 결혼할 때, 너희 아내에게 돈을 받고 줄 거야.

휴게실에서 잠시 휴식을 취하며 다음은 무엇을 할지 이야기하는데 쌍둥이는 래프팅(rafting)을 하고 싶다고 한다. 그래 하자. 까짓 것! 여기까지 따라와 주었으니.

가능한 시간이 오후 4시라서 우선 예약을 해놓고 시간에 맞춰 다시 갔다. 말이 좀 많은 래프팅 가이드는 간단한 영어로, 뭐가 그리 즐거운지 신이 나서 타는 요령을 이야기해준다. 우리도 같이 기분이 업 되어 래프팅을 시작했는데 두 번 정도 짜릿한 코스를 경험하고 그 다음부터는 강을 따라 내려가는 평범한 코스다. 그래, 이과수폭포에서 뱃놀이 한 번 한다고 생각하면 되겠지.

강의 건너편은 아르헨티나다. 우리는 강의 중앙인 국경 경계선을 넘나들며 즐겼다. 나중에는 모두 물속에 들어가 흘러가는 강물에 몸을 맡겨본다. 해가 저물어 가는 고즈넉한 분위기 속에 우리 세 사람은 이과수폭포의 강 하류에서 유유자적한 모습으로 강물에 몸을 맡긴 채 떠내려가고 있다. 색다른 기분이었다. 타국의 저녁노을을 바라보며 우리 삶도 이렇게 행복하게 흘러가고 있음을 느꼈다.

흠뻑 젖은 옷을 대충 털고 셔틀버스에 탑승해 주차장으로 돌아간다. 주차장에 있는 우리 차로 호텔에 돌아와 옷을 갈아입고 난 후 브라질의 대표 음식인 슈하스코를 먹어보기 위해 다시 호텔을 나갔다.

슈하스코는 1m 정도 되는 쇠꼬챙이에 고기를 두툼하게 썰어서 꽂은 다음 소금을 뿌려가며 구운 후 익은

부위를 테이블에 돌아다니며 손님들이 먹고 싶어하는 부위를 잘라 주는 음식이다. 여러 종류의 고기를 쉴 새 없이 갖다 준다. 야채와 간단한 디저트는 뷔페로 본인이 원하는 것을 가져다 먹게 되어 있다. 쌍둥이는 오랜만에 고기를 먹게 되어서인지 정신없이 먹어댄다. 모처럼 입이 행복해지니 아이들의 기분도 좋아 보인다. 낮에 서로 부딪힌 사건은 언제 그랬냐는 듯이 흔적도 없이 사라지고 우리는 깔깔대며 다시 숙소로 돌아온다.

오랜만에 사무실과 연락을 취해보니, 별일이 없단다. 내가 없어도 세상은 잘 돌아가는구나.

볼리비아 비자 – 파라과이

포즈 두 이과수에서 하루 더 쉬고 싶은 생각이 간절했지만 가야 할 길이 멀어 다시 길을 떠난다. 파라과이로 국경을 넘어 그 나라의 수도인 아순시온까지 가는 일정이다.

오늘 가는 거리는 약 350km 정도이니 그제 1,000km 정도 운전한 것을 생각하면 오늘은 가볍게 갈 수 있는 거리이다. 숙소에서 국경까지 가는 길은 멀지 않은데 국경을 넘어가는 많은 차들로 엄청나게 복잡하다.

"애들아, 안 되겠다. 창문 열어라. 창문 열고 얼굴 보여주면서 우리 먼저 좀 가게 해달라고 해봐. 동양인 관광객이니 아마 좀 봐줄지 몰라."

아이들이 문을 열고 손을 드니까 현지인 운전사가 웃으면서 먼저 가라고 양보를 해주는 것이 아닌가! 이것도 여행의 노하우라고 해야 하나? 아니면 삶의 지혜인가.

짧은 거리를 한 시간 가까이 걸려 마침내 국경 게이트에 도착했다. 오토바이

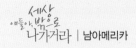

브라질에서 파라과이로 넘어가는 중

와 차들이 뒤섞여 브라질 국경을 지나가는데 아무도 여권을 보여 달라고 하는 사람이 없다. 그리고 곧 파라과이로 넘어와버렸다. 우리는 밀려오는 차에 휩쓸려 어느 순간에 파라과이 국경으로 넘어온 것이었다.

"얘들아, 참 신기하다. 어떻게 국경을 통과하는데 아무도 제재를 가하지 않지? 참 신기한 경험이네."

국경을 넘어 파라과이로 넘어오는 순간부터 브라질과는 완전히 다른 분위기다. 제대로 정리되지 않은 거리며 빌딩들의 모습도 확연한 차이가 난다. 그러나 정돈되지 않고 어수선한 것이 여행에서는 오히려 이런 모습이 더 어울리는 것 아닌가 생각한다. 질서 정연하고 안정적인 곳을 여행하면 큰 변수가 없이 편안한 여행을 할 수 있지만, 사람냄새가 별로 나지 않아 여행의 재미가 덜 하다. 여행은 시골 장터같이 시끌벅적한 곳이 좀 더 여행다운 맛이 나는 건 아닐까? 국경도시를 빠져 나가자 마자 시골 마을이 나타나고, 우리 차는 완만한 언덕들이 끝없이 이어지는 도로를 달리고 있다. 남미에서는 도시가 아닌 곳에서 한번 길이 시작되면 대부분의 도로가 일직선으로 끊임없이 이어져 있다. 운전하기에는 편안하지만 단조로움도 느끼게 한다. 쌍둥이는 뒷자리에 같이 앉아 컴퓨터로 다운받아 온 TV 프로그램을 보면서 무엇이 우스운지 낄낄거리며 즐거워한다. 한가롭게 연이어 지나가는 들판의 풍경들을 감상하면서 여유롭게 운전을 하는 기분이 괜찮다.

시간이 흐르니 시장기가 돈다. 오늘은 좀 여유 있게 점심을 먹어야겠다는 생각을 하며 제대로 장소를 찾으려고 노력했다. 도로에서 떨어진 곳, 잔디가 있는 곳이 제격인데 한참을 달리다가 그런 곳을 찾았다. 차를 세우고 아이들에게 점심 준비를 맡겼다. 돗자리, 밥통, 휴대용 버너…. 아이들이 좋아하는 소시지와 햄을 굽고, 가지고 다니던 밑반찬과 함께 차리니 진수성찬이다. 아침에 게스트하우스에서 떠나기 전 해 온 밥은 아직 따듯한 온기를 품고 있어 맛이 좋다. 고급식당에서 진수성찬을 먹는 것도 좋지만 이렇게 길을 떠나와 사랑하는 가족들과 함께 요리해서 먹는 맛과 느낌은 더욱 좋다. 이 순간 느끼는 모든 감정은 차곡차곡 가슴에 오래도록 남아 먼 훗날 두고두고 되새김질하며 아이들과 다시 지난 여행을 추억하게 될 것이다.

아순시온 시내에 가까워질수록 길이 복잡해지고, 차들도 많아 제대로 속도를 내지 못한다. 아이들이 확인해놓은 게스트하우스를 찾아가야 하는데 사실 주소만 가지고 찾아가기가 쉽지는 않으니 대충 근처까지 간 후 거기서부터는 택시를 이용하는 것이 좋을 것 같다.

"쌍둥아, 너희 둘이 택시를 잡아 게스트하우스 주소를 보여주고 가자고 해라. 아빠는 뒤따라 갈 테니 빨리 가면 안 된다. 우리 여기서 헤어지면 큰일나."

한참 열심히 택시를 따라가니 우리가 찾던 게스트하우스가 나타난다. 이럴 때는 돈을 좀 쓰는 것이 오히려 경제적일지 모른다. 아주 쉽게 찾아온 것이 신기했는지 용석이 왈, "와! 아빠, 어떻게 이런 생각을 했어요?" 한다.

"녀석, 이건 기본이지."

모처럼 아들로부터 인정을 받아 기분이 좋다.

아순시온은 파라과이의 수도이자 유일한 대도시이다. 라플라타 강의 지류를 따라 콰이강 연안에 있으며 라플라타 강의 하구로부터 항행할 수 있다. 바다와 접해 있지 않은 파라과이에서 유통과 수출의 중심지 역할을 한다. 사실 여행객들이 파라과이에서 특별히 볼 수 있는 것들은 별로 없어서 대부분 다른 나라를 가기 위해 잠깐 거쳐 가는 곳으로 알려져 있다. 우리 역시 볼리비아 비자도 받을 겸, 또 아르헨티나로 다시 넘어갈 겸 해서 들린 것이다.

다음날, 우선해야 할 것은 볼리비아 비자를 받는 일이다. 차를 몰고 볼리비아 영사관도 직접 찾아갈 자신이 없고, 또 시간을 낭비하면 안 될 것 같아서 차는 놔두고 택시를 이용하기로 했다. 운전기사도 잘 몰라 여러 차례 물어 물어 볼리비아 영사관에 도착했다. 가정집 같은 곳인데 집 안쪽으로 들어가니 조그만 건물이 보이고, 건물 안으로 더 들어가니 아가씨 한 명이 업무를 보고 있다. 볼리비아 비자를 받으러 왔다고 하자 필요한 서류 목록을 보여주며 준비해서 제출하라고 한다. 제출 서류 중에는 파라과이 입국도장이 있어야 했고, 볼리비아 입국 및 출국 버스 예약도 있어야 한단다. 앗! 국경 넘어올 때 이민국 직원들이 없어서 그냥 넘어왔는데…. 그리고 우리는 우리 차로 국경을 넘어왔으니 버스 예약 표도 없다고 설명을 했다. 그러나 이 아가씨가 결정할 수 있는 상황은 아닌 모양이다. 영사가 11시경 사무실로 돌아온다고 하여, 영사가 오면 우리의 상황을 이야기하고 담판 지을 생각이었다. 우선 가능한 서류는 준비하기 위해 택시를 타고 운전사와 손짓발짓으로 이야기해서 겨우 증명사진을 찍는 곳으로 갔다. 거기서 증명사진을 찍고 여권 복사도 하고 또 볼리비아에서 숙소 예약 사본 등을 준비해서 다시 영사관으로 갔다. 다시 돌아가니 어떤 남자가 있어 영어로 말을 거니 대답을 한다. 그래서 당연히 영사로 알고, 우리 상황을 구구절절 동정심을 유발까지 하며 성의껏 이야기를 했는데, 알고 보니 영어를 잘하는 파라과이 현지 일반인이었다. 조금 황당했지만 어쨌든 영어가 가능해지니 쌍둥이가 열심히 이 친구에게 비자에 대해 여러 가지를 물어본다. 아이들이 이제는 알게 모르게 문제가 생겼을 때 직접 부딪혀서 문제를 풀어나가려고 하는 걸 볼 수 있었다.

11시에 온다는 영사는 12시가 넘어가는데도 오지를 않는다. 우리는 무료하게

기다리고 있는데, 영사관의 아가씨는 한번 잡은 전화기를 놓지 않고 오랫동안 통화를 하고 있어 말을 걸어 볼 수도 없다.

드디어 영사가 도착했다. 마음씨 좋은 인상이라 잘 설명하면 될 것 같은 희망이 생긴다. 영사가 자기는 영어를 잘 못하니 우리보고 천천히 이야기하라고 했다. 그게 무슨 문제가 되겠나, 비자만 받을 수 있다면!

우리는 다시 처음부터 어떻게 여행을 했는지 설명한 후 볼리비아의 멋진 '우유니 소금사막'도 보러 가고 싶다고 했다. 그런데 파라과이로 들어오면서 입국 비자 도장 받는 것을 몰랐다, 어떻게든 선처를 해달라고 부탁했다. 사실 브라질 국경과 파라과이 국경 사이 한쪽에 건물이 있었는데, 뒤에 밀려오는 차들 때문에 정신 없이 지나쳐 파라과이로 그냥 들어온 것이었다.

영사가 비자를 발급받기 위한 서류 목록을 보여주며 여기 적혀있는 서류를 갖추어 오면 비자 받는 데 문제가 없다고 한다. '아, 답답하다. 문제가 있으니까 내가 이렇게 사정하며 부탁을 하는 것이 아니겠니?'하고 속으로 생각하며 사정을 하는데 안 된다고 한다. 그렇다고 300km로 넘는 브라질 국경으로 다시 가서 받아 올 수도 없고, 참 난감하다.

다시 영사에게 부탁하는데 이번에는 오히려 비자 없이 입국했으니 큰 문제가 생길 수 있다며 한국 영사관에 가서 도움을 부탁하라는 것이다. 그러면서 한국 영사에게 매우 중대한 문제이니 자기에게 전화를 하라고 한다. 이해가 되지 않았다. 무엇이 그리 중대한 문제지?

한국 영사관을 찾아갈까 생각하다가 이런 일로 영사관에 가서 도움을 요청하는 것은 아닌 것 같고 또 한국 영사관에서 개인이 볼리비아 비자를 받는데 무슨 일을 할 수 있단 말인가. 외국에서 오래 살다 보니 대사관이나 영사관이 하는 주 업무가 어떤 것인지 알기 때문에 귀찮게 하고 싶지 않아 어떻게든 스스로 풀어야겠다고 생각했다. 결국, 영사의 단호한 모습을 보고 말했다.

"얘들아 안 되겠다! 일단 물러나야겠다. 가자."

우유니 소금사막을 꼭 가보고 싶었는데 이렇게 비자를 못 받게 되면 어쩌지…. 영사관을 나오니 택시 기사 아저씨의 표정이 영 좋지 않다. 너무 오래 기다리고 있었던 것이다. 택시비를 좀 더 드리고 일단 게스트하우스로 돌아가 어떻게 할지 방법을 찾기로 했다. 우선 용은이에게 인터넷으로 우리가 가는 다음 도시인 아르헨티나 살타(Salta)에 볼리비아 영사관이 있는지 알아보게 하고, 나는 우리가 묵고 있는 숙소 옆에 현지인을 상대로 식료품점 가게를 운영하고 있는 한국 아주머니께 파라과이 출국에 문제가 없는지 알아보기로 했다.

용은이가 인터넷으로 확인해보더니 살타에 볼리비아 영사관이 있어 거기서 비자를 받을 수 있다고 한다. 그러면 파라과이 출국만 문제없으면 되는 상황이다. 식품점 아주머니께 상황을 설명하는데 본인도 확실히 모르겠다면서 현지에 있는 한국 여행사를 소개해주었다. 여행사와 전화 연결이 되어 우리의 상황에 관해 이야기하니 그런 경우가 가끔 있다고 하면서 크게 문제 되지 않을 것이니 너무 신경 쓰지 않아도 된단다. 국경을 나갈 때 벌금 약 50불 정도 내면 가능하고, 아니면 이민국 직원과 잘 이야기해 적당한 선에서 해결이 될 수도 있다고 한다. 아, 다행이다. 볼리비아 영사가 너무 겁을 주어서 출국하는 데 문제가 생기면 어쩌나 걱정했는데 일단 많지 않은 돈으로 해결될 수 있을 것 같고, 볼리비아 비자는 살타에서 받을 수 있다니 정말 다행이었다.

오후에는 우루과이를 떠나면서부터 정보제공이 되지 않았던 내비게이션 프로그램을 보완하기 위해 대리점이 있는지 확인해보았다. 마침 멀지 않은 곳에 사무실이 있다고 확인되어 찾아가 보니 영어를 잘하는 직원이 친절히 대해준다. 프로그램이 있고 비용은 10불 정도라서 아주 저렴하게 간단히 문제를 해결 할 수 있어서 다행이다. 저녁은 쌍둥이가 한국 음식을 먹고 싶다고 해서 한국 식당을 찾아가 보기로 했다. 대충 확인한 주소를 가지고 찾아가는데 이리저리 헤매다 날은 어두워지고 도저히 찾을 수 없어 포기하려 한 순간, 마지막으로 한 번만 더 물어보기 위해 어느 가게 앞에 차를 세웠다. 그리고 주인에게 말을 걸어 보니 한국 분이 아닌가. 한국 물건들을 수입해서 파는 잡화점인 것이었다. 반가워서 인사를 나눈 뒤, 한국 식당을 안내 받았고 한국 식품점에 가서 김치도 샀다. 쌍둥이는 삼겹살과 김치찌개를 폭풍 흡입하며 엄청 먹어댄다. 오랜만에 한국 음식을 먹을 수 있어 입이 즐겁고 밤도 즐겁다.

소금사막 – 볼리비아

아르헨티나 살타에서 볼리비아 비자를 받고, 곧장 다시 볼리비아 국경을 향해 북쪽으로 달렸다. 몇 시간을 달리자, 평지가 끝나고 강을 따라 계속 고도가 올라가는 길이 나왔다. 황토 빛의 산들과 돌, 그리고 다양한 모습을 연출하는 산들은 내가 지금까지 한 번도 보지 못한 산의 모습이다. 특히 산의 능선들이 서로 연결된 모습은 한 편의 그림 같았다.

　오늘 볼리비아로 넘어가는 국경도시까지 가야 하는데 시간상 쉽지 않을 것 같다. 날은 이미 어두워지기 시작해서 일단 가다가 적당한 곳이 나오면 숙박을 하기로 했다. 마을을 알리는 표지판이 나타나자 일단 마을 안으로 들어갔다. 마을 안에 있는 주유소에서 기름을 넣으며 주유하는 청년에게 혹시 이곳에 숙박할 곳이 있는지 물어보니 자기가 잘 아는 곳이 있다면서 소개를 해주겠다 한다. 주유를 끝내고 오토바이를 타고 갈 테니 따라오라고 해서 뒤따라 갔다. 주유소에서 멀지 않은 곳에 방이 4개 정도 되는 조그만 숙소로 작지만 아담하고 깨끗해 하루 묵는 것은 전혀 불편함이 없겠다. 체크인 후 언제나 그러하듯 아이들의 저녁을 준비하고 있는데 조금 전 이곳을 소개해준 청년이 다시 왔다.

유대인 주유소 청년

일을 마치고 온 것 같았는데 자기도 여기에 기거한다는 것이다.

우리는 청년과 포도주를 한잔 하며 많은 이야기를 나누었고 쌍둥이도 함께 이야기에 동참해 즐거운 시간을 보내었다. 포도주 덕분에 취기가 오르면서 더욱 재미있게 이야기를 나누었다. 청년의 이름은 기억나지 않지만, 자신은 아르헨티나 국적을 가지고 있어서 군대에 가지 않아도 되지만 유대인이기 때문에 자발적으로 이스라엘에 가서 군 복무를 마치고 다시 아르헨티나로 돌아왔다고 한다. 그러면서 군번이 적힌 목걸이를 보여주고, 유대인 아버지와 할아버지 등 가족들 사진을 모두 가져와 보여주며 가족의 역사를 이야기해준다. 우연히 주유소에서 만나 이렇게 늦은 밤까지 포도주를 마시며 함께 이야기를 나누는 인연이 참 재미있다. 한국 라면을 끓여주니 처음 먹는 매운맛인데 그래도 맛있다면서 잘도 먹는다. 어느 이름 모를 낯선 마을에서 나는 또다시 깊은 상념에 빠진다. 여행자의 자유로움과 쓸쓸함도 함께 느껴지는 밤이다.

나중에 볼리비아에서 다시 돌아올 때 이 마을에 들려 청년이 일하는 주유소를 찾아가 기름을 넣고, 반가워하는 청년에게 라면을 몇 개 선물로 주고 왔다.

우리가 다시 올 거라 생각도 안 했는지 무척 놀라면서 반가워했다. 언젠가 그 길을 다시 간다면 그때도 꼭 한번 들러 만나고 싶은 사람이다. 그때는 총각이 었는데 지금은 장가를 갔는지 모르겠다.

　새벽 6시 알람이 울린다. 오늘은 국경도시까지 가서 볼리비아로 넘어가야 할 긴 여정이라 서둘러 출발한다. 최소한 200km 이상은 가야 국경에 도착할 수 있을 것 같다. 잠에서 덜 깬 쌍둥이는 기온이 많이 내려간 새벽이라 춥다고 난리다. 재빨리 차의 히터를 켜서 온도가 올라가니 쌍둥이가 살만한 지 조용해진 다. 마을을 빠져나가 국도를 달리기 시작한다. 겨울철이라 아직도 어둠이 짙게 깔린 도로에는 지나가는 차들이 없고 우리만 새벽어둠 속을 뚫고 나아가고 있다. 실내 온도가 올라가자 쌍둥이는 다시 깊은 잠 속에 빠져들었고 난 아직도 빛을 발하고 있는 하늘의 별들을 바라보며 생각한다. 지구별에서 아빠와 아들의 인연으로 만난 우리가 참 많은 곳을 함께 다니고 있구나. 너희로 인해 아빠가 이렇게 여행을 떠날 수 있어 행복하고 감사한 일이다. 어둠이 서서히 사라지면서 나타나는 주위 모습들이 낯설면서도 신기하다. 지구에서 갑자기 다른 별로 뚝 떨어져 있는 것 같은 기분을 느끼게 한다. 날이 밝으면서 차는 다시 고원의 평원을 달려가고 가끔 흙 벽돌로 지은 집들이 보이면서, 끝없는 벌판이 펼쳐지고 중간중간 동물들도 보인다. 경계도 없는 이 넓은 들판 위 동물들은 도대체 주인이 있는지 궁금하다

　'Bienvenidos A La Quiaca'라고 표지판이 보이는 것을 보니 드디어 국경도시 라 콰아카(La Quiaca)에 도착했나 보다. 표지판에는 여기서 아르헨티나 최남단 즉, 남미의 마지막 도시, 우리가 갈려고 하는 우수아이아(Ushuaia)까지 5,121km라고 적혀있다.

　"쌍둥아, 일어나! 볼리비아로 넘어가는 국경도시에 도착했어."

　아르헨티나 국경 사무실 옆에 차를 세우고 일단 차를 가지고 볼리비아로 넘어가는 것을 시도해본다. 렌터카 회사에서 볼리비아와 페루는 통과가 안 된다고 해서 내심 안 될 것이라고 생각을 하면서도 일단 한번 시도해보고 싶었다. 차량 등록증과 기타 서류를 제출하면서 볼리비아로 넘어간다고 하니 옆 사무실로 가라고 한다. 그래서 옆 사무실로 가서 다시 서류를 제출하니 이민국 직원이 한참을 보고 고개를 갸우뚱거리며 다른 사무실로 갔다가 다시 와서는 이 차로는 국경을 통과할 수 없단다. 안 될 것으로 생각은 했지만, 혹시나 하는 일말의 기대가 사라지자 실망스럽지만 어쩔 수 없었다. 힘들게 유료주차장을 찾아 차를 맡기고 귀중품과 볼리비아에서 체류할 동안 필요한 것만 챙겨서 택시를 타고 다시 국경으로 간다. 국경에는 볼리비아 전통 의상을 차려 입은 많은 사람이 국경을 넘나들고 있다. 이제야 제대로 된 남미의 모습을 보게 되는 것 같아 기분이 좋다.

아르헨티나 이민국에서 출국수속을 밟기 위해 우리 차례가 오기를 기다리며 쌍둥이와 이야기를 하는데 우리가 한국어로 말하는 것을 들은 아가씨가 와서 인사를 한다.

"어디까지 가세요? 혹시 우유니로 가는 버스를 어디서 타는지 아세요?"

"안녕하세요. 저희도 처음 가는 길이라 잘 모르겠어요."

이민국 수속을 마치고 먼저 가는 아가씨에게

"일단 먼저 가서 알아보세요. 저희도 곧 따라갈게요"라고 말했다.

여행 중 오랜만에 만난 한국 여행객이라 무척 반갑다.

아르헨티나 출국 수속을 밟고 다리를 건너가니 볼리비아 이민국 사무실이 나온다. 다리 하나를 사이에 두고 펼쳐지는 세상은 전혀 다른 모습이다. 볼리비아 이민국은 사무실부터 아르헨티나와 전혀 다른 모습으로 단순히 이것만으로도 한 나라의 경제 수준을 한눈에 알게 해준다.

볼리비아! 내가 볼리비아로 가는 이유는 단 하나! 우유니 소금사막을 보기 위해서이다.

이민국 사무실에는 잉카 후손인 원주민들이 전통의상을 입고 아기를 안고 있다. 우리와는 판이한 모습이다. 화려한 색상의 옷들과 모자…. 사진에서 많이 봤던 모습을 직접 보게 되니 신기했다. 간단히 입국 절차를 끝내고 국경 마을로 들어서니 수많은 가게가 길 양 옆으로 즐비하게 늘어서 있다. 국경에서 걸어서 도착한 버스 터미널에는 많은 사람으로 북적거리고 있고 우리의 목적지 우유니로 가는 버스는 오후 3시에 있다고 한다. 우리는 버스의 2층 자리로 예약을 하고 아직 시간이 남아서 근처에서 점심을 먹으러 갔다. 제일 무난한 요리인 닭고기 요리를 먹고 시간이 되어 버스터미널로 가니 이민국에서 만난 한국 아가씨가 외국인 친구와 함께 있다. 그들도 우리와 같은 버스를 타고 간다고

아르헨티나 볼리비아 국경

한다. 잘 된 일이었다.

　버스는 예정된 시간에 출발했으며 가는 도중 버스는 사이사이 승객을 내리고 또 태우면서 볼리비아 내륙으로 깊숙이 들어가고 있다. 내륙으로 들어갈수록 이들이 사는 모습이 더 힘들어 보인다. 가는 도중 군데군데 도로가 유실되어 우회하게 되고 먼지는 끊임없이 날려서 도대체 저 먼지 속에서 어떻게 사람이 살아갈까? 하는 생각을 하게 된다. 그러나 어쩌면 저 속에서 살아가는 사람들은 아무것도 아닐 수 있는데 보는 사람이 지레짐작하는 것인지도 모른다는 생각이 들었다. 어쨌든 바람에 먼지가 엄청나게 날리던 모습이 볼리비아를 생각하면 제일 먼저 떠오를 정도이다.

버스에서 물건을 파는 소녀들

　버스가 정차할 때마다 음식을 파는 행상들이 새로 타는 승객보다 더 많았다. 이런 모습을 보는 깃도 여행의 재미라 유심히 그들이 파는 물건들을 구경한다. 계절이 겨울이라 날이 어두워지면서 춥기 시작했다. 해발 3,656m에 있는 우유니 소금 사막으로 고도를 높이며 올라가니 추울 수밖에 없다. 잠을 자다 추워서 다시 깨기를 반복하다 새벽 1시, 드디어 우유니에 도착했다. 버스에 내리자 추위는 더 강하게 느껴진다. 어디로 가야 하나. 일단 버스에 내려서 아직 불이 켜져 있는 근처의 숙소로 갔다. 숙소라고 해봐야 여인숙 이하의 수준인 것이다. 다행히 방이 있어서 우선 빨리 투숙해서 몸을 녹이는 것이 최선이라 무조건 체크인을 했다. 침대가 3개인 방에 쌍둥이와 투숙을 한 후, 추위 때문에 가지고 있는 모든 옷을 껴입고 잠을 청해본다. 조금 있으니 한국 아가씨도 우리와 같은 호텔에 투숙한다. 인연은 계속 이어졌다.

어젯밤 게스트하우스에 도착했을 때 현지인 아주머니가 소개하는 1일 우유니 소금사막 투어를 예약했다. 1인당 점심 포함해서 약 25불. 8시에 숙소로 오겠다고 해서 일찍 일어나 준비를 했다. 추워서 대충 고양이 세수만 하고 아침을 해야 했는데 이렇게 추운 날에는 역시 뜨거운 라면 국물이 최고라는 생각이다. 이 숙소에는 식당이 있지만, 투숙객에게 주방 사용을 못하게 하여, 직원에게 부탁해 부엌을 사용할 수 있는 허락을 받았다. 사실 이런 것이 사소한 일이지만 어떠한 상황에서도 원하는 목표를 달성하기 위해 일단 시도를 해보는 거다. 추워서 웅크리고 있는 쌍둥이들에게 외쳤다.

"애들아, 빨리 일어나. 라면 먹자. 그리고 우유니 사막으로 가야 해"

마음이 급하다. 말로만 듣던, 영국의 BBC 방송국에서 죽기 전 꼭 가봐야 할 여행지 50군데 중 한 곳으로 소개되었을 정도로 유명한 우유니 소금사막을 보기 위해 우리가 이렇게 힘든 길을 오지 않았던가!

아침을 먹고 나니 여행사 아주머니가 와서 근처 사무실로 가는데 새벽에 도착해서 모습을 볼 수가 없었던 시내를 신기한 듯 둘러본다. 가게들과 여행사 그리고 버스터미널, 시내라고 하기보다 시골의 한적한 마을 같은 분위기다. 따뜻한 햇살이 지난 밤 추위로 경직된 근육들을 하나씩 풀어주는 것 같다. 숙소 근처에 있는 여행사 사무실(사무실이라고 해봐야 책상 하나만 달랑 놓여 있다) 벽에는 여행자들이 남긴 감사의 메모들이 붙어 있는데 그곳에 한국 여행자가 한글로 써

놓은 것도 있다. 아마도 여행사 사장이 한국 여행자들이 여행상품을 문의하러 올 때 읽어보고 영업에 도움이 되게 하려는 아이디어인 것 같았다.

지구별의 성지를 순례하는 순례 객처럼, 이곳 우유니 소금사막을 찾는 수많은 여행객은 여기서 자연의 위대함과 아름다움을 가슴에 안고 갈 것이다. 그리고 그들은 지구에 태어난 것을 감사할 것이며 현재의 자신의 삶이 참으로 행복하다고 느낄 것이며 또, 위대한 자연 앞에서 더욱 더 겸손해지며 푸른 하늘을 사랑하고 저녁노을을 사랑하고 사람을 사랑하는 사람들일 것이다.

해발 3,653m의 고지대에 위치한 우유니 소금사막은 세계 최대의 소금 사막 또는, 소금 호수라고 불린다. 지각변동으로 융기되어 솟아올랐던 바다가 빙하기를 지나 2만 년 전부터 녹기 시작하면서 이 지역에 거대한 호수가 만들어졌는데, 비가 적고 건조한 기후로 인해 오랜 시간이 지나자 물은 모두 증발되고 소금 결정체만 남았다고 한다. 우기인 12~3월에는 물이 고여 얕은 호수를 만들어 하늘과 구름이 호수에 반사되어 멋진 풍광을 만들어 환상적인 모습을 연출한다고 하는데 우리가 간 6월은 건기라서 소금사막의 모습을 연출했다. 우유니 소금사막의 소금양은 100억 톤으로 추산되는데 깊이가 1m에서 150m까지 다양하다. 그래서 그 크기와 양이 얼마나 대단한지 짐작할 수 있게 한다.

사륜구동의 밴에 여행사가 수익을 많이 내기 위해 최대한 많은 여행객을 태

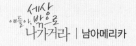

우려고 노력한다. 스페인 청년, 멕시코 대학 교수, 그리고 아르헨티나 청년이 우리와 동행했고, 어제 만났던 한국 아가씨와 함께 여행하는 동반자가 마지막으로 우리 그룹에 참여했다. 계속되는 인연이다. 보통 7명이 정원인데 우리는 마지막 두 사람이 함께해 8명이 되는 바람에 좀 복잡하게 여행을 했지만, 많은 사람이 함께하니 더 재미있었다.

본격적인 우유니 소금사막 여행을 하기 전에 먼저 들린 곳은 일명 '기차의 무덤'이라는 곳이다. 1907년부터 1950년대까지 운행되었지만, 그 수명이 다해 폐기처분 된 기차들을 모아 놓은 곳이다. 원래는 폐기 처분할 장소가 마땅치 않아 우유니 외곽에 모아둔 것인데 의도치 않게 현재는 우유니 사막의 관광 명소가 된 것이다. 처분할 비용이 없어 이렇게 모아 둔 것이 지금 수많은 여행자가 찾는 곳이 되었다는 것을 보면 사람 팔자 모른다는 말이 있듯이 기차 팔자도 모를 일이다. 우리는 함께한 여행객들과 기차를 배경으로 다양한 포즈를 취하고, 기차 위까지 올라가서 푸른 하늘을 배경으로 참 많은 사진을 찍었다. 여기서는 대충 찍어도 배경이 좋아 멋진 작품 사진이 나온다. 한때는 힘차게 볼리비아의 들판을 달렸던 기차들, 이들도 사람처럼 세월이 지나면 힘이 빠지고 녹이 슬어 이렇게 자기에게 주어진 삶을 마감하나 보다. 삶을 마감한 이후에도 이렇게 사

기차의 무덤

랑 받는 것을 보면서 사람도 잘 늙어가는 것이 정말 중요하고 행복한 것이라 생
각하게 된다.

제2의 인생을 사는 기차와 이별을 하고 우유니 소금사막으로 갔다. 소금사막
으로 가는 길에 토산품 가게를 들러 추운 날씨에 필요한 물품과 소금으로 만든
다양한 조각품을 샀다. 진짜 소금으로 만들었는지 맛을 보니 짜다. 소금으로
만든 것이 분명했다. 볼리비아의 전통 모자도 사서 세 사람이 함께 쓰고 사진
을 찍으니 재미있고 우습기도 하다. 이것도 여행의 재미 중 하나이리라. 차는
다시 출발하여 소금사막으로 간다. 사진으로 본 적은 있지만 실제로 보면 어
떤 모습일까 궁금하다. 멀리 하얀 평원이 보이는데 저기가 소금사막이구나. 차
가 도착하자마자 내려서 하얀 결정체를 만져보니 소금 덩어리다. 아! 이 끝없
는 평원이 모두 소금이라니 그것도 해발 3,600m 이상 되는 고원에 자연이 만들
어 낸 엄청난 작품이 경이롭다. 이렇게 엄청난 자연의 힘과 위대함 앞에 서면
인간이 참으로 왜소하고 보잘것없음을 알게 된다. 현실의 인간은 길어야 100년
밖에 살지 못하면서 영원히 살 것 같이 생각하며 교만하거나 잘난 체를 하고 있
다. 이 우유니 소금사막에서, 위대한 자연 앞에서 인간은 과연 어떻게 살아야
하는지 스스로에게 묻고 또, 다짐해본다.

같이 간 일행들과 함께 멋진 배경으로 사진을 찍는 동안 운전사 아저씨가 준
비해간 재료로 간단히 점심 준비를 한다. 점심을 먹고 나서는 소금사막 위에서
본격적인 드라이빙을 한다. 소금사막 한복판에 있는 어부의 섬이라고 불리는
섬으로 달려간다. 멀리서 여행객들을 싣고 가는 여러 대의 차들이 하얀 소금사
막 위에서 한 방향으로 달리는 모습이 인상적이다. 30여 분을 달리니 목적지인
어부의 섬에 도착한다. 물고기를 닮았다고 해서 물고기 섬이라고도 하는 이 섬

에는 정작 물고기 대신 선인장으로 덮여 있다. 사람 키만 한 크기에 손가락 모양을 한, 특이한 형태의 선인장들이 섬 곳곳에 자라고 있다. 입장료를 내고 크게 높지 않은 정상으로 올라간다. 올라가면서 다양한 풍경과 배경으로 또 사진을 찍으며 어쩌면 두 번 다시 오기 힘들지도 모르는 이곳에서 더 많은 추억을 쌓고 또, 가슴에 담으며 열심히 움직인다.

　섬 정상에 올라가 사방을 둘러보니 끝없는 소금으로 덮인 지평선이 정말 아름답다. 우리나라 경기도와 비슷한 크기라니 엄청난 넓이다. 하얀 눈으로 뒤덮인 설원의 모습으로 보이며 하늘은 진한 푸른색 물감으로 칠해놓은 듯 강렬하다. 하얀 소금사막 위에 푸른색의 하늘이 병풍처럼 둘러 있다. 이제껏 한 번도 보지 못한 광경에 난 또다시 흥분되기 시작하고 같이 간 일행도 황홀한 광경에 모두 소리 지르며 즐거워한다. 우리는 마치 달나라에 도착한 사람처럼 감격하고 흥분해 한다. 지금 이 순간 느끼는 감정은 오래오래 남을 것 같다. 그렇게 오랫동안 흥분이 가시지 않은 채, 끝없이 소금사막 안으로 들어간다. 섬에서 내려와서는 동행한 여행자가 쌍둥이를 모자 안에 들어 있는 것처럼 연출해 사진을 찍으며 여러 가지 재미있는 모습들을 만든다. 신나게 노는 아이들을 보니 어린 시절 눈 위에서 마구 뛰어 놀던 나를 보는 것 같다.

돌아오는 길에 소금으로 만든 소금 호텔에 들렀다. 소금으로 만들 수 없는 부분만 제외하고 온통 소금으로 만들어져 있었는데 숙박도 가능하단다. 여기서 숙박하며 밤하늘의 별을 본다면…. 한쪽에는 세계 각국의 국기가 꽂혀 있었는데 그중에 대한민국 국기도 힘차게 바람에 날리고 있다. 아마도 누군가 맨 처

음 자기 나라 국기를 꽂아 놓고 간 것을 보고 다른 여행객들도 따라 하다 지금의 모습이 된 것 같다. 태극기를 여기에 놓아두기 위해 소중하게 챙겨서 가져왔을 그 여행객에게 존경을 표하고 싶다. 해가 뉘엿뉘엿 질 무렵 우리는 오늘 하루를 신

이 나게 해준 소금사막과 아쉬운 작별을 하고 시내로 돌아간다. 우리를 포함해서 8명, 모두 오늘 이곳을 떠난다고 한다. 멕시코 대학교수와 스페인 청년은 라파스(La Paz)로, 아르헨티나 총각은 포토시(Potosi)로 그리고 프랑스 청년과 한국 아가씨도 어디론가 간다고. 그래서 차 안에서 이런 제안을 해본다.

"그럼 우리 오늘 저녁 같이 먹어요. 이렇게 만나서 하루 즐겁게 보냈고, 또 인연을 맺었으니 떠나기 전 같이 식사하면 좋겠어요. 제가 오늘 저녁 초대하고 싶어요."

저녁을 같이 먹는 것은 관계없지만, 왜 저녁을 사려 하는지 의아해 하는 것 같아서 "한국에서는 제일 연장자가 초대하는 문화가 있어요. 그리고 오늘 여러분들을 초대하면 제가 행복해질 것 같아요. 제가 행복하게 도와주지 않을래요?" 그러자 이상한 나의 논리에 우습다는 표정을 지으며 모두 흔쾌히 좋다고 한다. 근처 서양식 레스토랑에 가서 함께 식사하며 맥주 한잔에 정을 나눈다.

"모두 남은 기간 무사히, 즐거운 여행이 되길 바라요. 언제 또 인연이 되면 만날 수 있겠죠. 세상은 좁잖아요."

사실 다시 만날 수 있는 인연이 쉽지 않겠지만, 모두 여행이 끝난 후 사진 속 우리 모습을 보면서 오늘 이 시간을 오래도록 추억하게 될 것이다.

밤이 되니 온도는 한층 더 내려가고 우리는 모두 각자의 길로 떠났다.

우유니여,

세상 사람들이 쉽게 다가오지 못하게 땅은 하늘과 맞닿아 있고, 그런 너의 모습은 시원한 향수를 불러일으킨다. 그래서 너를 한번 만나면 깊은 사랑에 빠져버리게 하는, 표현할 수 없는 매력을 가진 너. 우유니 소금 사막이여, 안녕.

마추픽추 – 페루

페루로 차를 가져갈 수 없어 일단 공항이 있는 도시, 칠레의 최북단 도시 안토파가스타까지 가서 차를 놓아두고 거기서 비행기를 타고 페루 리마로 가는 일정을 잡았다. 비행기 표는 칠레의 수도 산티아고에서 구매한 후 차를 몰고 산티아고를 출발해서 안토파가스타로 북싱해시 올라간다. 오후 2시기 디 되어가는데 점심 먹을 장소가 잘 보이지 않는다. 가다 보니 정류소 같은 것이 보여 일단 차를 세워보니 괜찮은 것 같다. 왜 여기에 이런 건물이 있는지 모르겠지만 점심을 먹기에는 딱 적당한 장소다. 시멘트로 된 의자 위에서 어제 먹다 남은 김치찌개에 김치와 고기를 좀 더 넣어서 끓이니 아주 맛있는 김치찌개가 된다. 지나가는 차들도 별로 없어서 조용하고 그리고. 지붕이 있는 버스 정류장에서 김치찌개로 늦은 점심을 먹는 것 자체가 색다른 경험이다. 사실 여행을 떠나는 순간부터 모든 것들이 새롭기 마련이다. 차를 가지고 다니는 여행은 운전을 해야 하는 어려움이 있지만 가다가 어느 순간 이렇게 아무 곳에서나 차를 세워 먹고 싶은 것을 요리해 먹을 수 있는 장점이 있다. 어디에도 구속됨이 없이 여행할 수 있어 참 자유롭다.

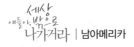

북상해 갈수록 차들의 통행이 줄어들고 길은 한가롭게 이어진다. 그때 운전석에 앉은 용석이가 운전을 잠깐만 해보겠다고 사정을 한다.

"네가 하면 용은이도 하려 하잖아"라고 하니 뒷좌석에서 자고 있는 용은이에게는 이야기하지 않겠다고 한다. 일직선 도로에 차도 없어 경험 삼아 운전을 해보게 했다. 엄마가 알면 큰일 날 일이지만 언젠가 운전을 해야 하니 한번 해보는 거지 뭐.

잠깐 조수석에 앉아 아들이 운전하는 것을 지켜본다. 세상 모든 일이 처음부터 제대로 할 수는 없다. 실패를 두려워하지 않고 무엇이든 도전을 해보는 것이다. 사실 어떤 힘들고 어려운 일이 있더라도 내가 멈추지 않는다면 절대 실패가 아니다. 그러나 우리가 통상 생각하는 실패도 자신이 원하는 목적지로 가는 과정 중 하나니까. 중요한 것은 자신만의 분명한 목적지가 있느냐는 것이다. 난 아이들이 무엇이든지 하고자 하면 격려하고 응원해줄 것이다. 실패가 두려워서 아무것도 하지 않는다면 우리는 결코 성장할 수 없다. 실패와 고난을 통해 우리는 더욱 단단해지고 어떤 어려움이 닥쳐도 두려워하지 않고 헤쳐나갈 힘이 생기는 것이다.

점점 인적은 찾아보기 힘들고 황량한 들판만 보인다. 차의 기름이 얼마 남지 않았는데 주유소는 보이질 않는다. 마지막 주유소에서 주유를 해야 했는데 다음 주유소가 곧 나타나겠지 하는 생각으로 지나쳐 왔었다. 가는 도중 갈림길이 나타나고 근처의 마을을 안내하는 표지판이 보인다. 주유소가 있을 것 같은 마을인데 그러나 큰 도로에서 벗어나 안으로 들어가야 한다는 표지판이다. 난감한 상황이다. 일단 차를 세우고 어떻게 할까 고민하는데 마침 그때 버스가 손님을 내려주기 위해 우리 앞에 정차한다. 난 무조건 뛰어가서 기름이 다 떨어지려고 하는데 어떻게 하면 되느냐고 물으니, 마을 쪽으로 갈려면 약 25km, 그냥 계속 갈 경우에는 약 40km 정도 가면 주유소가 있다고 한다. 잠깐 고민하다가 '모르겠다. 그냥 계속 가보자'라고 결정 후 출발하자마자 경고등이 들어온다. 아이들도 긴장해서 "아빠 천천히 경제속도로 가요. 내리막길에는 차 시동을 끄고 가요."

아이들의 의견을 따른다. 날은 어두워지고 지나가는 차량도 거의 없는 곳에서 만약 기름이 떨어지면 이것 보통일이 아니다. 마지막 주유소에서 주유를 하지 않은 것을 후회해보지만 그러나 이미 지난 일이다. 세 사람 모두 걱정을 하면서 조마조마한 마음으로 주유소가 나타나기를 간절히 바라는데 다행히 40km를 좀 넘긴 지점에 주유소가 보인다.

"애들아 혹시 기름이 없다고 하면…. 우리 기도하자!"

긴장된 마음으로 주유기 앞에 가서 창문을 여는데 주유원이 다가와서는 어떤 종류의 기름을 넣을 것인지 묻는다. 와! 기름이 있다.

"Super로 Full Tank 넣어주세요."

오늘의 목적지인 안토파가스타에 도착한 후 일단 시내로 가서 호스텔이 어디 있는지 검색하기 위해 인터넷이 되는 곳을 찾아본다. PC방에서 쌍둥이가 인터

넷으로 호스텔을 검색해보나 배낭여행객이 많이 오는 곳이 아니어서인지 호스텔같은 곳이 없는 것 같다. 어쩔 수 없이 적당한 호텔을 이용했는데 쌍둥이들은 오랜만에 호텔을 이용하게 하게 되었다고 좋아한다. 금전적인 출혈이 심하지만 오랜만에 하얀 시트의 침대에서 잠을 자니 기분은 좋다. 호텔 창문 너머의 태평양의 밤바다를 보다 보니 우리들이 정말 멀리 와있는 느낌이다.

모래 새벽 페루로 출발하는 비행기 일정이라 하루를 여기서 더 머무르기로 한다. 바닷가에서 갈매기가 날아다니는 모습을 보고 있자니 부산의 갈매기가 생각난다. 쌍둥이는 쇼핑몰에 있는 영화관으로 영화를 보러 가고, 나는 혼자서 모처럼 여유롭게 태평양 바다를 하염없이 바라보며 한가한 시간을 가진다. 안토파가스타, 무언지 모르게 더욱 느낌 있게 다가온다. 시원한 느낌 같기도 하고 애잔한 느낌 같기도 하다, 멀리 떠나와서 일까, 아니면 태평양이 내게 무언가를 이야기하고 있는 것일까.

안토파가스타는 꼭 내게 삶의 무언가에 대해 이야기하려는 것 같다.

다음날 아침 4시 30분. 모닝 콜이 울린다. 오늘 페루 리마로 가는 비행기 시간은 7시 30분이다.

여전히 깊은 잠에 빠진 쌍둥이를 힘들게 깨워 차를 몰고 공항으로 향한다. 내

비게이션에 의존해 가니 30분 만에 도착이다. 차는 공항주차장에 주차하고 귀중품과 페루에 있을 동안 필요한 물건만 챙긴 후 체크인을 한다. 졸려서 반실신 상태인 쌍둥이를 데리고 이민국을 통과하는데 용석이는 별 탈 없이 수속이 되었지만 용은이에게만 문제가 있는 것 같아 가보니 용은이가 아직 미성년자라 엄마의 동의가 필요하다는 것이다.

"무슨 소리인가요? 칠레 입국할 때도 문제없었고, 지금 아버지가 동행을 하지 않은 가요?"

내가 항의를 하니 이민국 직원이 다른 직원에게 가서 문의하더니 돌아와서는 문제가 없다며 출국 도장을 찍어준다. 비행기에 타자마자 세 사람 모두 잠에 빠져들었고, 비행기는 두 시간의 비행 끝에 페루 리마에 도착했다.

공항이 한산해 입국 수속을 빨리 끝내고 나가니 여행 안내데스크가 여럿 있다. 페루로 오는 대부분의 여행객이 마추픽추가 있는 쿠스코로 가기 위해서 이곳 리마로 들어오기 때문에 공항에 쿠스코 관련 상품들을 판매하고 있다. 우리는 리마와 쿠스코를 오가는 왕복 버스표와 그리고 쿠스코에서 마추픽추로 가는 기차표를 예매했다. 쿠스코로 가는 버스 시간이 오후 늦은 시간이라 그때까지 시내를 관광하기 위해 택시를 탔다. 공항을 벗어나니 시계가 다시 몇 십 년은 뒤로 가는 느낌이다. 국경을 경계로 해서 이렇게 사는 모습과 환경까지 완전히 다르다니. 페루는 잉카문명이 발생한 쿠스코가 있는 나라로 오랜 역사를 지니고 있는 나라이다. 시내 중심으로 가면 1551년 설립된 남아메리카에서 최고 오래된 산마르크스 대학, 1563년에 설립된 남아메리카에서 최고 오래된 극장, 그리고 식민지 초기에 건설된 대통령 관저 등이 있다. 옛날 식민지 시대의 역사와 오늘날 새로 지은 현대식 건물이 공존하고 있는 모습이다. 예약한 버스출발 시간이 되어 버스 터미널로 가니 'Cruz Del Sur'이라고 적힌 터미널이 나타난다. 쿠스코까지는 22시간이 소요되는 장거리 여행이지만 그러나 다행히 버스는

리마에서 쿠스코를
운행하는 버스

2층으로 된 리무진 버스로 상상했던 것보다 훨씬 더 좋은 버스라서 마치 복권에 당첨된 것처럼 기분이 좋았다. 버스가 출발하자마자 날이 어두워져 바깥 풍경들을 볼 수가 없는 것이 다소 안타까웠다. 가는 도중에 버스에서 간단한 저녁 식사도 제공을 해주는데 먹을만했다.

눈을 뜨니 벌써 아침이다. 멀리도 왔다. 밤새 숨 가쁘게 험준한 안데스 산맥을 넘고 있었나 보다. 창 밖으로 보이는 길들은 절벽을 끼고 있어서 보기만 해도 아찔한데 버스는 잘만 간다. 멀리 보이는 산 정상이 눈으로 덮여 있는 모습을 보니 고도가 많이 올라 왔는가 보다. 버스는 산등성이를 하염없이 돌고 돌며 앞으로 간다.

오후 3시경, 버스가 드디어 쿠스코에 도착했다. 이곳도 죽기 전에 꼭 한번은 가보아야 한다는 마추픽추가 있는 도시, 잉카 문명의 발생지, 쿠스코에 도착을 한 것이다. 버스에서 짐을 챙겨서 여행서 안내 책자에 나와 있는 한국 민박집 숙소로 가기위해 택시로 이동한다. 한적한 골목 안에 있는 2층집인데 벨을 눌러도 도무지 인기척이 없다. 집에 사람이 없는 것 같아 기다려 보았지만 아무도 나타나지 않는다.

"얘들아, 어떡할까? 호스텔을 찾아갈까?"

"아빠, 그냥 가요. 언제 사람이 올지 모르잖아요."

"알겠어. 그런데 여기 민박집 사장님이 아르마스 광장 근처에서 한국 식당을 한다고 하니 일단 가서 한번 찾아보자."

다시 택시를 타고 쿠스코의 최고 중심지, 아르마스 광장으로 갔다. 택시 기사에게 혹시 한국 식당을 아느냐고 물어보니 모른다고 한다. 일단 광장에 내려서 몇 군데의 가게에 들어가서 물어봐도 역시나 같은 대답이다. 그래서 아이들은 광장에 있게 하고 혼자 다시 골목 안을 찾는데 어떤 노인이 내가 한국 식당을 찾고 있는 걸 알고는 코리안 레스토랑 한국 식당이 있는 곳을 안내해준다. 결국, 찾기는 했지만 영업시간이 아니라 문이 잠겨 있다.

"얘들아, 아빠가 한국 식당을 찾긴 했는데, 문이 잠겨 있어. 우리 어떡할까? 그냥 광장 근처에 있는 호스텔에서 잘까?"

내 말이 떨어지지 마자 용석이 일어나더니 자기가 알아보고 오겠다고 한다. 한참 몇 군데의 호스텔을 둘러보고는 시설도 깨끗하고 가격도 저렴한 곳을 찾았다고 한다. 광장 바로 옆에 있어 편리하고 직원들도 친절히 맞이해주어 기분이 좋다. 오늘 용석이가 아주 훌륭한 일을 했다.

아르마스 광장에는 대성당과 라 콤파냐 데 헤수스 교회가 웅장하고 위엄 있게 우뚝 서 있고 그리고 넓은 광장과 잘 가꾸어진 조경으로 여행객이 쉬기에 딱 좋았다. 대성당과 교회를 배경으로 사진을 찍어보니 멋있는 모습들이 연출된다. 잉카 문명을 보기 위해서 오는 전 세계 모든 여행객이 여기서 머물며 쉬어간다. 그래서인지 광장 주변에는 다양한 기념품과 세계 각국의 요리를 접할 수 있는 식당들이 즐비해 여행자들의 입을 기쁘게 해준다. 노을 지는 광장의 모습

아르마스 광장

은 또 다른 분위기도 자아낸다.

"얘들아, 오늘 저녁은 어디에서 먹을까?"

누말할 것도 없이 오늘 낮에 찾아 놓은 그 한국 식당이다. 쌍둥이는 필리핀에서 태어나고 자랐지만 그래도 한국 음식이 최고로 맛있는가 보다.

다음 날 오전 4시에 전날 예약해 둔 택시를 타고 마추픽추로 가는 기차역으로 간다. 3시 30분에 일어나는 쌍둥이들이 새삼 고마웠다. 새벽 날씨가 무척 쌀쌀하다. 택시는 굽이굽이 어둠을 뚫고 지나가고 어둠이 짙다 보니 하늘에 있는 별은 더 빛나 보인다.

"용은아, 하늘의 별 한번 봐. 우리 여행하면서 많은 별을 보는 것 같아."

"네, 그래요. 하늘에 별이 너무 많네요."

여행이 끝나면 언제 다시 별을 이야기할 수 있을까. 기차역에 도착해도 어둠이 가시지 않았다. 조금 있으니 여행객을 실은 차들이 들어오고 여명이 돋기 시작한다.

시간이 되어 기차는 여행객을 모두 태우고 출발하고 함께 가는 모든 여행객들은 마추픽추를 보러 간다는 사실에 모두 즐거운 표정이다. 기차는 출발 후 1시간 30분 정도 후에 마추픽추 근처에 도착하고 기차에서 내려서 왕복 15불을 내고 다시 버스를 타고 산을 오르기 시작한다. 걸어서 갈 수 있지만 그럴 시간이 없어서 미니버스를 타고 20여 분 만에 마추픽추 입구에 도착했다. 세계 각국에서 온 관광객이 줄지어 서 있고 우리도 차례를 기다리며 입장을 하는데 여권에 마추픽추를 방문했다는 출입국 표시처럼 기념 도장을 찍어준다.

드디어 마추픽추가 눈앞에 보이기 시작한다. 잉카인들이 만들어 놓은 공중도시, 잉카인들은 건축자재조차 나르기 힘든 이 험준한 산 정상에 어떻게 자급자족이 가능한 도시를 건설했을까? 스페인의 추적을 피하고자 이곳에 도시를 건설했다는 등 여러 가지 주장이 있지만 확실한 것은 알 수 없다. 1911년 미국인 탐험가 히럼 빙엄에 의해서 발견되기 전까지 오랜 시간을 잠자고 있었지만, 지금은 다시 부활해서 세계 모든 사람을 끌어들이고, 또 잉카 후손들은

마추픽추로 가는 열차

그들의 조상이 만들어 놓은 도시로 인해 지금은 혜택을 보고 있다. 인간이 만든 거대한 구조물(중국의 '만리장성'과 이집트의 '피라미드'처럼)이 그들의 조상이 겪은 많은 희생과 노력이 비록 의도된 것은 아니었지만, 결과적으로 후손에게 영원히 값진 유산을 남겨 주게 된 것이다.

쌍둥이와 따스한 햇볕을 받으며 마추픽추의 이곳 저곳을 구경하고 사진을 찍고 여행 가이드가 없어 단체 관광객 무리에 끼어서 귀동냥하며 조금씩 얻어 듣는다.

마추픽추에는 자급자족으로 단체 생활을 할 수 있게끔 모든 시설이 되어 있는데 그중에서 가장 인상적이고 감동한 것은 그들이 만들어 놓은 수로이다. 깊고 높은 산 속에서도 자유로이 물을 사용할 수 있도록 돌을 깎아 자연스럽게 물이 흐르게 만들어 놓은 것을 보니 잉카인들의 관개기술이 찬탄을 받을 만하다는 생각이 든다. 쌍둥이는 아직 이곳이 얼마나 유명하고, 여행하는 사람이라면 꼭 한번 와보고 싶어 하는 곳이라는 걸 지금은 잘 모를 것이다. 그러나 훗날 쌍

둥이가 이곳에 온 것을 더 또렷이 기억나게끔 하기 위해 마추픽추를 배경으로 열심히 사진을 찍는다.

돌아가는 기차 시간이 되어 산에서 내려와 늦은 점심을 먹는데 젊은 청년 두 명이 와서 인사를 한다.
"저, 남미사랑에서 뵀었죠?"
"아! 네, 맞아요. 반가워요. 여기서 또 만나게 되네요!"

남미사랑에서 만났던 두 청년

부에노스아이레스 게스트하우스에서 만났던 젊은 친구들이다. 여기서 또 만나게 되다니. 기차 시간이 다 되어서 맥주 2병을 시켜주고 떠난다. 인연이 되면 또 만날 수 있겠지. 기차를 타고 다시 돌아가는 길에는 새벽에 어두워서 볼 수 없었던 풍경들이 지금은 넓은 창문으로 시원스럽게 지나간다. 멀리 눈 덮인 산 정상의 모습과 산 아래 푸른 모습이 조화롭게 보인다. 기차의 창문을 통해 보이는 자연의 모습은 언제나 편안해 보인다. 언젠가 한번은 가보아야 한다는 마추픽추로 가는 길은 정말 멀다. 리마까지 오는 길도 멀겠지만, 다시 리마에서 버스로 22시간, 쿠스코에서 차로 다시 2시간, 기차를 타고 1시간 30분, 그리고

호스텔 주인 부부와 함께

다시 버스로 약 20분. 하지만 한번은 꼭 가 보아야 할 잉카 유적지이다.

쿠스코 시내로 다시 돌아와 이틀간 내 집처럼 편안하게 지낸 호스텔, La Casa De Selenque를 떠난다. 왕복으로 구매한 Cruz Del Sur 버스를 타고 리마로 가는 길, 올 때 어두워서 보지 못했던 안데스 산맥을 관심 있게 본다. 첩첩이 이어지는 산등성이에 길을 만들어 차들이 아슬아슬하게 지나간다. 아래는 깊은 낭떠러지. 그렇다고 보호 펜스들이 있는 것도 아니라 여기서 졸음운전이나, 브레이크에 문제가 생기면 치명적인 결과를 초래할 것 같다. 하지만 나는 운전사를 믿고 창 밖으로 보이는 안데스 산맥들의 다양한 모습들을 편안히 눈에 담는다.

버스에서 제공하는 저녁을, 용석이는 속이 불편해 먹지 못하겠다고 한다. 올 때 없었던 고산병인지, 아니면 차멀미인지 모르겠지만, 무척 힘들어한다.

"아빠, 밤새도록 어떻게 해요. 차라리 걸어가는 것이 낫겠어요."

"이놈아, 그 기분 알지만 어쩔 수 없다."

토할 것 같다고 해서 버스 안에 있는 화장실에 다녀오더니 좀 살 만하다고 한다. 그러나 잠시 후 다시 속이 안 좋다고 아빠를 부른다. 용석이가 손을 내민다. 꼭 잡아준다. 언제 우리가 이렇게 함께 손을 잡고 서로 의지하고, 또 위로 하였던가. 의자에 걸터앉아 내 다리를 베개 삼아 한 시간여를 누워 있더니 어느 순간 잠이 든다. 다리에 쥐가 나지만 어쩔 수가 없다. 그 뒤로 용석이는 한 차례 더 토하고, 다시 깊은 잠에 빠져들었다.

　새벽 3시, 버스는 하염없이 달리고 있다. 안데스의 거친 산맥을 끊임없이 돌아서 간다. 쌍둥이는 완전히 깊은 잠에 빠져 있는데 난 잠을 청해보지만, 오히려 정신이 더 명료해진다. 많은 생각이 스쳐 지나간다. 하늘에는 구름이 끼었는지 별들도 보이질 않는다. 그래서 난 더욱 추억 속으로 함몰되어 그리움만 깊어 간다. 돌아가신 어머니, 마닐라에 있는 가족들, 그리고 친구들. 누군가에 전화를 걸어보나 안데스산맥 때문에 신호가 없다. 가끔은 믿어지지 않는다. 사랑하는 아들들과 이렇게 함께 길을 떠나 여행하고 있다는 사실이. 그래서 너희와 함께 할 수 있어서 참으로 고맙다!

리마로 가는 도중에 마주한 안데스 산맥의 모습

아버지의 정을 느끼지 못한 것이 내게 매우 큰 아쉬움으로 남아있지만, 어머니의 깊은 사랑 덕분에 무리 없이 성장할 수 있었다. 내 나이 49살, 쉰을 바라보는 이 시점에 지금은 나보다 더 키가 커버린 너희와 함께 길을 떠나는 중이다. 이보다 더 멋진 여행이 있을까? 이보다 더 강렬히 가슴과 가슴으로 함께한 여행이 있을까! 새벽 3시, 안데스의 밤은 그 높이만큼 깊어가고 있다.

버스는 예상한 것 보다 일찍 리마에 도착했다. 밤새 토하느라 고생한 용석이를 위해서 어떻게든 맛있는 한국 음식을 사주고 싶어서 여행책자에 소개된 주소로 갔지만 없다. 한국 식당이 지금은 카지노 바뀌었다는 것이다.

"애들아, 우리 카지노 한번 해볼까?"

그저 단순히 재미로 한번 경험하게 한 것이다.

"애들아, 이건 그냥 재미로 하는 거야. 알겠지?

쌍둥이들에게 재미로 해보라고 조금 준 돈은 얼마 지나지 않아 모두 잃어 버렸다. 사실 돈을 따면 더 안 좋은 법이다. 오히려 잃은 것이 아이들 교육에 더 도움이 되어 잘 되었다고 속으로 생각했다.

다시 인터넷으로 확인한 한국 식당을 힘들게 찾아갔지만, 여기도 영업을 하지 않고 간판만 붙어 있다. 한국 식당 찾기 정말 힘드네. 그러나 포기란 없는 법. 방법이 없을까 해서 옆 건물에 있는 여행사에 들어가 물어보려고 기웃거리니 사무실 안에서 전화통화가 끝난 직원이 나와 종이를 내민다. 한국 식당이 이전한 곳의 주소가 적혀 있다. 우리가 무엇을 물으려고 하는지 알고 있었던 것이었다. 우리 같은 사람들이 많아서 미리 주소를 적어 준비해놓은 것인지 아니면 이전한 한국 식당에서 부탁을 해놓은 지 모르겠지만 어쨌든 우리에게는 참 고마운 일이다. 고맙게도 여행사 직원이 택시기사에게 우리가 가고자 하는 식당의 위치에 대해서 친절히 설명도 해준다. 또 이렇게 누군가에게 도움을 받

는구나. 아저씨 고마워요. '무쵸 그라시
아스.'

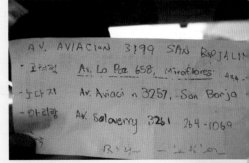

우여곡절 끝에 한국 식당에 도착했다.
어제 밤새 고생한 아들에게 한국 음식을
먹이고 싶다는 생각으로 포기하지 않고
노력하다보니 결국 찾아냈다. 좀 이른 시
간에 와서 그런지 우리가 첫 손님이다.
삼겹살 3인분, 갈비탕, 김치찌개, 가격표
를 보니 비싸다. 삼겹살이 13불, 김치찌
개가 9불, 그러나 지금은 그게 문제가 아
니다.

"얘들아, 그냥 먹자. 일단 먹고보자."

오늘 밤 10시에 출발하는 비행기 시간
까지 시간이 많이 남아있어서 주인집 아
주머니가 알려준 쇼핑타운에 갔다. 태평
양을 바라보는 해안가에 있는 제법 규모
가 큰 쇼핑몰이라 외국인들이 많이 이용
하는 것 같다. 태평양의 거센 파도가 서
핑하기 좋은지 서핑 객들도 많이 보인다.

TV에는 칠레와 페루의 축구경기가 열리고 있는데 '남미대륙컵' 대회 예선전
으로 아깝게 페루가 추가 시간에 한 골을 허용하여 패했다. 아이들이 아쉬워하
지만 지금은 우리가 페루에 있으니 페루가 이겼으면 좋겠지만, 우리는 내일 칠
레로 넘어가잖아! 오히려 잘 되었다.

아이들은 쇼핑센터로 가서 시간을 보내고 난 맥주 한잔에 여행의 피로를 풀며 끝없이 밀려오는 태평양의 파도를 감상한다. 비어가는 맥주병과 함께 나는 더욱 감성적으로 변해간다. 나는 이렇게 노래한다.

리마에서

리마의 바닷가, 태평양을 바라보며
한잔의 세레베사에 취기가 돈다.
파도는 내 삶의 노래처럼 끊임없이 밀려오고
세 부자는 이 거리 저 거리를 휘젓고 다닌다.

생각해보았는가?
우리가 할 수 있다는 것을.
가보았는가?
우리가 소망했던 길들을.
느꼈는가?
오늘 이 지구의 반대편에서 함께한 흔적들을.

사랑하는가?
우리는.
함께했는가?
우리는.

기억할 것인가?
우리가 함께한 이 길들을.

El Condor Pasa의 노래에 내 감성은 더욱 춤을 추고
나는 더 외로워진다.
리마의 밤바다는 꿈인 듯 아련해지고 이방인의 애절함은
나비의 날갯짓처럼 끝이 없다

언젠가 돌아갈 삶이지만
오늘은 더욱 고독해지고
오늘은 더욱 자유로워지고
오늘은 더욱 모두를 사랑하고 싶다.

세 남자는
길 위에서 갈등하며, 사랑하며 그렇게 서로를 더 알아가고 있다.
이 길이 끝나는 날,
우리는, 우리는
진한 악수와 함께 서로의 눈빛을 바라보며
환한 웃음을 지으리라.

2011년 7월 12일 밤 7시
리마의 어느 바닷가에서

다시 산티아고로 – 칠레

지난밤 10시 30분 리마에서 비행기를 타고 안토파가스타에 도착하니 새벽 2시가 되었다. 어쩌지? 이 시간에 숙박할 수도 없고. 그렇다고 안 자고 차를 운전하는 것도 쉬운 일이 아니다. 잠시 고민하다가 '그래 일단 가보자, 가다가 잠이 오면 차 세워두고 자면 되겠지.'하는 생각으로 주차장으로 향했다. 며칠 동안 공항주차장에 차를 세워놓아 차에 문제가 없을지 은근히 걱정되었는데 우리의 애마는 그 자리에 당당히 버티고 있었다. 얼마나 반가운지! 아이들도 며칠 동안 차를 못 봤다고 반가워한다. 짐을 챙겨서 차 안에 싣고는 일단 출발이다.

용은이가 조수석에 앉으며 나를 도와주겠다고 한다. 용석이는 뒷자리에 타더니 잠시 후 잠이 오는데 혼자 먼저 자도 되느냐고 묻는다. 그래도 미안한 마음은 드는가 보다. 잠시 있으니 조수석에 앉은 용은이도 잠이 들고, 칠흑 같은 어둠 속에 지나가는 차는 거의 보이지 않는다. 고도가 높아서 그런지 구름인지 안개인지 앞이 보이지도 않는다. 그 험한 길을 조심조심 지나며 남쪽으로 달린다. 이제부터는 남미 대륙의 끝, 우수아이아까지 계속 남하다. 잠이 너무 쏟아져서 할 수 없이 갓길에 주차해 쉬고 있는 트럭들 옆에 차를 세우고 잠깐 잠이 들었다. 그러나 어둡고 외진 곳에 있어 무서운 느낌이 들어서 인지 깊은 잠에 들지를 못한다.

깜박 잠이 들었다가 눈을 떠보니 여전히 암흑이다. 다시 정신을 차려서 남쪽으로 내려가다가 갑자기 이 길을 바이크로 내려간 친구 민이가 생각나 전화를 걸었다. 그래, 일단 중간보고를 해야지. 민이가 반갑게 전화를 받는다.

"너. 지금 어디야?"

"난 지금 칠레에서 우수아이아를 향해서 남하하고 있는 중이야 "

" RUTA 40을 꼭 타라. 아주 멋있다. 조심하고, 여행 잘 마치고 와"

"그래 마닐라 돌아가면 다시 연락 할게."

사람이 그리워지는가 보다. 그러나 너무 멀리 날아와 있다. 이 생각 저 생각 하며 내려가는데 또 졸음이 밀려와 할 수 없이 잠시 후 보이는 주유소에 차를 세워보니 이 주유소는 올라갈 때 기름이 없어서 안절부절못할 당시 만났던 반가운 주유소다. 주유소에 불은 켜져 있지만, 인적은 없다. 그래도 불빛이 있으니 다소 안심이 되어 잠을 청해본다. 그러다 어느 순간 잠에서 깨어보니 아침 7시. 어둠이 이제 제법 사라졌다. 다시금 정신을 차려서 출발해보는데 뼈 마디마디가 뻐근하면서 몹시 힘들다. 그렇다고 그냥 여기서 계속 쉴 수는 없으니 어쩌랴.

그렇게 한참 가다 보니 오른쪽에 태평양이 나타난다. 스쳐 지나가는 길이 몇일 전에 보았다고 눈에 익다. 최대한 내 기억 속에 심어두기 위해 스쳐 가는 풍경을 유심히 보면서 지나간다. 내려갈수록 계속 변화하는 자연의 모습을 볼 수

칠레를 남하하면서 만나는 환상적인 풍경들

있는데. 어떤 곳은 산과 들이 온통 바위로 이루어져 있고, 그리고 바위의 모양이 기기묘묘한 형태를 띠고 있다. 그 모습을 담기 위해 차를 세워 사진을 찍으면서 내려간다. 시간이 제법 지나 배가 고프다. 그때 한 녀석이 잠에서 깨어나길래, "아빠 배고프다. 우리 라면 끓여 먹고 갈까?"

바닷가 옆에 차를 세워두고 라면을 끓여서 우리는 그렇게 태평양의 바다를 바라보며 아주 맛있는 라면을 먹는다. 아! 국물 정말 시원하다. 밤새 운전하고 먹는 라면은 정말 최고다.

"얘들아, 오늘 어디까지 갈까? 올라올 때 묵었던 La Serena에서 자고 갈까?"

쌍둥이는 조금 더 내려가자고 한다.

"아빠 힘들어서 더 못 내려가."

거기까지만 해도 거의 1,000km 가까이 되는데 거기서 280km 떨어진 Los Vilos까지 가자고 한다. 그러더니 오히려 "아빠 아니면 아예 산티아고까지 갈까요?" 한다.

"이놈들아! 아빠를 죽여라. 아무튼, 그럼 La Serena까지 일단 가보고 결정하자."

태평양의 풍광은 계속해서 변화무쌍하게 다양하고 멋진 모습을 뽐내며 지나가고 우리들은 열심히 남하해 내려가고 있다.

La Serena에 도착하니 벌써 오후 5시다.

"계속 가자고? 알았다. 계속 한번 가보자."

어차피 오늘 피곤하나 내일 피곤하나 마찬가지 아니겠나. 새벽 3시부터 한두 시간 눈 붙이고 계속 운전을 한다. 여기서부터 280km 거리이니 족히 2시간은 이상은 더 가야 한다. 피곤해서 그런지 가는 길이 엄청 멀리 느껴진다. 8시 가까이 되어 Los Vilos에 도착한 후 호스텔을 찾아야 하는데 이 조그마한 동네에 호스텔은 없고 호텔이 한군데 있었지만, 가격이 너무 비싸다. 쌍둥이가 다

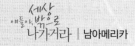

시 한 번 더 찾아보자고 한다. 난 사실 너무 피곤해서 비싸더라도 그냥 호텔에서 자고 싶은데 아이들은 평소답지 않게 오늘은 좀 더 싼 곳을 찾아보자고 한다. 이쯤 되면 아빠를 정말 생각해주는 건지…. 헷갈린다. 시내라고 해보아야 5분 정도면 다 둘러볼 수 있는 조그만 동네인데 우리들은 운 좋게 통나무집으로 된 호스텔 타입의 숙소를 찾았다. 대충 잠만 잘 수 있게 되어 있었지만, 몸을 눕힐 곳만 있어도 감사할 일이다. 저녁을 또 라면으로 해결하고 나서는 긴장이 풀리고 피곤해서 그대로 잠들었다. 새벽 3시부터 밤 8시까지, 오늘 운전한 거리는 1,000km 이상이다. 정말 긴 하루였다.

아침에 마을을 둘러보다가 바닷가 옆에 아담한 레스토랑을 발견했다. 아가씨가 오라고 손짓한다.

"기다려요. 나중에 우리 애들 데리고 올게요."

'그래 오늘 저곳에서 아이들 아침을 사주자'라고 마음먹고 짐을 챙겨서 나오며 아이들을 불렀다.

"얘들아 바다가 보이는 멋진 식당을 찾았어. 우리 거기 가서 아침 식사를 하자"

식당을 다시 찾아가자 조금 전 손짓했던 아가씨가 반갑게 맞아준다.

스페인으로 된 메뉴, 전혀 모르겠다. 영어가 통하지 않으니 물어볼 수도 없고, 에라, 모르겠다 하는 마음으로 그냥 대충 찍었다.

해산물 요리

"아빠. 혹시 해산물 아닐까요? 해산물이면 난 안 먹어요"

"아닐 거야 지금까지 해산물 본 적 있었니? 아마도 햄버거. 뭐 그런 종류일 거야."

한참 후 음식이 나왔는데, 이럴 수가! 해산물이다. 두 녀석은 나를 쳐다보며 '그것 봐요' 하는 표정이다. 정말 난감했지만 덕분에 나만 아침부터 해산물을 배터지게 먹었다.

산티아고에 도착한 후 이전에 산티아고에 도착하면 아이들에게 스키를 타게 해주겠다고 약속했기 때문에, 아이들에게 어디서 스키를 탈 수 있는지 호스텔 직원에게 정보를 받아 오라고 했다. 받은 주소로 찾아가는데 이상하다. 스키장이면 일단 시내를 벗어나 외곽으로 빠져나가야 할 것 같은데 여전히 시내에서 돌고 있다. 한참을 헤매다 안 되겠다 싶어 아이들을 택시에 태워 기사에게 주소를 보여주고 찾아가게 한다. 택시 뒤를 따라가는데, 택시가 다시 시내 방향으로 가는 것이 아닌가! 도대체 어떻게 된 것이지? 택시가 도착한 곳은 스키숍이다. 여기서 손님을 받아 장비대여와 차량까지 같이 제공해주는 것이었다. 그것도 모르고 우리는 받은 주소를 스키장으로 착각했던 것이다.

"이놈들아, 제대로 확인을 해야. 자, 스키 잘 구경했지?"

쌍둥이는 내심 아쉬운 모습이다.

"아빠, 내일 다시 하면 안 될까요?"

"시간이 없다. 우리가 내려가면서 스키탈수 있는 곳이 아마 있을 거야."

스키숍 직원에게 남하하면서 스키탈수 있는 곳이 있는지 물어보니 여러 군데 있다고 한다. 좋아, 우리 내려가면서 다시 시도해보자.

오후에는 마닐라에서 근무를 하다가 아빠가 이곳 산티아고로 발령이 나서 가족과 함께 온 쌍둥이 친구 정호를 만나기로 약속이 되어 있다. 우리가 산티아고로 가는 스케줄이 되어 있어서 페이스북을 통해 쌍둥이가 계속 연락을 해왔었다. 집 주소를 가지고 찾아가는 길이 쉽지 않다. 주소에 있는 장소 근처에서 고속도로를 빠져 나와 집을 찾다가 어느 순간 차는 다시 고속도로로 들어와 버렸다. 용석이가 조수석에서 열심히 안내해준다. 그러나 그 안내가 또 틀려서 다시 돌아가고, 서로 내가 맞는다고 주장하면서 티격태격이다.

"아빠 이번에는 정말 맞아요. 제 말 한번 믿어 보세요."

의심은 갔지만 정말 맞다고 하니 따라가 볼 수 밖에 없다. 가는 길이 아닌 것 같아도 믿겠다고 했으니 참견할 수도 없고….

날이 완전히 어두워져 가는 그때, 정호가 알려준 주소가 나왔다. 아파트인데 그런데 주소에 번지수만 있고 아파트 호수가 없다.

"얘들아, 어떻게 찾니? 아파트면 주소 받을 때 호수도 같이 확인했어야지."

미안해하는 아이들에게 "들어가서 관리실에 가봐. 어떻게 확인이 될지도 몰라" 하고 알려줬다. 한참 기다리니 호수를 찾았단다. 신통하네, 스페인어는 한 마디도 못하면서. 아이들만 내려 주고 가려 했는데 정호 어머님이 집으로 잠깐 들어오라고 한다. 염치불구하고 들어가서 커피 한잔을 하며 이야기를 나누다가 정호 아버지가 마닐라에서 내가 알고 지내던 분임을 알게 되었다. 종합상사의 지점장으로 계셨던 분이었는데 여기서 만난다는 사실이 신기하고 그리고 인연이 이렇게까지 이어짐을 생각하니 세상 일들이 어떻게 전개될지 모른다는 생각이 든다.

한국에서 온 손님을 보내드리고 9시경 집으로 오신 정호 아버님과 함께 포도주를 마시며 시간 가는 줄 모르고 많은 이야기를 나누었다. 이야기하다 보니 하소연도 하게 된다.

"정말 힘듭니다. 24시간 두 놈과 붙어 있어 보세요. 쉽지 않습니다. 엄청나게

싸우고 다시 화해하고 그러면서 지금까지 여행하고 있습니다. 잠시라도 아이들과 떨어져 이렇게 스트레스를 푸니 참 좋습니다."

정호 아버님은 10년 전, 6년 동안 남미에서 근무한 적이 있어 여기 생활이 그렇게 낯설지는 않다고 한다. 많은 이야기를 나누다 보니 시간 가는 줄 모른다.

벌써 시간은 새벽 2시. 자는 아이들을 깨워서 출발한다. 익숙하지 않은 길이라 돌아 가는 길이 쉽지 않다.

잠들어 있는 아들을 깨워 "얘들아, 내비게이션을 어떻게 조작하니? 다시 안내해줘" 하며 애들에게 부탁해서 어찌 어찌해서 겨우 시내에 있는 호스텔에 돌아왔다. 자리가 없어서 적당히 주차하고 잠들었는데 아침에 호스텔 직원이 깨운다. 경찰이 우리 차를 견인하려고 한다는 것이다. 정신이 번쩍 들어 나가보니 경찰이 우리 차 앞에 딱 버티고 서 있다. 우리 차가 도로 중앙에 있는 것이 아닌가. 어젯밤 주차할 때 다른 차들이 있었는데, 그러나 아침 일찍 차를 옮겨 놓아야 한다는 것을 몰랐던 것이다. 주차를 잘못 했다고 야단치는 경찰 아저씨에게 최대한 동정심을 유발하는 표정으로 무조건 잘못했다고 하니 다행히 한번 봐주었다. 고맙습니다 경찰아저씨.

바릴로체까지 - 아르헨티나

산티아고로를 출발해 어제 칠레에서 하루를 묵고 오늘은 아르헨티나 바릴로체로 가는 일정이다. 아침에 일어나니 날씨가 무척 쌀쌀하고 온 몸은 밤새 추위에 떨어서 그런지 뻐근하다.

아침이면 항상 반복되는 일상, 일어나자마자 밥솥에 전기를 꽂고 먼저 밥을 한다. 따뜻한 밥은 오늘 하루 우리를 책임질 중요한 양식이다. 낯선 곳에서 하룻밤을 눈만 잠깐 붙이고 다시 출발해서 계속 남하해간다. 계속 남하를 하는 루트라서 매일 기온이 낮아지고 있고 그리고 오랜만에 비도 부슬부슬 내려 조금씩 추위를 느끼게 한다. 점심을 먹기 위해 어느 마을로 들어가 적당히 식사할 곳을 찾아보니 조그만 공원이 있는데 의자와 시멘트로 된 테이블이 있어서 밥을 먹기에 아주 안성맞춤이다. 산티아고 한국식품점에서 산 군 만두와 김치 그리고 아직도 따끈한 밥솥의 밥과 함께 먹으니 꿀맛이다.

아르헨티나로 넘어가는 국경 마을까지 가려면 시간적인 여유가 없어서 점심을 먹고는 서둘러서 다시 출발했다. 정남으로 남하하다가 고속도로를 빠져 나와 아르헨티나 국경으로 가기 위해 왼쪽으로, 정동으로 방향을 틀어서 중간중간 주민들에게 지도를 보여 주며 물어물어 국경을 향했다.

날은 벌써 어두워지는데 거리상으로 국경까지는 많이 남았다. 밤에도 국경이 열려 있는지 모르고, 국경 근처에 숙소가 또 있는지도 모르는 상황이라 가다가 숙소가 있으면 하룻밤을 묵기로 결정하니 아이들은 오늘 칠레와 베네수엘라 축구경기를 볼 수 있다고 무척 좋아한다. 가는 길, 통나무로 지어진 조그만 숙소가 보여 가보니 방이 없다. 다시 다른 곳으로 가보니 영업을 하지 않고, 날은 이제 완전히 어두워지고 있다. 국경으로 갈수록 묵을 곳이 없을 것 같아 다시 왔던 길을 돌아 숙소를 찾아보기로 한다. Cabana라고 적힌 곳이 있어 잠긴 게이트 앞에서 '아비타시온(스페인말로 방)'만 소리쳐 보는데 인기척이 없다.

그때 개가 사납게 짖으며 안에서 무어라고 말하는데 도대체 알아들을 수 없다. 직감적으로 영업하는 곳이 아닌 것 같아 다시 돌아 나온다. 용은이가 조금 전 지나오면서 간판을 본 것이 있는데 그게 호텔을 안내하는 것 같다고 해 가보니 안내판에 큰길에서 빠져나가 8km를 들어가야 한다고 되어있다. 어떻게 할까 잠시 고민을 하다가 시도해보기로 한다. 조금 들어가니 비포장도로가 나오고 길이 갈라지기도 해서 신경을 곤두세워 헤드라이트 불빛에 의존해 칠흑 같은 어둠 속으로 들어가는데 인적이 없어 다소 무섭기도 했지만 일단 가보는 수밖에 없다고 생각했다. 한참을 들어가니 이곳이 우리가 찾던 곳인지 모르겠지만 큰 건물이 보인다. 초인종을 누르니 스피커를 통해 뭐라고 하는데 무슨 말인지 알아들을 수는 없고 그냥 '아비타시온'을 반복하며 상대방이 우리가 무엇을 원하는지 알아듣기만 기대해본다. 그러나 분위기가 영업을 하는 것 같지는 않다. 겨울철이라서 영업을 하지 않는 건지, 알아들을 수가 없으니 알 수가 없다.

어쨌든 여기도 아니다. 다시 8km 비포장도로를 돌아 나가야 한다. 길을 잃어버리지 말아야 할 텐데. 이렇게 헤매기를 벌써 2시간. 용은이가 다시 "아빠, 정말 조금 전에 다른 한 곳을 본 것이 있는데, 그곳으로 가 봐요"라고 한다. 다른 방법이 없으니 아들을 믿고 다시 가는데 안내판이 나타나서 그 안내표지를 보고 작은 길을 따라 들어가 보니 Cabanas라고 적힌 것이 보인다. 안으로 들어가니 불이 켜진 리셉션이 보여 용은이가 들어가서 물어보고 오더니 방이 있다고 한다. 정말 힘들게 찾은 숙소. 그러나 고생한 보람이 있는지 통나무로 만들어진 운치있는 롯지다. 거실에는 벽난로가 있어 아이들이 신이 나서 불을 때고 그리고 주방시설이 제대로 되어 있어서 모처럼 제대로 요리를 해본다. 고등어구이, 김치찌개와 계란프라이를 만들어 오랜만에 만찬을 즐겨본다. 힘들게 찾

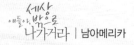

호숫가에 위치한 통나무집 숙소

은 숙소에서 먹는 저녁이라 맛이 더욱 좋다. 칠레와 베네수엘라 축구 경기를 보고 있는 쌍둥이. 결국, 칠레가 2:1로 지고 만다.

　이번 여행의 많은 시간을 아르헨티나와 칠레에서 보내고 있어서 두 나라가 이겼으면 하는 바람을 가지고 있었는데, 그렇게 되지 못하니 쌍둥이의 실망이 무척 크다. 그러나 어쩌랴. 지금 중요하다고 생각한 것들이 시간이 지나면 별일 아닌 것이 되고, 기억 속에서 희미해지는 법이니…. 우리나라가 지난 2010년 남아공 월드컵 대회 16강에서 탈락했을 때, 그 당시에는 실망스럽고 슬펐지만 지금 돌아보면 또 아무 일도 아닌 것처럼 지나가잖아. 그것이 인생이 아니겠어?

'COPA America' 쌍둥이에게는 오랜 기억으로 남을 것 같다.

　다음날 눈을 떠 커튼을 젖혀보니 아

주 멋있는 호수가 눈앞에 펼쳐진다. 어젯밤에는 어두워서 주위에 무엇이 있는지 몰랐는데, 사실은 우리가 제법 운치가 있고 멋진 곳에서 밤을 보낸 것이었다.. 밖으로 나오니 날씨가 몹시 차다. 얼른 장작을 가져와 벽난로에 불을 피우고는 항상 반복되는 일, 밥을 짓고 아이들을 깨운다.

"애들아, 빨리 일어나봐. 멋진 호수가 있다. 그리고 아침 먹고 아르헨티나로 넘어가야 해."

오늘의 설거지는 용석이 차례, 빨리 서둘러서 출발해야 하는데 설거지를 하는 용석이의 손놀림이 너무 느리다.

"용석아 빨리 끝내자. 우리 빨리 출발해야 해."

"네네. 알았어요."

대답은 철석같이 하지만 설거지하는 방법이 영 아니다. 음식 찌꺼기를 손에 묻히지 않고 씻으려니 시간이 걸릴 수밖에. 보다 못해 한 소리 한다. 우리는 다시 티격태격. 그렇다고 내가 할 수도 없고, 옆에서 보려니 너무 답답했지만, 인내심을 가지고 지켜볼 수밖에 없다. 이제 우리에게는 일상이 되어버린 '아옹다옹'이다. 싸우면서 정이 들어가고 있다.

멋있는 호수의 분위기를 더 느끼지 못하고 출발해야 하는 아쉬움을 안고, 다시 떠난다.

출발한 지 1시간 만에 국경에 도착했는데 그런데 너무 한산하다. 안 그래도 가면서 아이들에게 지나가는 차가 전혀 없어 이상하다고 말했는데 인적은 없고 바리케이트만 쳐져 있다. 용석이가 다리를 건너 건물 안으로 들어가 물어보고 오더니 국경이 폐쇄되었다고 한다. 이 일을 어쩌지? 다시 돌아가야 하는 상황이다. 어제 오면서 주유소에서 국경이 열려 있는지 물어 보았지만, 대화가 제대로 되지 않아 확인을 못 했었다. 그러나 어찌하랴. 이미 지난 일. 자, 다시 돌아가자. 어디로 갈까? 밑으로 내려갈까? 밑으로 내려가면 배를 타고 넘어가야 한다는 이야기를 들은 것 같은데 확실치는 않다. 위쪽의 국경을 택하게 되면 다시 200km 이상을 지나온 길을 다시 가야 하는 시간적인 손실이 있다. 그러나 여기서 곧장 내려가게 되면 아르헨티나의 아름다운 도시 바릴로체를 지나가게 되는 상황이라 그것도 또한 아쉽다. 고민하다가 안전하게, 그리고 꼭 가보기로 한 바릴로체를 포기할 수 없어 다시 위로 올라가기로 하고 열심히 달렸다.

오늘 국경을 넘으려면 부지런히 달려야 한다. 국경이 오후 5시에 폐쇄되는 것으로 알고 있어 남은 거리와 시간을 계산을 해보니 최소한 시속 150km 이상은 달려야 한다.

주유소에서 기름을 넣고 국경에 대한 정보를 물어보니 조금 아래쪽 국경도 가능하다고 한다. 오케이, 그럼 시간은 더 줄일 수 있겠다. 하지만 그것도 여유가 있는 상황은 아니라 점심도 거르며 달리고 또 달린다. 지나가는 길에 멋있는 호수가 나타나고 분위기 있는 레스토랑과 멋있는 집들이 즐비하지만 들릴 시간이 없어서 아쉽다. 호숫가 옆에 즐비한 조그만 그림 같은 호텔, 호수 건너편에는 눈 덮인 설산이 보인다. 여유롭게 감상할 수 없는 점이 안타깝지만 어쩔 수 없이 대신 사진으로 열심히 담는다. 국경이 가까워지면서 집들이 띄엄띄엄 나타나고 산으로 높이 올라가면서 눈은 더욱 쌓이면서 운치를 더한다. 그런데 혹시 이곳도 국경이 폐쇄된 것이 아닐까 하고 쌍둥이가 걱정한다.

"아닐 거야, 오면서 경찰에게 아르헨티나로 넘어가는데 어느 길로 가면 되느냐고 물었는데 가는 방향을 가르쳐주었잖아. 만약 국경이 폐쇄되었다면 안 된다고 했을 거야."

나의 말에 아이들도 공감이 가는 모양이다. 아빠 머리 아직 괜찮지?

산으로 올라갈수록 눈 덮인 풍경이 너무 아름다워서 차를 세워 함께 사진을 찍고 눈으로 아이들과 장난도 치면서 동심으로 돌아가 본다. 쌍둥이도 태어나서 처음으로 경험해보는 것이라 무척 즐거워한다. 갈 길이 바쁜데도 눈 덮인 안데스 산맥에서 세 부자가 추억을 만드느라 정신이 없다. 애초에 생각했던 국경으로 넘어갔다면 이런 경험은 못 했을 것이다. 그래서 세상일이란 것이 잘못되었다고 해서 모든 것이 실패는 아니다. 국경이 폐쇄되었다고 했을 때 실망하고 힘들었지만, 결과적으로 지금 이런 멋진 모습도 보고, 즐거운 시간을 보낼 수 있게 된 것이다. 높은 산허리에 나타난 조그만 호수, 눈과 함께 조화로운 풍경을 이루어 환상, 그 이상이다.

드디어 국경이 가까워지자 마음을 졸인다. '혹시 국경이 닫혔으면 어떡하지' 하며 국경으로 진입하는데 수속을 위해 대기하는 차가 몇 대 보인다. 조금은 안심이 된다. 오후 5시까지 업무를 보는 줄 알았는데, 7시까지 출입국 업무를 본다고 한다.

국경을 넘어가는 버스 승객들로 인해 사람은 좀 있었지만 수속을 밟는데 시간이 오래 걸리지는 않았다. 수속을 끝내고 나니 날은 벌써 어두워졌지만 아르헨티나로 다시 오니 마치 고향에 온 것 같이 마음이 편안하다. 타고 온 차의 고향도 아르헨티나이고 그리고 처음 여행을 시작할 때 아르헨티나에서부터 시작을 해서 그러한지 모르겠다. 국경을 넘으면서는 내리막길이 시작되는데 스노우

잊을 수 없는 신비스러운 풍경

국경 통과를 기다리는 차량들

체인도 없으니 조심해서 내려가야 한다. 주위가 모두 하얀 세상이다.

"얘들아, 배고프지. 우리 이곳에서 라면 끓여 먹고 갈까?"
"네, 아빠 좋은 생각이에요!"

세 사람 모두 오케이다. 조금 내려가니 차를 주차할 공간이 나타나 차를 세우고 휴대용 가스버너를 꺼내 라면을 끓이니 모두 신이 난다. 사실 점심을 걸러 모두 배가 엄청나게 고팠던 참이었다. 하얀 눈으로 덮인 어두운 밤에 우리 삼부자(三父子)는 차량 전조등으로 불을 밝히면서 라면을 끓인다. 춥고 떨리는 몸을 가스버너에서 나오는 따뜻한 불에 녹이면서 라면을 끓여 산티아고에서 구입한 김치와 아침에 한 밥과 함께 정신 없이 먹었다.

"얘들아, 정말 맛있지? 언제 또 우리가 안데스 산맥에서 라면 끓여 먹을 날이 오겠니?"

환상적인 맛이다. 이렇게 행복하고, 맛있는 라면이 앞으로 또 있을지 모르겠다. 시간이 흘러 국경을 넘어가는 사람들도 없고, 국경에서 근무하는 사람들도 모

안데스 산맥을 넘은 후 라면을 끓이는 중

두 퇴근해 주위에는 우리밖에 없는 것 같다. 날씨는 추웠지만 마음만은 따뜻해지면서 표현할 수 없는 묘한 감정이 온 몸을 감싼다. 이번 여행에서 정말 잊지 못할 한 장면이 될 것 같고 아마도 이 녀석들과 계속해서 앞으로 두고두고 이야기할 수 있는 여행의 한 순간이 될 것 같다.

산에서 내려오는 길에 차 불빛을 보고 달려드는 토끼를 여러 차례 피하면서 운전을 하는데 한번은 갑자기 나타난 토끼를 피할 사이가 없어서 치고 말았다. '툭'하고 들리는 둔탁한 소리에 그만….

'아이고!' 내가 너무 안타까워하니 아이들이 오히려 "괜찮아요. 아빠, 어쩔 수 없었잖아요" 하고 위로한다. 다시 세 사람이 신경을 곤두세워 전방을 주시하며 부지런히 산을 내려간다. 아이들은 토끼도 보이고 사슴도 보이는 것이 신기한가 보다.

오늘 밤은 어디서 묵을지 고민이다. 어디까지 갈까. 묵을 만한 장소가 나오면 묵고 갈까 고민을 하다가, 그냥 바릴로체까지 가보기 했다. 남은 거리는 250킬로 이상이다. 가자! 바릴로체까지.

밤이라서 가는 길이 더 멀게 느껴지고. 쌍둥이는 다시 잠에 빠져들었다. 굽이굽이 고개를 돌고 돌아 바릴로체에 도착하니 자정이 다 되어 간다. 산을 넘어오다 보니 속도를 제대로 낼 수 없어서 생각보다 오랜 시간이 걸렸다. 확인해 둔 호스텔 '1004 호스텔'에 도착해서 방이 있는지 문의하니 다행히 방이 있다. 호스텔 이름이 10층에 4호실, 호실을 따서 이름을 지은 것 같은데 우리말로 '천사 호스텔'이다. 이름처럼 예쁘고, 주인의 세심한 손길이 많이 묻어 있어 아주 아늑한 분위기라 힘든 하루 일정에 쌓인 피로를 편안하게 풀 수 있을 것 같다.

남미의 스위스로 불리는 아름다운 도시, 바릴로체를 떠난다. '1004 호스텔'. 지금까지 묵은 호스텔 중 가장 멋있고 편안해서 특별히 기억에 남을 것 같다. 겨울철이라 다행히 예약 없이 와도 방을 구할 수 있었지만, 아마 여름이었으면 불가능했을 것 같다. 언제인가 여기에 다시 오게 되면 다시 한번 더 찾고 싶은 아담하고 예쁜 호스텔을 떠나 다시 운전을 시작한다.

다음 목적지는 엘 칼라파테이다. 하루 만에 갈 수 있는 거리가 아니다. 일단 최대한 부지런히 가봐야 한다. 그런데 날씨가 도와주지 않는다. 비 때문에 제대로 속력도 못 내고 지그재그 운전을 해야 한다. 조금씩 산으로 올라가니 빗물이 눈이 되어 내린다.

"얘들아, 눈이다. 눈! 창 밖을 봐."

쌍둥이는 시베리아 여행 때 눈을 실컷 보았지만, 아직 내리는 눈은 한 번도 못 보았다고 했는데 오늘 실컷 봐라. 진눈깨비로 시작된 눈은 산으로 올라갈수록 함박눈이 되어 엄청나게 내린다. 우리는 차를 세우고 내리는 눈을 맞으며 한껏 기분을 낸다. 주위가 곧장 하얀 눈으로 뒤덮인다. 비록 오늘 가야 할 길은 멀지만, 이런 기회를 놓칠 수 없으니 사진도 찍고, 내리는 눈도 맞으며 즐거워한다.

점심을 먹어야 하는데 산에서 내려오니 눈이 다시 비가 되어 내린다. 어디서 먹지? 어제 먹다 남은 닭백숙과 밥을 삶아왔다. 닭죽을 만들어 온 것이다. 지나다 보니 정류장인지, 휴게소 같은 곳인지 나무로 된 조그만 장소가 나온다. 아이들은 차에서 잠깐 기다리게 하고 가스버너로 닭죽에 물을 좀 더 부어 라면을 넣어서 끓여 보니 괜찮다. 라면 스프가 들어가 조금 매콤하면서 먹을 만하다.

"애들아, 빨리 먹자."

그런데 아이들 표정이 영 아니다.

"아빠, 왜 라면하고 섞었어요?"

아이들 모두 내가 요리한 것이 마음에 들지 않는 모양이다.

"아빠가 신경 써서 만들었으니 일단 한번 먹어봐. 맛없으면 안 먹어도 돼. 일단 맛은 봐야 하는 것 아니겠어?"

힘이 빠진다. '이해가 안 가네. 배가 덜 고픈가?'

하지만 겨우 억지로 먹기 시작하더니 나중에는 결국, 다 비운다. '아빠가 일단 먹어보라고 이야기했잖아. 너희 맛있게 다 먹었잖아.' 대충 기분을 추스르고 다시 운전하다가 말한다.

"이제부터 너희가 요리해라. 너희들 먹고 싶은 것으로 알아서 해. 필요한 재료는 모두 사줄 테니. 오늘 밤부터!"

'정말로 오늘 저녁밥은 절대 안 한다. 같이 굶어도 할 수 없지.'

아직도 화가 풀리지 않아서 난 말을 안하고 운전만 한다. 한 시간 넘게 이어지는 침묵, 좁은 공간에서 세 사람 모두 아무 말이 없다. 이럴 때는 말을 안 하는 것이 최고다. 침묵하면서 시간이 지나다 보면 조금씩 화가 풀리고, 또 이쯤이면 쌍둥이가 슬며시 먼저 말을 걸어온다. 사실 여행 중 이런 경우가 한두 번이 아니어서 이젠 이력이 나는 일이다. 부부싸움은 '칼로 물 베기'라고 했나? 그럼 자식과의 싸움은 무엇으로 표현할 수 있을까?

산에서 내려오니 비가 그치면서 평원이 나타난다. 멀리 설산들이 앞서거니 뒤서거니 나타나며 하늘에는 신기한 모양의 구름들이 수를 놓고 있다.. 푸른 하늘과 구름, 그리고 설산을 배경으로 해서 한적하고 시원스럽게 포장된 도로를 자유로운 영혼들이 끝없이 달려간다. 남미대륙의 끝, 아니 지구의 최남단 도시 우수아이아까지 1,766km 남았다는 표지판이 보인다. 대륙의 끝이 얼마 남지 않았다.

운전 중에 계속 타이어 바람이 부족하다는 신호가 들어온다. 주유소에서 주유한 후 공기를 주입하고 다시 출발하려는데 용석이가 조금만 운전하겠다고 또 사정한다.

"알았다. 그럼 조금만, 그리고 천천히 운전해야 해."

조수석에 앉아서 가는데 졸음이 쏟아져 비몽사몽이다. 졸다 깨다 반복한다. 이번처럼 비록 잠깐이지만 눈을 붙이기는 처음이다. 아마 아들을 믿었나 보다. 갈수록 차들은 없고, 길이 수월해 좀 더 하게 했다. 이러다가 아빠가 운전대에서 밀려나는 상황이 되는 건 아닐까?

가는 도중 다시 타이어에 공기가 부족하다는 신호가 들어온다. 타이어에 문제가 있는 것이 분명하다. 차에서 내려 타이어를 확인해보니 바람이 눈에 띄게 빠졌다. 날은 어두워지는데 어디서 타이어를 수리하지? 한참을 달리니 작은 마을이 나타나, 주유소에서 기름을 가득 채우고 혹시 타이어 수리하는 곳이 어디 있는지 물어보는데 스페인어가 되지 않아 공기 빠진 타이어를 보여주며 손짓 발짓을 하니 이해를 한다. 조금만 가면 된다고? 오케이. 조금 가다 보니 폐타

이어가 수북이 쌓인 곳이 보인다. 아, 다행이다. 수염이 덥수룩하게 난 할아버지가 금방 능숙하게 수리를 끝낸다. 고맙습니다!

"오늘은 운이 좋다. 그렇지? 아니었으면 추

운 곳에서 타이어를 교체했어야 하는데….”

“얘들아, 오늘은 어디까지 갈까? 다음 마을에서 자고 가면 내일 새벽에 일찍 일어나야 하는데 어떡할래? 너희가 결정해라.”

내일 새벽에 일찍 일어나겠단다. 묵을 곳이라고는 한 곳뿐인 한적한 시골마을에 하룻밤을 보내기로 하고 호텔에 체크인을 했다. 그러나 사실 이름은 호텔로 되어있지만, 한국의 여인숙보다 못한 수준이다. 식당도 겸하고 있었는데 식당에 있는 아가씨가 싹싹하고 상냥하게 대하는 것이 인상적이다. 순진하고 순수한 모습은 세상사람 모두가 좋아하는 모습인가 보다.

“저녁? 난 모르겠다. 너희가 알아서 해라”

한참 있으니 짜장 라면 요리를 해서 먹으라고 한다.

“난 밥 먹고 싶은데.”

“그냥 드세요. 먹고 싶어도 참아보세요.”

내가 자주 사용하는 말을 이 녀석들이 흉내 내는 것이다.

“그래 고맙게 먹으마. 대신 설거지도 너희 몫이니 알아서 해라.”

오늘은 엘 칼라파테까지 가는 일정이라 일찍 나서야 한다. 일어나자마자 밥솥에 전기를 꽂고는 샤워를 하고 아이들을 깨운다. 어제 일찍 일어나겠다고 약속을 해서인지 쌍둥이가 평소보다 쉽게 일어난다. 출발할 때 시계를 보니 새벽 6시를 가리킨다. 오늘도 힘든 하루가 될 것 같다.

“얘들아 좀 더 자. 나중에 깨울게.”

짙은 어둠 속에서 차량의 통행이 거의 없는 길을 달려간다. 시간이 7시 30분이 되었는데도 아직 짙은 어둠이다. 남반구의 겨울 아침은 9시경이나 되어야 해가 뜰 모양이다. 하늘에는 아직 별들이 반짝이고, 30분 이상을 달렸지만 단한 대의 차도 보이지 않는다. 3~4시간을 달렸는데도, 차가 15대 이상 지나가지 않을 정도로 주위에 아무도 없다. 우리만 낯선 별에 뚝 떨어져 있는 느낌이다.

이제 정말 멀리 와있다. 9시경이 되니 어슴푸레 날이 밝아오며 황량한, 넓은 평야의 모습들이 보이기 시작한다. 거의 사막에 가까운 느낌이다.

나는 참으로 행복한 사람이다. 이런 여행을 할 수 있게 된 것에 정말 감사한다. 사랑하는 아들과 함께 아무도 없는, 누구도 우리를 구속하지 않는, 이 멀고 먼 곳에서 함께 숨 쉬고 있는 것이다. 이것이 쉬운 일인가! 곤히 잠들어 있는 아이들을 데리고 별을 보며 상념에 잠긴 아빠가 아무도 없는 낯선 사막 길을 달리고 있다.

우리가 달리는 길은 40번 국도(Ruta 40)로 총 길이가 5,244km, 아르헨티나를 세로로 관통하는, 세계에서 가장 긴 도로 중 하나이다. 이 길은 혁명가 체 게바라(Che Guevara)가 모터사이클을 타고 달린 것으로 유명한 길이기도 하다. 아르헨티나에서 태어나 부에노스아이레스 의과대학에서 의학을 전공하며 시인을 꿈꾸었던 23살의 젊은 청년이 왜 이 길을 갔으며, 왜 여행이 끝난 후 혁명의 길

끝없이 펼쳐지는 40번 비포장 국도 모습

로 들어서게 된 것일까? 아마도 남미 대륙을 여행하며 보았던 민중의 고단한 삶과, 추위와 굶주림에 힘들어하는 모습을 보면서 그들을 위해 무언가를 해야 겠다는 생각을 하게 된 것이 아닐까? 그는 이 황량한 대평원을 달리며 많은 생각을 했을 것이다. 그와 내가 달리는 길은 같지만 시대와 처지는 많이 다르다. 난 고작 아들 두 녀석을 위해서 이 길을 달리고 있지만, 그는 위대한 꿈을 이루기 위해서 요란한 소리를 내는 포데로사2를 타고 떠났던 자유로운 영혼, 위대한 영혼이었다. 혁명가 체 게바라가 달린 길을 오늘 우리도 함께 달리고 있다.

혁명가로 그에 대한 판단은 유보하더라도 최소한 그의, 인간에 대한 사랑과 자신의 꿈을 향해 열정적으로 살아온 것에 대해서는 존경을 표하지 않을 수 없다. 가는 길에 가끔 양도 보이고, 소도 보이는데 주인이 있는 가축인지 또 의문이 든다. 몇 시간을 가도 집이라곤 하나 없는데 누가 저 동물들을 돌보고 챙길 수 있을까?

"얘들아, 주인 있는 가축들일까? 우리가 그냥 몰아도 될까?"

황량한 벌판에 바싹 마른 풀들만 듬성듬성 있는데 그것을 먹고 견딜 수 있는지 의문이 든다.

실컷 자고 일어난 용은이가 또 운전을 해보겠단다. 전에 운전해보아서 인지 이젠 제법 잘한다, 용석이가 가만있을 리가 있나, 그래 너도 해보아라. 두 아들이 앞에 타고 나는 뒤로 밀려난다. 두 아들만 믿고 잠이 쏟아져 한동안 눈을 붙인다. 길 양쪽이 사막이라 차도를 벗어나도 사실 크게 위험한 곳은 없었다.

비포장도로가 나타난다. 처음으로 접해보는 비포장도로, 그러나 100킬로 정도의 속도를 낼 수 있는 괜찮은 비포장도로다. 제대로 속도를 못 내니 아무래도 오늘 목적지인 엘 칼라파테까지 가는 것은 힘들지도 모르겠다. 몇 번의 갈림길마다 길을 잃고 헤맨다. 그러다가 어느 갈림길에서 한쪽을 택해서 한참을 갔는데 아무래도 이상하다.

"용은아, 이상하다. 그렇지?"

"네, 그런 것 같아요"

"안 되겠다. 일단 다시 돌아가 보자"

다시 돌아 갈림길에 도착하니 마침 다행히 트럭이 한 대 지나가서, 트럭을 세워 '루타 콰렌타'라고 말하면서 어디로 가야 하는지를 손으로 제스처를 취해본다. 어디로? 오른쪽으로? 오케이. 무차스 그라시아스! 30~40분은 허비한 것 같다. 안 그래도 갈 길이 먼데 큰일 났다.

계속되는 비포장도로. (가끔 포장도로가 나타나지만, 곧 비포장도로 바뀐다) 40번 국도를 포장 중인데 워낙 길어서 쉽지 않은가 보다. 그런데 사실 지나가는 차들이 별로 없어 꼭 해야 하나 하는 생각도 들었다 '우리 같은 여행객이야 얼마나 있겠어.'

타이어에 공기가 부족하다고 또 경고 등이 들어온다. 왜 이러지? 어제 분명히 수리를 한 타이어인데 또 공기가 부족한가 보다. 일단 가는 데까지 가보고 안 되면 교환하자.

40번 국도의 비포장도로는, 어떤 곳은 아주 험하다. 비가 와서 도로가 형편없고 차는 진흙탕의 도로로 인해서 흙으로 완전히 페인트칠을 한 것 같다. 어쨌든

부지런히 달리는데 소리가 이상해서 확인해보니 타이어에 공기가 거의 없다.

"얘들아, 이제 안 되겠다. 타이어를 교체해야겠다."

　차를 세우고 짐칸에 있는 밥솥과 살림들을 모두 도로에 내려놓고 스페어타이어를 꺼낸다. 강하게 부는 찬바람에 세 사람 모두 정신을 차리기가 힘들지만 빨리 타이어를 교체해야 한다. 이전에 Salta에서 타이어를 한번 교체한 경험이 있어 쌍둥이가 나서서 타이어를 교체하기 시작하고 난 일단 두 사람이 하는 것을 지켜본다. 아이들에게는 좋은 경험이다. 허허벌판에서 불어오는 찬바람이 엄청나서 정신을 못 차릴 정도인데 두 녀석이 열심히 타이어 교체를 끝내고 다시 출발한다.

용석이가 운전을 다시 해보겠다고 하여 조심하라고 당부한 뒤, 나는 뒷자리로 오고 용은이가 조수석에 앉아 용석이랑 재미있게 이야기하며 출발한다. 계속되는 비포장도로를 20여 분을 달렸을까. 갑자기 몸이 공중으로 붕 뜨더니 꽈당하는 소리가 났다. 이게 무슨 일이지? 정신이 하나도 없다. 용석이가 급히 차를 세웠고, 용은이가 차를 내려서 보고 와서는 사고란다. 내려서 차를 보니 뒤 범퍼가 완전히 다 날아갔다. 펑크가 나서 교체한 타이어도 보이지 않는다. 대형 사고다. 용석이가 오르막길을 빠르게 운전하다 내리막길에서 차가 붕 떴다가 뒤 범퍼를 친 것이다. 차가 움직이는 데 큰 문제가 없으니 일단 다행이지만 일어난 일을 수습 해야 했다. 떨어져 나간 범퍼는 보이는데 스페어

타이어가 안 보인다. 주위를 둘러봐도 보이지 않는다. 스페어타이어가 없으면 안 되기 때문에 어떻게든 찾아야 한다.

"얘들아, 타이어가 어디 갔지? 안 보인다?"

혹시 조금 전 타이어 교체를 하고 제대로 타이트하게 조이지 않아서 혹시 사고가 나기 전에 떨어졌을지 몰라 다시 온 길을 되돌아 가본다.

그런데 급히 차를 몰고 타이어를 교체한 곳까지 가며 주위를 둘러봐도 타이어가 보이지 않는다. 여행이 끝나기까지는 아직 갈 길이 먼데 스페어 타이어가 없으면 큰일이다. 조금 전 차 한 대가 지나갔는데 혹시 주워간 것일까? 일단 포기하고 다시 사고 장소로 되돌아 가서 혹시나 하는 마음으로 다시 주위를 둘러보니 타이어가 도로 밖, 멀리 날아가 떨어져 있었다. 스페어타이어 없이 가다가 혹시 가는 도중 타이어에 문제가 생기면 힘든 상황에 처할 뻔했는데 다행이다. 대충 수습을 하고 차를 보니 뒷부분이 심하게 망가졌다. 범퍼는 완전히 떨어져 나가 뒷모습이 아주 흉한 몰골이다.

사고를 낸 용석이는 불안해했지만 나는 나무라지 않았다. 지금 야단친다고 되는 것도 아니고, 내가 운전을 하게 허락했으니 용석이를 탓할 일이 아니다.

사고후 차범퍼를 수거하는 중

차를 파손한 후에도 즐겁게 웃고 있는 첫째 아들

용은이가 "아빠 화 안나요? 형 혼내 줘요."라고 했지만 내 생각은 다른 데 있었다. '보험 처리는 할 수 있을까?' 그리고 어떻게 되었든 이미 상황은 끝난 것이다. 내가 운전대를 잡고 가는데 용석이가 조심스럽게 다시 운전을 해보면 안 되겠느냐고 한다.

"그래. 다시 해봐라."

여기서 무서워 포기하면 운전에 대해 트라우마가 생길 수도 있어 다시 기회를 줘 본다. 충격을 극복하는 것은 다시 도전을 해보는 것이다. 차야 고치면 되지만, 어떤 충격으로 다시 그 일을 못하고 중간에 포기하게 되는 트라우마가 생기면 안 되는 것이다. 사실 도전하다 보면 실수 할 수도 있는 법이다. 실수가 두려워서 도전을 못한다면 그것이 더 안타까운 일이다. 도전을 하다가 실수를 하는 것은 이해를 해주어야 하기 때문에 용석에게 어떤 야단도 치지 않고 사태를 수습 후 다시 맡겨 보았다. 20~30분 후, 다시 내가 운전을 했다.

"용석아, 이젠 되었다. 좀 쉬어, 그리고 수고했다."

다시 이어지는 황량한 대평원에 펼쳐지는 비포장도로. 날이 조금씩 어두워지기 시작한다. 다른 쪽 타이어에도 공기가 별로 없는 것 같은데 그것마저 문제가 생기면 우리는 이 사막에서 밤을 새워야 할지도 모른다. 우선 빨리 다음 도시까지 가야 한다.

그런데 거리상으로 아직 많이 남았다. 길은 계속 비포장도로인데 날은 완전히 저물었고 다음 도시까지 현재 남은 거리는 비포장도로로 100km 정도다. 남은 기름도 얼마 없기 때문에 한번 길을 잘못 들면 끝이다. 아이들은 별걱정이 없는 것 같은데 사실 나는 속으로 무지 신경 쓰인다. 상향 전조등을 켜고 엄청나게 집중해 길을 잃지 않으려고 신경을 쓰며 운전한다. 도시에 도착할 때까지 오고 가는 차가 한 대도 없었다. 황량한 겨울 비포장도로를, 세 사람이 전조등이 밝히는 앞만 주시하며 가는 데 가끔 속도가 빠르다 싶으면 옆에 앉은 용은이가 "아빠, 조심해요." 한다.

가는 도중 토끼들도 몇 마리 불빛에 놀라며 지나간다. 이미 기름의 잔량을 표시하는 게이지에 경고 등이 들어와 있다. 혹시 타이어에 문제가 생기면 어쩌나 걱정하며 엄청난 긴장 속에 운전을 해서 가는데 드디어 멀리 사람이 산다는 표시, 도시 불빛이 희미하게 보인다.

"애들아, 우리 이제 살았다!"

안도감이 밀려오면서 긴장이 풀린다. 사람이 사는 도시의 불빛이 정말 반갑다. 시내에 들어오니 주유소가 나타난다. 빨리 가자!

"기름 가득 채워 주세요. 네? 없다고요? 오늘 밤늦게 유조차가 온다고요?"

어쩌지? 그러나 어차피 오늘은 더 움직일 수 없으니 내일 아침에 와서 기름

타이어 수리후 수리기사 친구들과 함께

을 채워 넣고 출발하면 되겠지 싶다. 우리가 도착한 곳은 제법 규모가 큰 도시, Gregores이다. 원래 예정에 없던 도시지만 더 이상 달릴 수가 없어서 하루를 여기서 묵기로 한다. 숙소를 찾아가다가 타이어 수리하는 곳이 보여 차를 세워 일단 타이어 수리를 먼저 하기로 했다. 영업을 끝내고 가게 문을 닫으려는 시점에 도착해서 운 좋게 수리를 하게 되었다. 알고 보니 어제 할아버지가 수리한 부위에서 다시 바람이 새고 있는 것이었다.

수리하는 청년의 친구들이 여럿 와서 일이 끝나기를 기다린다. 아마도 일을 끝내고 함께 어디에 갈 모양이다. 젊은 친구들은 짧은 영어로, 조그만 시골 동네에 동양인이 온 것이 신기한지 이것저것 물어본다. 타이어를 교체한 후에 같이 기념사진도 찍으며 서로 반가운 마음을 주고받았다.

타이어를 교체한 곳에서 멀지 않은 곳에 적당한 숙소가 있어서 일단 투숙했다. 너무 긴장하고 힘들어 다른 곳을 알아볼 힘은 없고 저녁은 호텔에 있는 레스토랑에서 포도주와 겸해서 마시며 하루의 긴장을 풀어본다. 내심 오늘 하루 무척 긴장을 많이 했다. 차 사고가 난 것도 그렇지만, 기름이 떨어져 중간에 차가 서거나, 길을 잘못 들면 어쩌나 하는 걱정을 많이 했던 것이다. 포도주 몇 잔이 들어가니 몸이 풀리면서 힘이 정말 하나도 없다. 아, 오늘은 너무나 긴 하루였다.

"용석아, 오늘 아빠가 네게 사고에 대해서 한마디도 안 했다. 그리고 사고 후에도 다시 운전하게 해주었고…. 아빠가 왜 그러했는지 알지?"

"네. 알아요. 아빠…."

취기가 오른다. 어쨌든 오늘 하루 많은 난관을 극복했다는 것에 대해 안도감이 밀려왔다.

어제 포도주 덕분에 푹 잠들었는지, 아침에 일어나자 다시 몸이 가볍다. 오늘은 어제 가기로 목표를 잡았던 곳, 엘 칼라파테까지 가는 일정이다. 아침을 먹고 서둘러 다시 나선다. 기름을 넣기 위해서 어젯밤 들렸던 주유소로 들어가는데 뭔가 이상하다. 설마!

"가솔린 Super 주세요."

"네? 없다고요?"

디젤만 있다고 한다. 이거 큰일 났네. 오늘 가야 하는데.

"그럼 언제 기름이 와요?"

오늘 밤이라니 참으로 난감하다. 그럼 오늘 또다시 여기서 자고 가야 하는 상황인가? 여행을 시작하고 기름이 없어 떠나지 못하는 경우는 처음이다. 그러나 어쨌든 유조차가 올 때까지 기다릴 수밖에 없다. 아이들과 차 안에서 다운로드 받아온 TV 프로그램으로 시간을 보내니 어느덧 점심시간이 다 되어 간다.

"애들아, 우리 일단 점심 먹고 생각해보자. 그전에 다시 주유소로 가서 정확하게 몇 시쯤 가능한지 확인해보자."

주유소에 가서 언제 유조차가 오는지 확인을 해보니 대충 오후 5시경이 될 것 같다고 한다.

"그럼 일단 점심을 먹고 시간을 보내보자."

점심을 먹고 나서 영업 시간이 오후 3시까지인 식당 주인에게 사정을 이야기하고 좀 더 있어도 되는지 물어보니 가능하다고 한다.

오후 5시가 다 되어갈 즈음 주유소로 가니 차들이 줄을 서서 벌써 주유를 하고 있다. 5시 이전부터 주유를 시작한 모양이다. 이럴 줄 알았으면 미리 와보는 것인데. 아무튼, 오늘 출발할 수 있다는 것이 감사한 일이다.

다시 시작되는 비포장도로 40번 국도. 오늘은 기름이 충분해서 마음이 든든하다. 곧 날이 어두워지기 시작한다. 오늘도 별이 많다. 가야 할 거리의 3분의 2쯤을 가니 포장도로가 나타나 차가 날아갈 듯 가볍게 달린다. 용석이는 차가 완전히 떠 있는 느낌이란다.

오늘 정한 숙소는 여행 안내서에 나와 있는 '후지 민박집'이다. 시내에 들어와 숙소를 찾아가는 중 길을 잘못 들어 후진하다가 뒤에 있는 등을 깼다. 안 그래도 뒤 범퍼가 떨어져 나가 엉망인데 더욱 흉하게 되었다.

어렵게 찾아간 후지 민박은 여행 안내서에 한국인 부인과 일본인 남편이 운영한다고 했지만, 젊은 일본인 부부가 우리를 맞이한다. 누가 운영을 하든 관계없는 일이다.

엘 칼라파테의 빙하와 우수아이아 – 아르헨티나

엘 칼라파테로 오게 된 것은 남미 대륙의 끝 우수아이아를 가기 위해 지나는

도시이기도 했지만, 빙하를 보기 위해서이기도 하다. 아르헨티나의 국기 색깔이 이곳 엘 칼라파테의 풍경을 보고 모티브로 삼았다고 알려졌듯이 아르헨티나의 푸른 호수와 그 뒤에 자리 잡은 설산이 멋진 모습을 만들어 낸다. 그래서 지난 며칠 동안 루타 40의 힘든 비포장도로를 달려서 여기까지 온 것이다. 모처럼 여유롭게 아침 식사를 하고 민박집 일본인 부부가 안내해준 지도를 가지고 페리토 모레노 빙하로 간다. 시내에서 약 80km 정도 떨어져 있어 한 시간 정도 걸려 공원입구에 도착했는데 그런데 문제가 생겼다. 우리 차에 체인이 없어 공원입구에서부터 들어갈 수 없다고 한다. 이 일을 어쩌나. 빙하를 보려고 여기까지 왔는데 빙하를 볼 수 없다니…. 쌍둥이와 함께 고민하고 있는데 그때 우리랑 같은 처지에 있는 여행객이 자신들도 입장할 수 없어 시내에서 차를 한 대 불렀다고 한다. 그러니 같이 이용하자고 한다. 아, 다행이다! 이분들이 아니었으면 일정이 바빠 빙하를 못 보고 갈 수도 있는 상황이었는데, 정말 운이 좋은 것 같다.

날씨가 흐리고, 조금씩 부슬비도 내리기도 해서 청명한 하늘을 볼 수는 없지만 푸른 호수 뒤로 빙하의 모습이 서서히 보이기 시작한다. 폭 5km, 길이

엘 칼라파테의 빙하 모습

35km, 그리고 높이가 약 60~80m의 엄청난 크기를 가진 페리토 모레노 빙하를 직접 보게 된다. 빙하 위를 트래킹까지 해볼 수 있는 관광 상품이 있으나 우리는 촉박한 일정으로 전망대에서 빙하를 구경할 예정이다.

드디어 빙하를 가장 가까이서 볼 수 있는 전망대에 도착하니 건너편에 엄청난 크기로 버티고 있는 빙하가 있다. 처음 보는 빙하를 신기한 듯 한참을 바라본다. 겨울철이라 한적한 분위기에서 빙하를 감상하며 쌍둥이와 빙하를 배경으로 연신 카메라 셔터를 눌러 댄다. 사실 이곳은 두 번 오기기 쉽지 않은 먼 곳에 위치하고 있어 내 두 눈으로도 열심히 찍는다. 그때 갑자기 '쿵' 하는 소리가 들려 소리 나는 쪽을 보니 빙하가 떨어져 나가며 호수에 떨어지고 있다. 빙하가 떨어지면서 나는 소리가 엄청나고 용케도 우리는 그 광경을 볼 수가 있었다. 자연의 위대함과 경이로움을 새삼 실감하게 된다.

자연 앞에 선 인간은 좀 더 겸손하고 감사한 마음이 되어야 하리라 생각한다. 자신이 대단한 존재라고 생각하는 것은 엄청난 착각이다. 스스로 더 낮아져야 자연의 이치를, 삶의 이치를 깨닫게 되리라. 그래서 여행은 나를 찾아 떠나는 멋진 여정이다. 그 여행에서 만나는 자연과 사람들 앞에서 더 겸손해지고 낮아져서 결국에는 더 많은 것을 채울 수 있는 그릇이 되고 힘이 생긴다. 페리토 모레노 빙하를 보며 많은 생각을 하게 된다.

해가 저물기 시작해 전망대에 있는 휴게실로 가서 오전에 입구에서 여기까지 태워준 차가 오기를 기다리고 있다. TV에서는 COPA America의 결승전이 끝나고 시상을 하는 장면이 나오고 있는데 우루과이의 우승이다. 아르헨티나가 우승하기를 바랐던 쌍둥이에게는 좋은 소식이 아니지만 어쩌랴. 관람시간이 다 되어 휴게실에 있는 관광객이 모두 떠나고, 휴게실 직원들도 퇴근하기 위해 사무실 문을 잠그는데 그때까지 차가 오지 않는다.

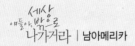

세상 밖으로 애들아, 나가거라 | 남아메리카

"왜 차가 안 오지? 혹시 안 오는 것 아닌가?"

"아빠, 올 거예요. 좀 기다려 봐요."

해가 지니 추위가 심해지는데 차는 오지 않고 그렇다고 차로 30분 정도 걸리는 거리를 밤에 걸어가기도 쉽지 않은 상황이다.

"얘들아, 차가 올지 안 올지 모르는 상황이니 여기서 기다리기보다 일단 걸어가 보자. 가다가 차가 오면, 타면 되지 않겠어?"

그래서 일단 걸어가기로 하고 출발하는데 다행히 그때 우리를 태우고 갈 차가 도착하는 것이다. 춥고 어두운 눈길을 걸어갈 뻔했는데, 어쨌든 정말 다행이다. 공원입구에 오니 우리 차만 덩그러니 남아있다.

숙소로 돌아가는 길에 시내에서 슈퍼마켓에 들려 음식 재료를 사서 게스트하우스로 돌아와 세 사람이 함께 요리해 먹는 저녁 식사. 별일 아니지만 내게는 큰 행복이다. 작은 것에서 느끼는 행복도 적지 않다.

이제 남미 대륙의 끝, 우수아이아를 목전에 두고 있다. 내일이면 우리는 지구의 마지막 도시로 떠나게 된다.

우수아이아여. 기다려라! 쌍둥이와 내가 간다.

차를 인도받은 후 한 번도 엔진 오일을 교환해주지 않아 내심 걱정을 많이 하고 있었다. 그래서 오늘 출발 전, 어떻게든 엔진 오일을 교환을 하자고 생각했다. 잘 되지 않는 의사소통으로 힘들게 찾아간 곳은 엔진 오일을 판매만 하지 교환을 해주지 않는다고 한다. 그곳에서 소개시켜 준 곳으로 가니 허름한 차량 정비소다. 젊은 청년이 능숙한 솜씨로 엔진오일을 빼내고 새 엔진오일로 교환했는데 새 엔진오일은 투명하게 맑은 색인 반면 차에서 빼낸 오일은 완전히 새까맣다. 15,000km 달리는 동안 한 번도 교환을 해주지 않았으니 우리의 애마가

엔진오일을 교환하는 중

얼마나 힘들었을까? 그 탁한 기름으로 얼마나 숨을 헐떡이며 달려 왔을까 내심 무척 미안하다. 그러나 이제 맑은 기름으로 목을 축일 수 있으니 열심히 달려가 보는 거다.

오늘 달려가야 하는 거리는 700km 이상이고 국경을 두 번 넘어가야 한다.

도시를 빠져나가니 풀 한 포기 자랄 수 없는 황량한 대평원이 시작된다. 차량의 왕래가 거의 없어서 한가롭게 주위 경관을 보면서 남쪽으로 내려간다. 세상의 끝으로 달려간다.

갑자기 날씨가 흐려지더니 눈이 내리기 시작하며 내려갈수록 날씨의 변덕스러움이 더 심해지는 것 같다. 오후 5시경 칠레로 넘어가는 국경에 도착한다. 일상이 되어버린 국경 통과, 이젠 별 긴장도 하지 않는다. 아르헨티나 줄국, 칠레 입국. 다시 달린다. 하늘은 여전히 씨푸리고 있다.

얼마 달리지 않아 Punta Delgado 항구에 도착한다. 항구라기보다는 차량과 사람을 실어서 해협을 왕래하는 조그만 카페리를 접안시킬 수 있는 시설이다. 이제 마젤란 해협을 지나가게 되는 것이다. 1520년 포르투갈의 모험가이자 항해가인 마젤란이 대 선단을 이끌고 대서양 연안을 내려오다가 드레이크 해협 앞에서 강풍과 심한 파도 때문에 망설이게 되었다. 그때 잠시 피항을 하려고 들어간 곳이 강이라고 생각했는데 자꾸 가다 보니 강이 아니고 곧장 태평양으로 연결이 되었던 것이다. 대서양의 험한 파도와 날씨가 태평양에 들어서자 갑자기 날씨가 고요해져 Pacific이라는 이름이 붙여졌다고 한다. 그때 생겨난 항구 도시 푼타 아레나스는 400여 년 동안 수많은 상선이 대서양과 태평양을 건너가는 길목으로 번창하였으나 1914년 남, 북미를 잇는 파나마 운하가 생기면서 이곳은 급속히 쇠락해 지금은 과거의 영광이 흔적으로만 남아 있게 되었다.

마젤란이 이곳을 통과하여 계속 동쪽으로 108일간 항해하여 지금 우리가 사는 필리핀의 세부 섬에 도착을 했다고 한다. 그래서 어쩌면 이 해협이 필리핀까지 이어지는 끈이 되는 것 같다

그 옛날 엄청난 어려움에 맞서며 모험을 향한 열정을 가졌던 마젤란은 오늘날에도 모든 사람에게 세상 밖으로 나가는 도전의식을 일깨워주고 있는데 같은 뱃사람으로 나는 어느 정도의 도전의식을 가지고 있을까.

우리가 건너가는 해협은 가장 폭이 짧은 해협이다. 추위와 흐린 날씨가 세상의 끝으로 더욱 더 다가감을 느끼게 하는 것 같다.

마젤란 해협을 왕복하는 카페리

우리를 싣고 갈 선박이 잠시 후 도착한 후 반대편 섬에서 싣고 온 트럭과 승용차들을 내리고는 곧장 부두에서 대기하고 있는 차량들이 선박 안으로 들어가 모두 자리를 잡는다.

어둠이 완연히 깊어 가는데 아직 우수아이아까지는 갈 길이 멀다. 30여 분 만에 반대편 섬에 닿은 선박의 램프가 열리자마자 다시 부지런히 달려간다. 안내판도 없는 곳에 갈림길이 나와 어떻게 해야 하나 망설이고 있는 그때 차량 한대가 다가온다. 급한 상황이라 무조건 세워서 우수아이아를 가고자 하는데 어느쪽으로 가면 되는지 물으니 자기도 그쪽으로 가는 중이니 따라오라고 한다. 일단 안심이 되어 그 차량을 열심히 따라가는데 도로가 눈으로 덮여 있어 상태가 좋지 않다. 스노우체인 없이 이런 길로 다닌다는 것은 위험하지만 어쩔 수 없다. 앞차가 갑자기 멈추어 서길래 무슨 일인가 보니 도로 오른쪽에 픽업 차가 미끄러지며 도로를 벗어나 있고 운전사가 혼자서 열심히 빠져 나오려고 하는데 쉽지가 않은가 보다.

"얘들아, 우리도 내려가서 도와주자"

앞차에서 내린 사람과 그리고 우리 세 사람이 함께 차를 뒤에서 밀어주니 생각보다 쉽게 눈에서 빠져 나온다. 사실 혼자서는 도저히 안 되는 상황이었고 우리들이 도와주지 않았다면 혼자서 많은 시간을 고생할 뻔 해서인지 픽업 운

전사 아저씨가 연신 고맙다고 인사를 한다

자, 우리도 더욱 긴장하며 조심해서 운전해야 한다.

가는 도중 계속해서 한국 배낭 여행객으로부터 받은 우수

아이아의 '다빈이 민박집'에 전화를 걸어보나 연결이 안 된다. 오늘 밤늦게 도착할 것 같아 방이 있는지, 있으면 늦게 도착할 것이니 기다려 달라고 부탁을 해야겠는데 전화 연결이 안 되니 답답하다. 그러나 다행히 앞차가 인도해주는 덕분에 쉽게 다시 아르헨티나로 넘어가는 국경에 도착했다. 여기서 다시 칠레에서 아르헨티나로 넘어가게 되니 오늘만 입 출국 스탬프를 네 번 찍는 셈이다. 차에서 내리니 바람이 엄청나게 세고 추위도 만만찮아 정신을 차리기가 힘든 정도이다.

출입국 수속을 간단히 끝내고 다시 눈이 내리는 도로를 조심해서 가야 하는데 함께 여기까지 온 차는 이미 출발해서 보이지를 않는다. 이제 알아서 조심해서 가는 수밖에 없다.

아르헨티나 · 칠레 출입국 사무소

왜 우리는 이 길을, 세상의 끝을 향해 가는 걸까?

무엇이 우리를 이곳으로 오게 했을까?

왜 이런 무모함으로, 모두가 힘들고 위험하다는 것을 무릅쓰고 세상 밖으로 나와 함께 가고 있는 것일까?

세상의 끝에 기면 무엇이 우리를 기다리고 있는 것일까?

왜 그곳으로 가고자 이렇게 갈망을 하는 것인가

아빠와 아들의 인연으로 이 세상에서 만났으니 함께 떠나보고 싶었다.

세상의 끝을 같이 가보고 싶었다.

쉽게 갈 수 없는 그 곳을 오직 사랑하는 아들들과 함께 가보고 싶었다.

그래서 우리는 그 벅차 오름을 서로의 가슴과 가슴으로 느끼고 싶었다.

우리는 그곳에서 영원히 지워지지 않을 부자간의 정과 사랑을 채우고 올 것이다.

언제가 너희가 아빠 곁을 떠나더라도 가끔 너희가 그리울 때면 우수아이아를 추억하며 포도주 한잔을 기울이게 될 것이다. 그래서 어쩌면 나에게 우수아이아는 영혼의 안식처가 될 지도 모르겠다.

아침에 출발해서 제대로 식사를 하지 못해 가는 도중에 Rio Grande에서 기름을 다시 채워놓고 아이들은 간단한 간식거리로 요기하면서 우수아이아에 도착하니 시간은 새벽 2시가 다 되었다.

이 시간에 다빈이네 집을 찾을 수 있을까 걱정을 했는데 다행히 집을 찾았고 그리고 아직 불이 켜져 있다. 아! 얼마나 반가운지, 문을 두드리니 이 시간에 무슨 일인가 놀라며 나온다.

"저 혹시 방이 있는지 모르겠네요. 오면서 아무리 전화를 해도 연결이 안 되었어요."라고 했더니 부엌도 함께 있는 별도의 공간, 아늑한 방으로 안내해주어서 라면을 끓여 아이들과 함께 먹고는 그냥 정신 없이 쓰러졌다.

우수아이아에 머물 수 있는 시간은 오늘 하루다. 그래서 이 곳의 대표적인 관광장소인 비글해협을 관광하기로 했다. '비글'이라는 이름은 찰스 다윈의 탐사선, 비글호를 따서 이름을 비글해협이라고 한다.

다빈이 어머님께서 직접 안내를 해주시고 티켓까지 구매하도록 도와주셔서 편하게 관광을 할 수 있었다. 항구를 배경으로 사진을 찍으며 세상의 마지막 도시에 온 기분을 한껏 느껴본다. 배에는 세계 여러 나라에서 온 관광객들로 이미 가득하고 우리들은 오늘 하루만큼은 여행객에서 관광객으로 변신하게 된다. 해협 중간에 있는 섬에는 많은 바다사자들이 일광욕을 즐기고 있는데 그 모습을 처음 보는 쌍둥이들이 신기한지 몹시 기분이 좋은 것 같다. 이름을 알 수 없는 새들과 새똥 냄새. 이곳은 자연의 보고이고 동물들에게도 천혜의 장소임이 틀림이 없을 것 같다. 세상의 마지막 등대도 보인다.

다빈이는 이 민박집의 둘째 아들이다. 다빈이가 쌍둥이보다 나이가 한 살 많고 아직 태어나서 한국을 가본 적이 없다고 한다. 쌍둥이에게 같이 시간을 보내게 하고 컴퓨터로 한국 TV 프로그램 다운로드 방법을 가르쳐주며 간접적으

세상의 마지막 등대

로나마 한국과 가까워지기를 바라는 마음이 들었다.

쌍둥이가 다빈이와 시간을 보낼 동안 다빈이 어머님과 많은 이야기를 나누었다. 사실 어떻게 해서 세상의 끝에 있는 마을까지 와서 살고 있는지 궁금했었다.

다빈이 어머님이 처녀 시절, 아르헨티나에 사는 여동생 집에 들렀다가 여동생 친구의 오빠를 소개를 받아서 부부의 인연이 되었다고 한다. 잠깐 다니러 왔다가 지금까지, 그것도 단 2가족의 한국분만 산다는 세상의 마지막 도시에서 지금까지 살고 있다고 한다. 여기서 사는 것은 어떤 느낌일까 궁금하다.

다빈이 아버님이 여기서 자리를 잡게 된 것은 다빈이의 할아버지가 아르헨티나와 영국이 포클랜드 전쟁을 할 때 우연히 지역 사령관을 만났는데 그 분이 야채를 공급해 줄 수 있는지 물어본 것이 계기를 되어 이곳에서 비닐하우스로 야채를 재배하면서 자리를 잡게 되었다고 한다.

그런데 올해 1월 안타깝게도 다빈이 아버님이 간단한 수술을 위해 마취를 했는데 깨어나지 못했다고 한다. 나도 오랜만에 한국분과 이야기를 나누는 것이 반갑기도 했지만, 다빈이 어머님도 한국에서 제일 먼 곳에 사시면서 고향에 대한 향수도 참 많이 있었으리라 생각한다.

포도주 잔을 기울이며 우수아이아에서 느끼는 감정은 더욱 애절해진다.

우수아이아를 떠나 이 여행의 시작점이자 종착지인 부에노스아이레스를 향해 북상을 하고 있다.

"애들아, 빨리 일어나. 이제 우리 오늘 부에노스 아이레스로 가. 너희들이 이 날을 많이 기다렸잖아."

사실 나도 많이 기다린 날이다. 처음 이 여행을 생각했을 때부터, 지인들이 위험하고 힘들어서 할 수 있겠냐고 했을 때 난 '할 수 있다' 라고 스스로를 세뇌시키며 이 여행을 실행에 옮기게 된 것이었다. 그리고 오늘 마지막 여행의 마침표를 찍는 날, 얼마나 기다려 왔던 날인가.

이곳에서 부에노스 아이레스까지는 약 400km다. 그리 멀지 않은 길, 4~5시간이면 도착할 것 같다.

황량했든 대평원의 모습이 이제는 목초지로 변해가며 많은 소들을 방목하고 있는 모습을 보게 된다. 평화로운 모습이다. 통행하는 차량들의 숫자도 늘어가는 것을 보니 목적지에 더 가까워짐을 느끼게 된다. 시내로 들어가기 전 마지막 요리를 한다.

"얘들아, 남아있는 라면을 끓여 먹고 가자."

큰 길에서 샛길로 빠져 한적한 곳에 자리를 잡고 언제나 했든 것처럼 애들이 차 뒷 트렁크 속에 있는 가스버너를 내려서 물을 끓인다. 뒷 트렁크에 식기며, 양념이며 기본적으로 요리에 필요한 것들은 준비를 해서 언제든지, 어디서든지 요리를 해먹을 수 있게 준비를 해서 여행을 해왔는데 오늘로써 정들었던 저 놈들과도 이별을 고하게 된다. 그 동안 많이 고마웠어.

바람이 너무 세서 차안 바닥에 버너를 놓고 요리를 한다. 우리들은 어떻게든 방법을 찾아 문제를 해결해오고 했는데 사실 이러한 일들이 재미있고 또 이렇게 하는 한끼의 식사가 특급호텔에서 먹는 것보다 더 맛있고 또 기억에 오래 남게 된다. 그래서 말이 될지 모르겠지만 우리들은 매일 특급호텔에서 먹는 식사보다 더 맛있고 멋있는 식사를 해오고 있었든 것이다. 행운이었고 멋진 일이다.

고속도로 차선이 넓어지며 차량도 많아지는 것을 보니 시내에 거의 다 들어온 것 같다. 다시 사람들이 살아가는 세상으로 들어간다. 남미 여행을 끝내고 이전에 묵었든 남미사랑 게스트하우스를 어렵지 않게 찾아갔다. 모든 일에는 끝이 있게 마련이구나. 이 곳을 떠날 때 무사히 여행 잘 마치고 돌아오겠다고 인사를 하고 떠났는데 오늘 마침내 다시 돌아오게 되었다.

유로주차장에 주차를 시키고 민박집으로 올라 가니 주인 아저씨가 반갑게 맞이 해준다. 변한 것은 없으나 또 새로운 여행객들이 자리를 차지하고 있다. 인생은 여행객과 같은가 보다. 우리가 있는 곳이 또는 우리가 가지고 있는 것이 영원할 것 같지만 언제인가 또 누군가에 물려주고 떠나야 한다는 사실이다.

다음날, 차를 반납하기 위해 차에 있는 모든 살림살이를 게스트하우스에 놔두고 쌍둥이와 렌터카 회사로 갔다. 세차를 하고 반납할 생각이었으나 세차할 곳을 찾지 못해 할 수 없이 미안하지만 그냥 반납을 해야 될 상황이다. 차가 온통 진흙으로 덮여 있고 뒷 범퍼는 떨어져 모습이 흉물스럽게 되어 있어 최소한 세수라도 시켜서 반납해야 하는데 그렇게 하지를 못해서 참 미안하다.

사무실에 앞에 차를 세워놓은 렌터카 회사 직원이 보더니 놀라면서도 어이가 없는지 그냥 웃는다.

잠시 후 나타난 렌터카 회사 사장이 시원스럽게 일단 차를 놓아두고 가면 자기들이 세차를 해서 차량 상태를 보고 그 때 다시 이야기를 하자고 한다.

18,000km를 달리는 동안 큰 문제없이 우리들의 여행을 마칠 수 있게 해준 애마에게 정말 감사한 마음이다. 그 동안 정도 많이 들었는데 이제 이별을 고해야 할 시간이다.

"그 동안 정말 고마웠어. 쌍둥이와 즐거운 여행을 할 수 있게 함께해줘서 정말 고마워. 중간에 용석이가 너를 많이 아프게 해서 미안해. 정도 많이 들었지만 이제 이별을 해야 할 시간이다. 다시 한번 고마워."

차를 반납하고 나오니 시원 섭섭하다.

저녁에 주 대석 회장님이 오셔서 수고했다고 저녁을 사주신다. 끝까지 신경

차를 반납하기 전

쓰고 챙겨주시어 정말 감사한 마음이다. 이렇게 받는 따뜻한 마음을 나도 누군가에게 전달을 해야 할 것이다.

다음날 렌트카 회사를 찾아가 수리비를 확인하니 금액이 엄청나다. 범퍼교체를 해야 되는 것 외에도 앞 유리창도 비포장 도로를 달릴 때 돌이 튀어 조금 찍혀 있어 유리창도 갈아야 하는 상황이라고 한다. 보험에 커버가 되어 있지만 계약서상 사용자가 부담해야 하는 최대 금액 약 4,000불 정도다. 속이 쓰리지만 우리가 사고를 냈으니 어쩔 수 없다. 현찰로 계산을 하니 10퍼센트를 깎아 준다
"이용석, 아빠가 지금 얼마를 지급하고 있는지 알지? 너 이 돈은 필히 나중에 갚아야 해."
알겠다고 이야기를 하지만 어떻게 받을 수 있을 지 모르겠다.
사고로 인해서 금액적으로 출혈이 있지만 한편 안전하게 여행을 마무리 했다고 생각하면 어쩌면 고마운 일인지도 모르겠다.

이제 그토록 꿈꾸어 왔던 남미여행을 마치고 집으로 가는 비행기에 탑승한다. 도하를 경유해서 마닐라로 가는 장거리 여행이지만 전혀 힘들지 않을 것이

다. 처음 남미 자동차 여행에 대해 주위에서 모두들 위험하고 힘들다고 걱정을 했지만 아들과 함께 꼭 가보고 싶다는 간절함 때문에 포기할 수가 없었다. 쌍둥이들이 부모 곁을 떠나기 전에 좀 더 많은 추억을 함께 하고 싶었다. 그리고 세상 밖으로 나가 어려움과 고통을 겪어보면서 쌍둥이들의 삶이 좀 더 다져지기를 바랐다. 학교에서 배울 수 없는 그 무엇인가를 주고 싶었다.

그 것은 훗날 세상 밖으로 나갔을 때 닥칠 어려움을 극복할 수 있는 정신적인 의지와 그리고 삶의 지혜인지 모르겠다. 남미 횡단하면서 우리가 경험했던 것들, 그리고 남자 대 남자로 함께 했던 시간들이 결코 헛되지 않으리라 생각된다. 남미 구석 구석을 다니면서 좌충우돌 하면서 경험하고 느꼈던 모든 것들이 훗날 아름다운 추억으로 남을 것이라고 믿는다. 너희들과 함께 한 추억들이 많아서 너희들이 어른이 되어 아빠 곁을 떠나더라도 난 결코 외롭지가 않을 것이다.

외로울 때면 우리가 함께 했던 시간들을 하나 하나 꺼내어 다시 추억한다면 마음이 참 따뜻해질 것 같다.

너희들과 함께한 이 여행은 아빠의 인생에 최고로 밋진 날들이었어.

남미여행을 마친 후 마닐라 공항에서 출국해서

아프리카 여행

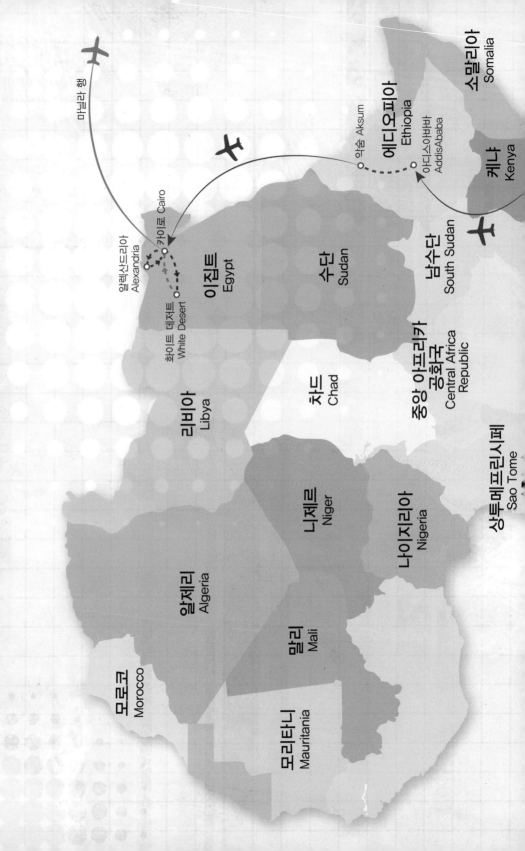

마닐라 행

알렉산드리아
Alexandria

카이로 Cairo

화이트 데저트
White Desert

이집트
Egypt

리비아
Libya

차드
Chad

니제르
Niger

나이지리아
Nigeria

알제리
Algeria

말리
Mali

모로코
Morocco

모리타니
Mauritania

수단
Sudan

중앙 아프리카
공화국
Central Africa
Republic

상투메프린시페
Sao Tome

악숨 Aksum

에디오피아
Ethiopia

아디스아바바
AddisAbaba

케냐
Kenya

소말리아
Somalia

남수단
South Sudan

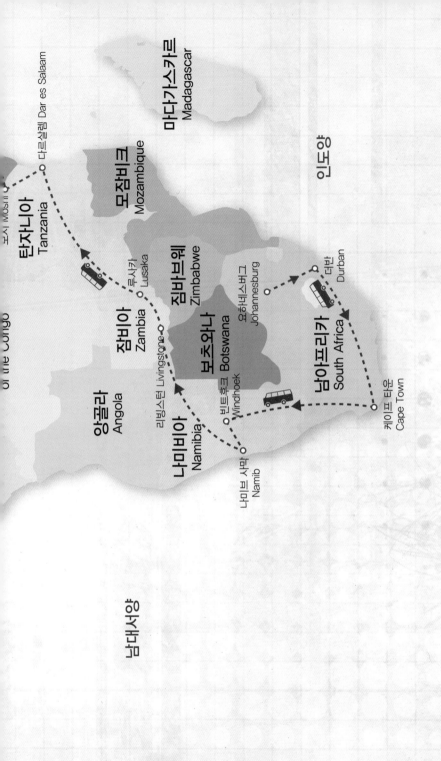

킬리만자로 등반을 하는 중에 만난 아프리카 어린이

남아프리카 공화국

마닐라에서 출발해 홍콩을 경유하고 남아공 요하네스버그로 가고 있다. 오랫동안 꿈꾸어 왔던 아프리카로 드디어 떠나고 있다. 간절히 원하면 이루어지는 법이다. 옆자리에 앉은 쌍둥이는 장거리 비행에 피곤한지 잠에 빠졌지만 나는 오히려 정신이 명료해지고 있다. 어쩌면 무모한 여행이라 안전하게 이 여행이 끝날 수 있기를 바라며 기대 반 걱정 반으로 생각이 복잡하기도 하다. 힘들게 떠나는 아프리카 배낭여행, 남아공의 요하네스버그 까지만 가는 것으로 결정된 것과 이집트까지 올라가겠다는 것 외에는 구체적으로 어느 나라를 어떻게 여행할지도 정해지지 않은 상태로 조금은 대책 없이 떠나고 있다. 그때그때 상황에 따라 하겠다는 생각이다.

떠나오기까지 과정이 쉽지가 않았다. 방학하면 곧 대학에 가야 할 아이들을 어떻게 공부시킬까 고민을 하고 있는 아내에게 어떻게 이해를 구해야 하나. 혼자서 고민을 하다가 드디어 아내에게 문자를 보낸다.

'오늘 밤 포도주 한잔 할까?'

'웬일이에요. 무슨 일 있어요?'

'아니. 그냥.'

평소에 안 하던 짓을 하니 뭔가 이상한가 보다. 식사를 하면서 아내 눈치만 본다. 어떻게 어느 시점에 이야기를 해야 하나.

"사실… 나 이번 여름방학 때 쌍둥이와 아프리카 배낭여행을 갔다 오려고"
말을 얼버무리는데 아내의 얼굴색이 갑자기 변한다.

"아니, 당신, 정신이 있어요? 지금 애들에게 얼마나 중요한 시기인데."

일단 빨리 기선을 잡아야 할 것 같아 "여보, 일단 한번 내 말 들어보고 이야기 해. 알아, 당신 마음 그리고 지금이 애들에게 중요한 시기이라는 것도. 그렇지만 다르게 한번 생각도 해보자. 공부는 본인들이 해야겠다고 마음먹어야 진짜 공부가 되는 것이잖아. 한국에 데려가서 공부시키면 조금은 도움이 되겠지만 그것이 그 놈들에게 그렇게 중요한 걸까. 차라리 좀 더 세상을 보고 또 힘든 것을 경험해보게 해서 그들 스스로 마음을 내어서 공부를 하게 하는 것이 더 중요하지 않을까."라고 서둘러 말해본다. 내친 김에 좀 더 이야기를 한다.

"사실, 나도 두려워. 낯선 아프리카에 아이들 데리고 배낭여행을 한다는 것이. 그리고 또 얼마나 힘들 것인지 충분히 예상돼. 아이들이 한국으로 가서 공부한다면 나는 아주 쉬워. 그냥 돈만 지원해주고 잘 갔다 와, 하면 끝이야. 그렇지만 그것이 정녕 아빠로서 할 수 있는 최선의 방법일까? 난 아니라고 봐. 아빠가 같이 시간을 내어 땀을 흘리며 그들과 함께하는 것이 더 중요하다고 생각이 들어. 여행을 좋아하는 나는 그냥 혼자 떠나면 아주 좋지만, 아빠로서 정녕 그들을 위해서 무엇을 해주어야 하는지를 고민해보면 이렇게 하는 것이 나쁘지가 않다는 생각이 들어. 갔다 오면 좀 더 열심히 공부할지도 몰라. 그리고 이제는 진짜로 이렇게 장시간 아이들과 함께하는 마지막 여행이야. 더는 요구하지 않을 테니 무조건 반대 하지 말고 일단 한번 생각해보자. 여보…."

아내는 나의 집요한 설득과 애원에 결국 허락해주었다. 쉽지 않은 결정을 내려준 아내가 고맙다.

세상
애들아, 밖으로
나가거라 | 아프리카

홍콩에서 13시간의 비행을 한 후 요하네스버그에 비행기가 도착한다.

"얘들아 일어나! 드디어 아프리카에 도착했어."

홍콩에서 비행기를 갈아타기 위해 대기하는 동안 인터넷으로 확인한 한국인 민박집 주인아저씨를 따라 공항에서 한 시간 정도 떨어진 민박집에 도착하니 주인아주머니께서 아침으로 갈비탕을 끓여준다. 처음부터 너무 호사스러운 배낭여행이다. 아침 식사 후 남아공과 아프리카에 대한 간단한 정보를 들었다. 여기서 할 일은 두 가지, Cape Town까지 갈 차를 렌트하는 것과 다음 여행국가인 나미비아 비자를 받는 일이다. 아프리카의 최남단 희망봉이 있는 Cape Town을 직접 차를 몰고 가고 싶어서 차를 렌트할 계획이다. 요하네스버그에서 케이프타운(Cape Town)까지의 거리가 짧지 않지만, 남미여행을 생각하면 아주 가벼운 일정이다.

둘째 날 주인아저씨의 도움으로 남아공 대통령 궁 근처에 있는 나미비아 대사관에 가서 비자를 신청한다. 무표정한 모습을 한, 영사인지 직원인지 모를 흑인 아저씨, 어떻게 왔느냐고 묻는다.

"네, 저희는 당신 나라의 그 멋진 붉은 모래사막을 구경하기 위해서 비자 신청을 하러 왔습니다."

조금은 비굴하고 과장스럽게 표현하는 나를 느끼지만 그러나 어찌하랴. 어떻게든 빨리 비자를 받아서 가야 하는 상황이니…. 요구하는 서류들을 작성해서 제출하니 지정된 은행에서 비자대금을 내고 내일 오라고 한다. 와, 이렇게 쉽고 빨리 되다니!

어제 예약해놓은 AVIS 렌터카 사무실에 가서 차를 받아서 시내로 나가려고 운전대를 잡으니 2년 전의 남미 여행 때의 기분이 난다. 모두 힘들다고, 위험하

차량을 인도받은 후

다고 한, 그 남미 여행을 어쩌면 무모함으로 도전을 하고 결국에는 무사히 끝낼 수 있어서 감사하게 생각했는데 이제 또 새로운 곳에서 쌍둥이와 함께 추억을 만들어 가려고 한다. 이 여행이 어떻게 전개될지 나도 모른다. 그러나 한 가지 확실한 것은 어떠한 상황이 닥쳐도 우리는 그 어려움을 극복하기 위해서 포기하지 않고 도전해 나가리라는 것, 그리고 우리가 함께 낯선 곳에서 함께 부대끼며 보낸 시간은 세월이 아무리 많이 흘러도 우리들의 가슴에 항상 남아 있으리라는 것.

다음날 서둘러 민박집을 나선다. 어젯밤 민박집 주인아저씨의 지인들과 함께 바베큐 파티를 하면서 즐거운 시간을 갖게 해주신 고마우신 분들과 짧은 만남을 뒤로하고 나미비아 대사관으로 비자를 받으러 갔는데 생각보다 쉽게 비자를 받게 되어 기분이 아주 좋다.

"고맙다, 나미비아. 너희 나라를 많이 사랑해줄게."

어제 더반에 있는 대학 동기인 봉택이와 통화를 했는데 시간이 되면 더반으로 꼭 한번 오라고 해서 생각을 하고 있는 중이다.

"얘들아 아빠 대학교 친구가 더반에 있어. 우리 아빠 친구 만나러 갈 거야."

"아빠, 어떤 친구예요? 뭐 하시는 분이에요?"

아이들이 여러 가지 궁금한 것이 많은가 보다. 요하네스버그 시내를 빠져나가 더반으로 가는 고속도로를 달리고 있다. 고원지대에서 항구도시 더반으로 갈수록 고도가 낮아지며 다양한 풍경의 모습들이 나타난다. 남미여행 후 오랜만에 쌍둥이와 넓고 낯선 곳을 함께 달리니 여러 상념에 잠기게 된다.

'난 지금 어디 있는가. 난 지금 누구랑 함께하며 이 아프리카를 달리고 있나. 남자 세 사람, 이렇게 바람처럼 다닐 수 있는 이 순간에 무엇을 더 바랄 게 있겠는가. 그렇게 꿈꾸어 왔던 길을 쌍둥이와 함께 달려간다.'

남아공이 위험하기 때문에 해지기 전에는 도착해야 한다고 민박집 주인아저씨가 이야기했는데, 더반에 도착하니 벌써 날이 어두워지기 시작한다. 봉택이가 알려준 주소로 어렵게 도착했는데 집을 찾지를 못하겠다. 알려준 주소가 '42 Marine Drive'. 그런데 42번지는 없고 44번지 곧장 40번지이다.

"이상하다. 차에서 내려 일단 확인을 해보자."

작은 구멍가게도 있고 그리고 거기에는 인터넷도 된다는 안내문도 있다. 한쪽에 모여 있는 흑인 남자들에게 다가가 42번지를 찾고 있는데 어디 있느냐고 물어보니 두리번거리다가 모르겠다고 한다. 아무래도 뭔가 잘못되었다.

"봉택아, 네가 준 주소로 찾아왔는데, 42번지가 없어. 옆에 구멍가게가 있고…. 오는 길에 부두를 지나서 지금은 산등성이에 있는 마을이야."

서로 한참을 이야기하다가 확인을 해보니 도로명과 번지는 맞는데 도시 이름을 잘못 기입한 것이었다. 우리는 당연히 더반시로 생각해서 입력했는데, 옆에 있는 다른 도시였던 것이었다. 다시 정확히 주소를 입력하니 한 시간 가까이 가야 하는 거리이다. 그러나 힘들게 만난 만큼 졸업 후 처음으로 가족들과 함께 만나 즐거운 시간을 가졌다.

Duban에서

세월이 강물처럼 흘러
세월이 바람처럼 흘러
해풍에 까만 머리카락 기분 좋은 색으로 변해가는 때
멀리 돌아와 이곳 낯선 곳에서 만난 반가운 얼굴

더반은 나에게 속삭인다.
잘 늙어가라고
더 사랑하라고
더 고독 하라고

아프리카의 밤은 나에게 말한다.
더 비우라고
너 낮아지라고
더 슬퍼하라고

인연의 점들로 이어지는 삶.
여기서 또 한 점의 인연을 쌓고 떠난다.

　게스트하우스에서 용은이가 끊인 라면으로 아침을 해결하고 출발하는데 여기서부터는 계속 남하하여 희망봉이 있는 케이프 타운으로 가게 된다. 시내를 빠져나가다가 교통위반으로 경찰에 잡혔다. 백인 남성과 흑인 여성 경찰인데 한국에서 온 관광객이라면서 사정 설명을 하니 경찰관 두 사람이 서로 눈을 맞추더니 그냥 가라고 한다. 휴, 다행이다. 고맙습니다. 경찰 아저씨, 아줌마.

　시내를 빠져나가다 보니 스타디움이 보인다. 2010년 남아공 월드컵 경기 때 한국이 더반에서 경기한 적이 있는데, 아마도 그 경기장인지 모르겠다. 잘 만들어진 도로를 달리며 남아공의 풍경을 감상하며 달린다. 쌍둥이는 음악을 감상하다가 잠에 빠져든다. 가는 도중 숯불에 옥수수를 구워 파는 곳에서 자는 두 녀석을 깨워 옥수수를 사주니 맛있는지 아주 잘 먹는다. 처음으로 흑인 아줌마와 함께 사진을 찍고 감사의 표시로 오렌지를 건네니 하얀 이빨을 드러내며 웃는 모습이 무엇보다 사람 좋아 보이는 모습이다. 이스트런던에 도착하니 날은 어두워지고 힘들게 게스트하우스를 구하는데 침대가 두 개뿐인 방이다.

용은이가 아빠 편하게 자라면서 본인은 소파에서 자겠다고 한다. 기특한 녀석…. 다음날, 케이프 타운까지 가는 일정이라 서둘러 출발한다. 바다 풍경이 멋진 도시, 포트 엘리자베스를 지나 계속 남하한다. 가는 중간 잠이 와서 피곤한 나의 모습을 보고 용석이가 아빠를 도와주는 핑계로 "아빠, 나 운전 조금만 할게요. 천천히 갈게요." 사정하길래 30분만 운전하게 하니 용은이도 하겠다고 한다.

"애들아, 천천히 조심해서 가자."

좀 위험할 수도 있지만, 남미에서도 해본 바가 있어서 허락했다. 인생은 어차피 도전의 연속이 아닌가? 해보지 않고 후회하는 것보다 실패하더라도 해보는

것이 오히려 좋다고 생각을 한다. 케이프 타운에 도착하니 밤 8시가 넘었다. 13시간을 거의 쉬지 않고 달려온 셈이다. 힘든 하루를 지붕으로 하늘이 보이는 게스트하우스에 짐을 풀고 포도주 한잔에 여행객의 시름을 달려본다. 아프리카 최남단 희망봉이 있는 도시에서 밤은 깊어가고 있다.

아침에 일어나자마자 먼저 게스트하우스 앞에 세워놓은 차를 확인한다. 남미에서 차량파손 사고로 한 번 혼난 적이 있어 확인을 해보니 차는 이상이 없다. 다행

이다. 어젯밤 그렇게 엄청 많이 내리
던 비는 그치고 화창한 날씨다. 천장
에 있는 창문으로 멀리 세계 7대 자연
경관으로 선정된 테이블마운틴(Table
Mountain)이 보인다. 아침을 먹고 희망
봉으로 가는 중간에 펭귄이 있는 사이
먼즈 타운(Simons Town)에 들렀다. 남
미 여행 때 구경하려고 시도하다가 실
패한 펭귄이다. 수많은 관광객과 한가
롭게 놀고 있는 펭귄, 우리가 펭귄을
구경하는지 아니면 펭귄이 인간을 구
경하고 있는지 모르겠다. 그러나 어쨌
든 이 지구에서 우리는 함께 살아가고
있는 것이 확실하다. 펭귄을 구경하고
희망봉, Cape of Good Hope로 간다.

희망봉, 내 젊은 시절 한 순간을 차
지했던 그 희망봉에 왔다. 해양대학교
를 졸업하고 항해사로 근무할 때 선박
의 길이가 300m 정도였든 180,000톤
의 상선을 타고 철광석을 선적해서 대
서양에서 인도양으로 넘어갈 때 지나
갔던 그 희망봉! 아프리카의 최남단에
온 것이다. 아메리카의 최남단 우수아

항해사 시절

이아에 간 지 2년 만이다.

"얘들아, 저기 지나가는 배가 보이지? 아빠도 항해사로 배를 타고 브라질에서 철광석을 싣고 한국의 포항으로 갈 때 이곳 희망봉을 지나갔었지. 희망봉을 기점으로 해서 오른쪽이 대서양이고 왼쪽이 인도양이야. 그러니까 우리가 지금 두 대양을 함께 보고 있는 거야."

나는 자못 흥분되어서 20대의 항해사 시절로 돌아가 본다. 나의 대학생활은 공부와 군사훈련, 그리고 단체 기숙사 생활로 인해 생기는 문제 때문에 육체적으로 여러 가지가 힘들 때도 있었지만 내가 진실로, 간절히 원해서 갔던 대학이었기 때문에 최대한 긍정적으로 생활하려고 했다. 지금 쌍둥이 아들과 함께 이 희망봉의 끝자락에서 두 대양을 보고 있노라니 여러 가지 감정이 교차한다. 20대의 젊은 항해사가 바다에서 바라보던 희망봉과 이제는 흰머리가 희끗희끗해진 50대의 아버지로 아들과 함께 와서 젊은 날의 내가 지나갔던 저 바다를 바라보는 감정은 사뭇 남다르다. 그때 나는 어떤 꿈을 꾸고 있었을까? 그때 나는 어떤 생각을 하며 삶을 살았을까? 그때 나는 얼마나 고독했을까? 끝없는 대양을 항해하며 스쳐 가는 바람과 밤하늘의 별들을 보며 어떤 생각을 했을까? 육지의 냄새를 그리워하며 지새운 그 숱한 밤들의 기억은 지금 어디에 남아 있을까?

케이프 타운에서의 마지막 날, 게스트하우스 옆에 있는 차를 몰고 테이블 마운틴에 케이블카를 타고 올라갔다. 높이가 1,000m가 넘고, 산 정상이 테이블처럼 평평하게 생겼다고 해서 그렇게 이름 붙여졌다고 한다. 세계 7대 자연경관으로 선정되었을 정도로 아름다운 자연의 모습을 보여주고 있다. 따뜻한 햇살을 받으며 산 정상을 산책하다 보니 멋있는 레스토랑도 보인다. 언젠가 아내와 함께 이곳으로 와서 와인을 마시면서 이날을 추억하고 싶다는 생각이 든다.

훗날을 다시 기약하며 어제 오후 1시로 예약을 해놓은 로빈 아일랜드(Robben Island)로 가는 배를 타기 위해서 서둘러 항구로 간다. 로빈 아일랜드는 아파르트헤이트 시대 때 주로 정치범을 수용했던 흑인 전용 교도소이며, 노벨 평화상을 받고 나중에 최초의 흑인 대통령이 된 넬슨 만델라도 여기에 수감되었고, 1959년 개소 때부터 1991년 마지막 정치범이 석방될 때까지 약 30여 년간 정치범이 수용되었던 곳으로 아파르트헤이트 또는 넬슨 만델라를 언급할 때 꼭 언급되는, 남아공의 슬픈 역사가 남아 있는 곳이다. 인간이 다른 인간을 지배하

테이블 마운틴에서 바라 본 케이프타운 시내 모습

거나 차별하는 것은 있을 수도 있어서도 안 되는 일이다. 인류의 역사는 누군가의 희생으로 인해 옳은 방향으로 조금씩 앞으로 나아가게 되는 것이다. 로빈 아일랜드를 관람한 후 힘들게 한국 식당을 찾아서 오랜만에 쌍둥이의 입을 기분 좋게 해준다. 삼겹살에 김치찌개. 여행할 때, 언제나 최고로 맛있는 한국 음식이다.

숙소로 돌아오는 길, AVIS 렌터카 사무실에 차를 반납한다. 며칠 동안 함께 한 친구를 떠나 보내는 것처럼 마음이 아쉽다.

아침에 일찍 쌍둥이를 깨워 짐을 챙긴다. 오늘은 나미비아로 넘어가는 날, 한국에서 미리 예약해놓은 Intercape 버스회사의 터미널로 찾아가니 거의 출발 시간이 다 되어 도착한다.

오전 10시 정각에 버스는 출발한다. 편안한 의자로 장거리 여행에 부담이 없다. 여기서부터는 계속 북상해서 올라가는 여정, 시시각각으로 밖의 풍경들이 변해간다. 내 옆자리에 앉은 젊은 친구는 케이프타운에서 유학 중인데 방학을 해서 고향으로 간다는 나미비아 학생이다. 이런저런 이야기를 나누다가 피곤한지 잠에 빠져든다. 아프리카의 밤은 깊어가고 있다. 밤 9시경이 되어 버스는 국경도시에 도착했는데 남아공 출국은 간단히 끝났지만 나미비아 입국은 늦은 밤이라서 1명의 이민국 직원이 업무를 보다 보니 시간이 오래 걸린다.

그렇지만 쌍둥이와 함께 장난을 치면서 이야기를 하다 보니 크게 지겹지는 않다. 아이들이 아빠에게 제법 심하게 장난을 치길래 "이 녀석들, 아빠에게 그렇게 해도 되니?" 하니까 "아빠, 여행할 동안에는 아빠와 아들의 관계가 아니고 친구에요, 친구." 이런다.

나는 웃으면서 속으로 말한다. '그래 맞다. 이 여행길에는 친구다. 그냥 편한 친구, 모든 것을 나누고 이야기할 수 있는 그런 친구로 하자꾸나.'

규초씨, 또는 아저씨라고 농담하는 것이 그만큼 허물이 없고 벽이 없다는 의

미가 아닌가 생각된다. 내가 규초씨가 되든 아저씨가 되든 그것은 상관없다. 너희가 아빠를 믿고 따르고, 나는 너희를 사랑하니까. 하늘을 바라보니 아프리카의 별들이 해맑게 점점이 박혀있다.

너희와 함께 가고 있는 이 길들, 내 기억의 세포 구석구석에 각인시켜 놓으리라! 아프리카의 밤길을 아이들과 함께 달려가고 있다는 것은 정말 멋진 일이다.

나미비아의 붉은 모래사막

밤새 달린 버스가 나미비아의 수도 빈터후크에 도착하니 시간이 아침 9시다. 아프리카 여행을 계획할 때부터 나미비아를 포함시키고자 했던 것은 어느 여행책자에서 본 붉은 사막의 모습이 너무나 아름답고 멋있어 꼭 한번 보고 싶었던 이유도 있다. 버스에서 짐을 챙겨 내린 후 여행책자에서 확인한, 배낭여행객들에게 최고로 인기인 게스트하우스까지 택시비를 확인하니 9란트다. 너무 싸다. 다시 확인을 해보니 1인당 9란트란다. 이 택시기사가 잔머리를 쓰고 있는 것이다. 25란트로 흥정해서 가는데 타자마자 도착했다. 아, 억울하지만 어쩔 수 없는 일. 덩치가 큰 게스트하우스의 아가씨가 반갑게 맞이한다. 예약을 하지 않고 왔는데 다행이 방이 있다고 한다. 체크인을 한 후 용은이와 숙소 근처에 있는 슈퍼마켓에 갔다. 용은이와 무엇을 요리할 것인지 의논을 하는데 오늘따라 서로 의견이 달라서 충돌을 한다. 두 사람 모두 고집이 세니 쉽게 양보가 안 된다. 용은이에게 자기가 사고 싶은 것을 사라고 하고 난 요리하기 편한 고기종류를 구매하고 용은이는 고구마와 옥수수 바구니에 담는다. 저것을 어떻게 다 먹으려고?

그러나 더 이상 말을 하지 않는다. 계산을 하는 동안 잠깐의 침묵. 뭐 늘 있는 일이라 곧 또 언제 그러했느냐 듯 지나갈 것이다. 용은이에게 택시를 탈까 물어보니 그냥 걸어가자고 한다. 무거운 짐을 들고 게스트하우스에 도착할 때까지 두 사람은 말이 없다. 밥을 하고 구매해온 재료로 요리를 하니 제법 푸짐한 상이 차려진다. 이렇게 먹는 밥, 세상 그 어느 고급식당에서 먹는 것보다 더 맛있다. 사랑하는 사람과 따스한 햇살이 내리쬐는 곳에서 먹는 한 끼의 식사, 정말 맛있고 행복하다. 점심을 먹고는 그 동안 밀린 빨래를 하고 내일 여행할 2박 3일 사막투어예약을 한다. 최소 3명 이상이면 언제든지 출발할 수 있다고 하고 숫자가 늘어나면 비용이 내려간다고 해서 내일까지 같이 갈 수 있는 여행객을 알아보라고 한 후 일단 내일 출발하는 것으로 예약을 했다. 경비가 만만치 않지만, 나미비아를 택한 목적이 사막을 가기 위해서니 감수해야 할 일이다.

저녁에는 삼계탕, 아니 닭백숙이라고 불러야 적당한 요리를 쌍둥이들이 맛있게 잘도 먹어 준다.

쌍둥이들아, 많이 먹으렴. 그리고 힘내서 앞으로도 열심히 싸우자꾸나!

다음날, 닭백숙을 해서 먹고 남은 것으로 닭죽을 만들어보니 이 맛 또한 괜찮다. 역시 나는 음식에 대한 응용력이 대단해. 요리는 내가 하지만 설거지는 애들이 돌아가면서 하게 했다. 그래서 아침을 먹고 난 후 누가 설거지를 할 것인지 정하는데 두 놈이 서로 먼저 하라고 티격태격하는 것이다. 옆에서 지켜보다가 한마디 한다. 지는 사람이 이기는 것이라고 그러니까 지금 설거지를 하는 사람이 결국은 이기는 사람이라고 이야기를 하니 용석이가 설거지를 하겠다고. 했다. 그런데 설거지를 하는 모습이 영 마음에 들지 않는다.

　"용석아, 그렇게 해서 설거지를 언제 다 끝낼래? 설거지할 때는 손을 빨리 놀려서 이렇게 해봐. 너 군대에서 이렇게 하면 큰일 나."라고 잔소리를 하니 이놈이 기분이 안 좋은 모양이다. 두 사람이 옥신각신 한다. 용석이가 아빠는 내가 알아서 하는데 왜 그렇게 잔소리가 많으냐며 갑자기 목소리를 높이는 것이 아닌가! 나는 빨리 할 수 있는 방법을 가르쳐 주고 싶어서 이야기해주는데 녀석이 갑자기 목소리를 높이며 화를 내는 것이다. 난 잠깐 물러설 수밖에 없었다. 화가 나서 방으로 들어와 있으니 용석이가 좀 미안했는지 방으로 와서는 "아빠, 안 가요? 가이드 아저씨 왔어요."한다. 여행을 잘 끝내려면 조금씩 양보를 해야 하니 못 이기는 척하고 밖으로 나간다.

　가이드는 더 이상 여행객을 구하지 못했다며 우리 가족만 떠나게 되었다고 한다. 시내에 있는 여행사 사무실에 경비를 지불한 후 운전사 겸 가이드 그리고 요리까지 책임질 아저씨와 함께 슈퍼마켓에 들러 2박 3일 동안 먹을 음식을 구매하고, 난 돼지고기와 사막에서 마실 맥주와 포도주를 구매한다. 캠핑장비를 실은 사륜구동 차는 시내를 벗어나 사막을 향해서 달려가고 있다. 끝없이 펼쳐지는 황량한 들판, 태초의 지구모습이 이랬을까? 차창 밖으로 펼쳐지는 다양한 모습들을 세 부자가 지켜보며 사막 안으로 조금씩 들어가고 있다. 용석이 이놈이 조금씩 마음이 풀리는지 내게 장난치며 시비를 걸기도 한다. 그래, 언제나 그러했듯이 우리들이 이렇게 티격태격 하면서 삐쳤다가 다시 풀리기를 반복해가는 것이다. 아마도 이 여행이 끝날 때까지 수없이 반복되리라. 가는 도중 사슴인지 노루인지 갑자기 도로로 뛰어 나와 기사 아저씨가 급히 브레이크를 밟았다. 조금 늦었으면 한 마리를 황천으로 보낼 뻔했다. 진짜 아프리카에 와 있음을 실감하게 한다.

캠프장에 도착하니 오후 4시가 다 되었다. 사막 한복판에 이렇게 건물을 지어 놓은 것이 색다르다.

우리에게 배정된 큰 나무가 있는 캠핑 장에 짐을 내리고 캠핑장비를 이용해서 함께 텐트를 치며 하루 숙박할 준비를 한다. 그 동안 많은 여행을 했지만 애들과 함께 이렇게 야영을 하는 것은 처음이라 재미있고 기대가 된다. 야영 준비를 다 끝내고 나니 아저씨는 저녁 준비를 한다면서 혹시 운전을 할 줄 알면 사막의 일몰 구경을 갔다 오라고 한다. 야영장에서 멀지 않은 곳에 야트막한 사막 구렁이가 있는 곳으로 갔다. 벌써 해가 저물려고 해서 차를 입구에 세워두고 세 사람 모두 부지런히 올라가는데 생각보다 쉽지 않다. 보기에는 쉽게 올라갈 것 같은 모래 언덕인데 걷는 것이 쉽지 않고 조그만 언덕을 넘으면 또 새로운 언덕이 나타나고 끝이 없다.

처음으로 걸어 보는 사막언덕, 애들도 힘들어 하면서도 신기해한다. 석양이 지는 모래 언덕을 배경으로 해서 사진을 열심히 찍어준다. 용은이가 뒤쳐지며 따라 오다가 힘이 드는지 모래 언덕 위에 책과 옷을 놓아두고 올라온다. 내려갈 때 잊어버리지 않고 잘 찾아가야 할 텐데.

한참을 가도 정상은 나타나지를 않고 해는 벌써 지는지 어둑해져 간다. 연인인지 부부 사이인지 모르겠는데 외국인 커플이 내려오길래 정상이 얼마나 남아

있는지 물어보니 아직 좀 올라가야 된다나?

"얘들아 안 되겠다. 내려가야겠어. 해도 다 저물어 가고, 정상까지 올라가는 것은 무리겠다."

다시 캠프로 돌아가는 길, 용석이가 차가 수동기어인데도 꼭 운전을 해보고 싶다고 한다. 수동기어는 한 번도 해본 적이 없어서 불가능하다고 하는데도 꼭 한번 해보고 싶다고 한다. 위험하다고 하니 "아빠가 항상 도전을 해보라고 했잖아요"라고 말한다. 할 말이 없다. 그래, 해보아라. 사막에 차도 없고 도로를 벗어나도 뭐 별문제가 없으니. 어? 제법이네. 처음으로 해보는 수동운전인데 시동을 꺼트리지 않고 제법 달린다. 그래, 일단 무언가 해보는 것. 그래서 우리가 함께 이곳에 와 있는 것이 아닐까? 처음부터 잘 할 수 없는 것이다. 새로운 호기심을 가지고 도전해보는 과정에서 시행착오도 겪으면서 스스로 터득해보는 거야. 자신감과 경험을 얻는 것도 또한 중요하다.

캠핑장으로 돌아오니 벌써 저녁 준비가 다 되었다. 바베큐와 빵, 그리고 야채들이 푸짐하게 요리되어 있다. 모닥불을 피워놓고 사막의 한 가운데서 먹는 맛이 즐겁다. 어쩌면 분위기가 음식 맛을 더욱 맛있게 하는지도 모르겠다. 아주 여유롭게 와인까지 한잔하며 운치를 즐긴다. 하늘에는 별들이 촘촘히 박혀 있고 사막의 여우는 우리들 주변으로 몰려와 호시탐탐 음식을 노리고 있다.

기사 아저씨랑 이런저런 이야기를 하는데 아빠는 남아공 출신이고, 엄마는 나미비안이라고 한다. 엄마는 나미비안 중에서도 덩치가 큰 종족이라는데 여자 허리둘레가 보통 남자의 2배는 족히 되는 체격이다. 한동안 케이프타운에서 운전기사로 일을 하기도 했는데 지금은 빈트후크에서 열 살 아들과 열여섯인 딸을 하나씩 두고 살고 있단다. 재혼인 부인과 결혼을 했는데 딸은 전 남편의 딸이지만 자기가 어릴 적부터 키워서 친딸이나 똑같다고 한다. 이야기하는 표정을 보니 친딸이 아닌데도 정말 좋아하고, 사춘기가 되어서 걱정을 많이 하는 모습이 친 아빠 이상으로 더 신경을 쓰는 것 같다. 어느 민족에 관계없이 어디가나 '딸 바보'는 똑 같은가 보다. 모닥불을 피워놓고 이런저런 이야기로 시간 가는 줄 모르고 장작불과 함께 밤을 태우고 있다. 애들도 처음으로 해보는 야영이라 재미있어한다. 언제 다시 이런 시간을 함께 할 수 있을까 생각해본다.

이 먼 아프리카의 밤하늘 아래에서 모닥불은 하염없이 타고 있고 주위는 고요하게 우리를 감싸면서 하늘의 별들은 더욱 또렷이 빛나고 있다. 참으로 먼 길을 와 있다. 사랑하는 아들과 함께 먼 길을 달려와 우리는 함께 색다른 경험을 하면서 추억을 한 페이지씩 쌓아가고 있다.

여우와 자칼이 주위를 맴도는데 사람을 전혀 무서워하지 않는 것 같아 진짜 아프리카에 와 있음을 실감하게 만든다. 텐트로 들어가 세 사람 모두 침낭 속에서 컴퓨터로 TV 프로그램 한 편을 보면서 즐거운 시간을 보낸 후 쌍둥이 두 놈은 잠에 빠져들었다. 텐트에서 나와 차가운 공기를 접하면서 하늘을 보니 별

들이 쏟아지고 있다. 점점이 박힌 별들…. 누가 저렇게 누군가의 눈물처럼 뿌려 놓았나. 저 수많은 별은 각각 어떤 모습일까? 그 별 중 하나인, 억만 겁의 세월을 가진 이 지구별에 백 년도 채 살지 못하는 이 존재는 무엇일까. 대단하지도, 대단할 수도 없는 미미한 존재가 잘났다고 허세를 부리지는 않았을까. 찰나 같은 삶에서 무언가를 움켜쥐고 발버둥 치는 것이 무슨 의미가 있을까. 지금 이 순간 하늘의 별들을 보면서 나를 조금씩 비워간다. 비울수록 더 가벼워지고 가벼워질수록 삶은 더 여유가 있으면서 행복해지는 것은 아닐까?

지금 시각 10시. 내일 새벽에 일찍 일어나야 해서 텐트 속으로 들어갔다. 여우와 자칼이 조그만 물건들을 물고 간다고 해서 신발과 주위에 있는 물건들을 모두 텐트 안에 넣었다. 자연과 동물, 그리고 인간이 함께 호흡하는 느낌이 참 좋다. 두 놈은 이미 곤히 잠들어 있다. 아빠만 믿고 따라와 이곳 나미비아의 사막에서 잠을 자고 있다. 사막의 첫날밤은 그렇게 지나가고 있었다.

듄 45를 보기 위해서 다섯 시에 일어났다. 밤에 기온이 엄청 내려가 추워서 밤새 잠을 설쳤다. 쌍둥이들도 많이 추웠는지 아침에 깨우는데 많이 힘들어한다. 텐트만 남겨두고 나머지 짐들을 챙겨서 출발하니, 같은 캠프에 있는 다른 차들도 거의 같이 출발했다.

캠핑장에서 듄 45까지는 40km 정도 거리에 있다. 밤새 추위로 잠을 설치고 나서인지 몸이 뻐근하지만 제일 아름다운 모래언덕을 보러 간다는 생각에 마음은 다소 흥분이 된다. 한참을 어둠 속을 달리다 보니 듄 45에 도착을 했다. 어둠은 거의 가셨지만 아직 해는 뜨지 않은 상태인데 사진으로 본 그 멋진 모래언덕이 눈앞에 펼쳐져 있다. 용석이가 차에서 내려 모래언덕에 올라가기 시작하더니 추워서 도저히 못 가겠다고 다시 돌아온다. 따라가던 용은이도 추워서 안 되겠다면서 차로 가겠다고 돌아가 버린다. 이놈들, 언제 다시 우리가 이곳에 올지도 모르는데 웬만하면 같이 갔으면 하지만 추워서 떠는 애들을 어떡할 수는 없고. 그래, 차에 가 있어라. 아빠가 가서 사진으로, 또 가슴으로 담아와 보여주마.

혼자 듄 45 모래언덕을 오르기 시작한다. 모래언덕 중에서는 제일 아름답다는 이곳은 엽서에도 자주 등장하는, 대표적인 곳이다. 바람의 방향에 따라 다양한 모습들을 만들어 내는 것이 정말 아름답다. 다양한 물결 같은 모습으로 만들어지는 것이 경이롭기도 하다. 올라갈수록 바람이 차다. 같이 올라가는 서양 친구들도 추위에 떨면서도 올라간다. 모래 언덕 중간쯤 가다 보니 해가 떠오르기 시작하면서 모래 빛이 비치는 쪽과 그늘이 지는 반대쪽 모습들이 함께 어우러져 정말 멋있는 모습을 연출한다. 환상적이다. 말로 표현할 수가 없는.

듄 45 붉은 모래사막

이 멋있는 장면을 남기고 싶어서 뒤따라 올라오고 있는 커플에게 부탁해 멋진 한 컷 사진을 찍고 나도 그 커플에게 최대한 멋진 배경으로 예술작품이 되게끔 공들여 한 컷을 찍어 준다. 듄 45는 정상까지의 높이가 350m이다. 한참을 올라가다 보니 모래언덕 정상에 올랐다. 정상에 앉아서 다양한 모습들을 한 붉은 모래언덕을 바라보니 많은 생각을 하게 된다. 인간은 참 미미한 존재이고, 우리가 지금 이 순간 중요하다고 생각하며 집착하고 있는 것이 모두 의미가 없어지는 것 같고, 이 위대한 자연의 모습에서 좀 더 겸손해지고 담대해져야 할 것

같다는 생각을 하게 된다. 언제부터 어디서 이렇게 모래가 날아와 이 큰 모래언덕을 만들었을까? 이 모래는 도대체 얼마나 긴 시간 동안 쌓여 이렇게 많은 모래언덕이 된 것일까. 신기하고 경이롭게 느껴진다.

듄 45를 내려오니 가이드가 빵으로 간단한 아침을 준비해놓았다. 모래언덕을 배경으로 아침을 먹는 모습이 멋있다. 남자다움이 느껴지는 영화 속의 한 장면 같아 정말 낭만적인데 아직도 많이 춥다. 두 놈은 여전히 춥다면서 차에서 나오지를 않고 있다. 억지로 차에서 나오게 해, 아침을 간단히 먹고 다시 서둘러서 소수스 플라이로 간다.

소수스 플라이는 나미브 사막 안에 속한 일부분인데 5,500만 년 전에 만들어진 나미브 사막은 대서양 해안을 따라 길이 1,600kn, 너비 최대 160km에 이르는 해안사막이다.

나미브 사막의 모래언덕은 칼라하리 사막에서 만들어진 자갈과 흙, 모래 등이 오렌지강을 통해 흘러가다 대서양에 이르러 북쪽 연안을 따라 밀려간 뒤 바람에 소수스 플라이까지 날아와 만들어졌다고 한다. 소수스 플라이를 5km 남겨두고부터는 독일에서 온 단체관광객과 함께 이곳에서 제공하는 사륜구동 차량을 이용해서 들어간다. 그렇게 5km 정도 들어간 후, 차에서 내려 걸어가기 시작했다. 걸어가는 중간 중간에 여우도 지나간다. 도대체 동물들이 사람을 무서워하지 않는다. 아니 사람이 동물을 무서워해야 하는 건가? 모르겠다. 다양한 모래언덕(파더스 모래언덕, 건너편에는 마더스 모래언덕 등)이 펼쳐진다. 약 3km 정도의 거리를 걸어가는데 멋있는 장면들이 많아 정신 없이 사진을 찍어댄다. 동양인이라고는 우리밖에 없고 대부분 독일 노부부들의 단체 관광객이다.

옛날 독일이 한때 이곳을 통치한 역사가 있어서 유독 독일 사람들이 많다. 힘들게 언덕을 올라가는 노인들을 보니 역시 오지여행은 가능하면 젊었을 때 해야 하지 않나 하는 생각을 하게 된다.

데드블레이. 옛날에는 물웅덩이로 나무들이 살아있었는데 지금은 모래언덕에 막혀 물이 흐르지 못해 지금은 모두 죽은 상태로 고목의 형태로 남아있다. 어떤 것은 900년이 넘은 고목들이라고 하니 살아서보다 죽어서 더 많은 세월을 보내고 있다. 축구 경기장만 한 둥근 평지 바닥에는 소금이 되어 하얗게 말라붙은 강바닥과 군데군데 오래된 고목들, 그리고 주위를 둘러싸고 있는 붉은 모래 언덕들이 아주 미묘한 조화를 이루고 있다. 자연이 이렇게 그 어떤 예술 작품보다 더 멋진 풍경을 만들어 내는 것에 감탄하지 않을 수 없다. 세계의 유명 사신삭가들이 모두 와서 작품사진을 찍고 싶다고 하는 것에는 이유가 있음을 알 수 있다. 고목나무 위에 걸터앉아 모래언덕을 배경으로 쌍둥이와 추억을 View Finder에, 그리고 가슴속에 깊이 담아본다. 소수스 플라이의 모래들은 정말 미세하다. 밀가루처럼 손에 쥐면 손가락 사이로 흘러내리는 것이다. 그러다 보니 바람의 방향에 따라 물결 같은 모습을 연출하게 되는 것 같다.

누군가 사막을 보고 싶다면 꼭 이곳으로 오라고 하고 싶다. 붉은 모래사막이 시간에 따라 연출하는 다양한 모습들을 보고 자연의 위대함을 느껴보고 또 자연이 만들어 내는 예술작품을 현실에 벗어나 한번 직접 몸으로 느껴보라고 하고 싶다. 그래서 인간이 별것이 아님을 느껴서 좀 더 낮은 곳으로, 좀 더 겸손한 마음으로 살아가게 할 것 같다. 기회가 된다면 다시 한 번 오고 싶다.

다시 어젯밤 묵은 캠프장으로 와서 점심을 먹고는 텐트를 챙겨서 1,500만 년 전에 만들어졌다는 소수스 캐년으로 출발한다. 약 2km 정도 길이와 높이가 30m 정도 되는 크기인데 계곡에 물이 흘러가면서 만들어 놓은 협곡으로 물이 흘러가면서 만들어 놓은 모습들이 다양하게 연출되어 있다. 물은 전혀 없고, 모래와 자갈 그리고 물이 흘러가면서 만들어 놓은 다양한 모습들이다. 간단히 둘러본 후 오늘 야영할 곳에 짐을 풀고 어제처럼 텐트를 치고 야영 준비를 마쳤다. 어제 한번 해본 바가 있어 쌍둥이들이 좀 더 능숙하게 텐트 치는 일을 도와주었다. 텐트를 치고는 요리준비를 하는 기사 아저씨에게 오늘은 내가 한국 요리를 해봐도 되느냐고 물으니 No Problem이란다. 애들이 계속 빵만 먹고 있어서 내심 밥과 한국 음식을 먹게 해주고 싶었다.

"애들아, 아빠가 김치찌개 한번 만들어 보려고 하는데 괜찮니?"

당연히 오케이다. 쌀로 밥을 하고 애들과 함께 사막에서 제대로 요리 실력발휘를 해본다. 먹다 남은 김치와 올 때 슈퍼마켓에서 구입한 돼지고기로 김치찌개 맛을 내어보는데 무언가 2%가 부족하다. 할 수 없이 비장의 무기인 라면 스프를 넣으니 그런대로 김치찌개 맛이 난다. 그리고 삼겹살을 숯불에 구워서 함께 먹으니 이건 꿀맛이다.

기사 아저씨에게 한번 맛보라고 권유하자 먹어보더니 처음에는 맵다고 하면서 맛있는지 그 뒤로는 계속 잘 먹는다. 태어나서 이렇게 매운맛의 음식은 처음 접해본다고 한다.

"이게 한국 음식이에요. 맛있죠? 맛있으면 많이 드세요. 삼겹살도 맛있죠? 참기름과 소금에 찍어 먹으면 돼요. 한번 먹어봐요. 집에서 만들어 먹을 때도 돼지고기의 벨리부분을 사서 이렇게 자른 후 숯불에 구워 이렇게 참기름과 소금을 섞은 소스에 찍어 먹으면 돼요. 아주 간단해요. 그죠?"

난 신이 나서 열심히 설명해준다. 사막에서 먹는 김치찌개 맛은 더욱 각별하다.

"얘들아, 아빠는 무엇이든 할 수 있어. 말만 해. 다 만들어 낼 거야!"

의기양양하게 애들에게 호기를 부려본다. 안나푸르나 산행을 할 때 요리해서 먹은 닭백숙과 오늘 사막에서 먹은 김치찌개는 두고두고 오래 기억 속에 남을 음식이 될 것 같다.

사막여행을 마치고 빈터후크로 다시 돌아오는 다음 날, 용석이가 입이 아프다고 한다. 치아 교정을 하기 위해서 넣은 보철이 풀려서 입안을 찌르는 모양

이다. 시내로 들어와 치과를 가보았지만 토요일이라 모두 영업을 안 한다. 게스트하우스에 와 수저로 눌러보나 단단해서 도저히 되지 않는다.

"용석아, 어쩔 수가 없다. 월요일까지 기다려야 되겠다."

몇 년 전 중국에 갔을 때 똑같은 문제가 생겨 시내에서 공업용 플라이를 사서 샤먼 국제공항 화장실에서 안 하겠다는 놈을 달려서 한 번만 해보자고 한 적이 있었다. 용석이가 할 수 없이 동의를 해서 시도를 해보았으나 입을 잘못 건드려 기겁을 하면서 안 하겠다고 도망을 가버린 적이 있었다. 지금도 그때 생각하면 웃음이 나온다. 사람들이 들락거리는 국제공항 화장실에서 두 사람이 공업용 플라이를 들고 입을 벌려 무얼 하는 모습이 얼마나 웃기던지…….

주말에는 집에서 가족들과 함께 시간을 보내는 것이 이곳의 문화인지 주말에 영업을 하는 식당들을 찾기가 쉽지가 않다. 주말에 가족들과 외식을 많이 하는 한국과는 많이 다른 모습이다. 그래도 나왔으니 일단 한번 찾아보고자 한참 헤매다가 괜찮은 양식당이 있어 물어보니 9시까지 문을 연다고 한다. 내일이 Father's Day라고 스페셜 메뉴가 있는데 오늘은 되지 않아서 아쉽다. 맛있게 저녁을 먹고 웨이터에게 "우리 내일 오겠다. 내일은 Father's Day니 우리 아들이 저녁을 살 것이다. 일 년에 364일이 Children's Day이고 단 하루만 Father's Day가 아니냐." 하고 농담을 하니 이 사람들이 그저 웃기만 한다. 내일 정말 다시 올까?

게스트하우스로 돌아와 젊은 배낭여행객들과 어울려 맥주 한잔 하면서 시간을 보낸다. 대부분이 20대인데 50대가 끼어서 분위기를 잡고 있으니 좀 어색한 것 같기도 하지만 뭐 어떠랴. 낯선 곳에서 낯선 사람들과 어울려 방랑자의 기분으로 시간을 보내는 것도 참으로 행복하게 느껴진다. 누구도 나에 대해서 신경을 쓰지 않고 나 또한 누군가에게 방해되지 않는 범위 내에서 자유롭게 생각하고 행동하는 것이다. 여행은 의식적이지 않고 자연스럽게 느껴지는 대로 행동할 수 있는 것이 아닐까. 일상에서 벗어나 현실의 소음에서 잠시 귀를 닫고 침묵과 사색을, 사실 침묵을 해야 누군가의 소리를 더 잘 들을 수 있고 사색의 깊이가 있어야 좀 더 내적으로 나를 바라볼 수 있는 힘이 생기면서 스스로를 더욱 단단하게 할 수 있게 된다. 일단 내 스스로가 굳건해야 누군가에게 도움의 손을 내밀 수 있으니 이 여행을 통해서 나를 좀 더 풍성하게 만들고 굳건하게 만드는 기회가 되었으면 하는 바램을 가져본다.

월요일에 잠비아로 가는 버스가 있어서 오늘 하루 더 빈터후크에서 머무른다. 게스트하우스에서 빌려주는 자전거를 타고 쌍둥이와 시내를 둘러본다. 수도라고 하지만 인구가 20만 정도밖에 되지 않는 작은 도시다. 제일 큰 도로인 Independence Avenue를 따라 시내 중심가가 형성되어 있는데 전체 거리가 짧다. 한 시간 정도 자전거로 달려보니 갈 곳도 별로 없어서 일요일에도 문을 여는 슈퍼마켓으로 갔다. 용은이와 함께 저녁에 요리할 재료를 구매하고 그리고 별도로 도마와 식기 그리고 주방용 가위를 구매했다. 게스트하우스에 있는 도마가 거의 사용을 할 수 없을 정도이고 식기도 부족해서 다음에 올 백패커를 위해서 기증을 하고 싶어서였다. 누군가 좀 더 유용하고 편하게 사용하면 좋겠다는 생각에서 구매를 하자고 용은이에게 제안을 하니 자기도 좋다고 한다. 그렇게 몇 가지를 구매하는데 눈에 띄는 것이 있다. 플라이! 와, 이거다.

"용은아, 이것 사자. 형 이빨 치료를 이것으로 하면 가능할 것 같다."

손톱깎이 정도의 아주 작은 것도 있어서 금상첨화다. 이것이면 입안에 충분히 들어갈 수 있겠고 풀린 철사를 자르는 것이 가능할 것 같았다. 의기양양하게 구매를 하고는 게스트하우스로 돌아와 용석이를 불렀다. 이놈은 이가 아픈지 인상을 쓰고 있다. 혀를 움직일 때마다 풀린 치아 교정기의 끝부분이 입안에 닿아 먹기도 힘이 든 상태였다. 얼른 불러서 시도해보기로 했다.

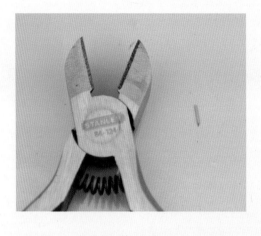

"용석아, 이것 봐. 이것 슈퍼마켓에서 샀는데 이것이면 충분히 가능할 것 같애. 일단 아빠 믿고 한번 해보자. 아니면 내일 치과 문 열 때까지 기다려야 해."

자기도 많이 힘든지 한번 해보겠다고 한다. 입을 벌려 풀린 철사 부분을 손으로 잡고 플라이를 입안으로 집어넣으니 철사의 끝 부분이 잡힌다. 그리고는 꽉 누르니 '툭' 하고 무언가 잘리는 것이었다.

"용석아, 된 것 같아. 한번 확인해봐."

입에서 잘린, 조그만 철사 조각이 나왔다. 이것 때문에 며칠을 고생했었던 것이다. 혀를 몇 번 움직여 보더니 이제는 괜찮다고 한다. 이렇게 간단히 되는 것을.

"용석아 봤지? 아빠가 해결하는 걸. 이제 치과 갈 필요도 없잖아."

작년 중국의 공항에서는 실패했지만, 이번에는 성공했다. 스스로 너무 자랑스러워 흥분을 하니 이놈들이 너무 흥분하지 말란다. 그러나 아빠는 대단하다고 생각해. 일단 시도를 해보고 실패하면 또 한 번 시도를 해보고…. 그렇게 해서 이렇게 해결되었으니 말이다.

저녁은 오늘 슈퍼마켓에서 구입한 것으로 몇 가지 요리를 해서 해결하고 애들은 방으로 가고 난 게스트하우스에 있는 조그만 바에서 데낄라 몇 잔을 하면서 이국의 정취를 느끼고 있었다. 그때 술이 좀 과한 아가씨가 와서 말을 걸며 한잔 사달라고 한다. 뭐 비싼 것도 아니라 한잔을 사주었다. 술을 사주니 고맙다면서 이야기를 하는데 중국에 갔다 왔다는 등 이런저런 이야기를 하며 횡

설수설한다. 한쪽에는 한 무리의 젊은 친구들이 모닥불을 피워놓고 즐거운 시간을 보내고 있었는데 그중 한 명과 이런저런 이야기를 나누었다. 벨기에 출신의 청년인데 모잠비크 출신의 친구와 아프리카 여행 중이라고. 그리고 내일 잠비아로 넘어간다고 한다. 이름이 제프리와 무사다. 우리도 내일 오전에 잠비아로 넘어가는데 시간을 확인해보니 같은 버스를 타고 가는 것이었다. 그래, 우리 내일 버스 터미널에서 보자꾸나. 그렇게 된 만남이 이 친구들과 함께 잠비아 리빙스턴을 떠날 때까지 함께 시간을 보내는 계기가 되었다.

잠비아와 보츠와나

빈터후크를 오후 2시에 떠난 버스는 밤새 잠비아 리빙스턴으로 쉬지 않고 달려간다. 아프리카의 밤 기온이 내려가는데 버스의 에어컨까지 세서 외투를 껴입고 자다 보니 온몸이 뻐근하다. 아프리카의 초원이 해가 떠오르면서 모습을 보이기 시작한다. 이제야 제대로 된 아프리카 초원의 모습이 펼쳐져 기대와 흥분을 하게 된다. 잠비아로 넘어가는 국경

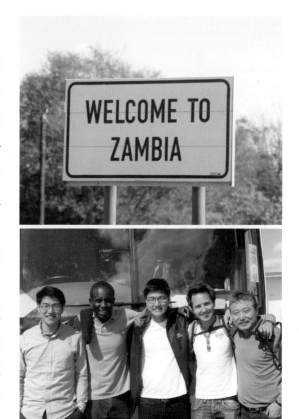

도시에 도착하니 아침 9시다. 도착 비자로 일 인당 80불, 세 사람이라 300불을 주고는 용은이가 거스름돈 60불을 잊어버리고 그냥 왔다. 그러나 이미 버스는 출발해서 가는 중이니 그저 이민국 직원을 횡재하게 만들어 준 것으로 위안할 수 밖에 없다. 국경에서 이민국 수속을 밟을 때 빈터후크 게스트하우스에서 같이 온 젊은 친구 2명과 친해져 함께 사진도 찍고 이야기도 많이 나누었고 쌍둥이도 형들이 생겼다고 좋아한다. 여행은 낯선 곳에서 낯선 사람들을 만나 인연을 만들면서 삶의 경험들을 공유하는 재미가 쏠쏠하다.

정오경 버스는 리빙스턴에 도착하였다. 버스에서 내리니 어떤 현지인이 우리가 미리 확인해 두었던 게스트하우스, Jolly Boys로 가느냐고 묻는다. 그렇다고 하니 자기가 안내를 해주겠다고 한다. 버스정류장에서 멀지 않은 곳에 게스트하우스가 있다. 우리는 게스트하우스 직원이 직접 와서 안내까지 준다고 생각해서 참 서비스가 좋다고 여겼는데 이 친구가 도착해서 일 인당 얼마씩 팁을 달

라고 하는 것이 아닌가. 그러면 그렇지. 함께 온 독일 젊은 친구는 잔돈이 없어서 당혹스러워하길래 대신 우리가 적당한 팁을 주고 해결해주었다.

Jolly Boys라는 게스트하우스가 안내책자에 제일 유명한 곳으로 소개되어 있었는데 그래서인지 역시 많은 여행객이 있었다. 다행스럽게도 방이 있어 체크인하고는 잠시 휴식을 취했다. 게스트하우스는 어디를 가나 대부분 서양의 젊은 남녀들이다. 그런데 그중에 한국 사람으로 보이는 젊은이가 있기에 말을 걸어보니 루사카에서 교환학생으로 와서 공부하고 있다고 한다. 강원도에 있는 대학에서 학업 중인데 1학년을 마치고 와서 2학년을 이곳에서 모두 마치고 한국으로 돌아갈 예정이라고 했다. 나는 뜻밖에도 한국 젊은이를 만나서 반가웠고 아이들도 형이 생겼다고 좋아하며 같이 시간을 보냈다. 근처에 슈퍼마켓이 있어 용석이와 함께 저녁거리를 사서 오는 길에 반기문 유엔사무총장님의 흉상이 만들어져 있는 걸 보았다. 반 총장님이 이곳을 다녀갔다고 기념하는 것이었는데 같은 한국 사람이라는 것만으로도 괜히 기분이 좋아졌다.

안전보장 이사회 멤버인 강대국들의 이해관계 때문에 유엔의 역할이 어떤 면에서는 한계가 있지만, 아프리카의 빈곤과 질병에 대해서 많은 일들을 하고 있는 것은 사실이다. 장기간 계속되는 내전, 질병과 빈곤의 문제는 아프리카 사

람들을 더욱더 힘들게 만들고 있다. 어떤 곳에서는 과식으로 비만이 문제가 되는데 아프리카에서는 생존을 위한 최소한의 식량이 없어 죽어가고 있는 현실은 참 안타까운 일이다. 오랜 식민지 생활과 노예로 수많은 그들의 선조들이 팔려나간 아픈 역사가 아프리카에 있다. 대대손손 평화롭게 살아가는 곳에 서양인들이 와서는 개발을 해준다는 미명하에 착취를 해, 원주민들은 소작인으로 전락하고 침략자만 배 불린 식민지배는 이들에게 많은 고통을 주었던 것이었다.

저녁은 요리해서 한국 젊은이와 함께 먹는다. 남아 있던 김이랑 한국 음식과 함께 먹는데, 오랫동안 한국 음식을 접해

보지 못해서인지 아주 맛있게 잘 먹는다. 한국 라면도 오랫동안 못 먹었다고 해서 가지고 있는 라면 중 몇 개를 주면서 기숙사에 가서 끓여 먹으라고 했다. 아마도 꿀맛이리라.

　다음날 빅토리아 폭포로 갔다. 리빙스턴에 많은 여행객이 오는 이유가 그 유
명한 빅토리아 폭포가 있기 때문이다. 10시에 숙소에서 빅토리아 폭포까지 무
료로 제공해주는 셔틀버스를 타고 갔다. 시간 착오로 늦게 탑승을 해서 먼저
탑승한 여행객들에게 미안하다고 이야기를 하고 둘러보니 어제 만난 무사와 제
프리. 인턴쉽 중인 독일 젊은이, 그리고 일본인 청년이 함께 타고 있다. 제프리
에게 지금 몇 시냐고 물으니 10시가 넘었다고 한다. 나미비아에서 잠비아로 넘
어올 때 시간 변동이 있는데 그걸 몰랐던 것이다. 20여 분쯤 가니 빅토리아 폭

포 입구가 나온다. 입장료를 내고 안으로 들어가는데 갑자기 사람 비명소리가 들려 돌아보니 바분원숭이가 현지인의 음식물 가방을 탈취해가는 것이었다. 현지인 여자가 놀라서 있고 다른 남자들이 돌을 들고 쫓는데도 이놈들은 별로 무서워하지를 않는다. 몇 마리의 바분원숭이가 가방을 뒤져 음식물을 먹는 모습이 내게는 참 신기하게 보인다. 우리도 혹시나 해서 가방을 잘 챙긴다. 카메라와 여권이 든 가방을 저 녀석들에게 빼앗기면 정말 낭패니까.

빅토리아 폭포는 세계 3대 폭포 중 하나로 그 웅장함이 다른 폭포와는 비교하기가 힘들다. 폭포에 이르기 전에 비옷을 빌려주고 있다. 왜 레인코트가 필요한지 폭포에 다다라서야 알 수가 있었다. 위에서 떨어지는 물들이 바람에 날려서 건너편으로 소낙비같이 쏟아지는 것이다. 장관이다. 우렁차게 물이 떨어지는 소리는 정말 시원스럽게 느껴진다. 남미의 이과수폭포가 여성적인 매력을 가졌다면, 빅토리아 폭포는 건장한 남성의 매력을 느끼게 하는 장엄함이 있다.

비처럼 내리는 물보라로 인해 사진을 찍기가 쉽지 않지만, 쌍둥이와 함께 잠깐 바람의 방향이 바뀔 때를 틈타서 멋진 모습을 담는다. 우리는 한없이 떨어지는 물보라의 모습을 보며 세 사람이 흠뻑 물에 젖어본다.

"얘들아, 우리 다시 오기 힘들어. 여기서 실컷 물을 맞아보자."

폭포를 구경하고는 짐바브웨로 넘어가는 국경 다리로 갔다. 잠비아와 짐바브웨를 연결하는 다리로 다리 중앙에는 번지점프를 할 시설이 만들어져 있어서 많은 관광객이 이용 하고 있었다. 웬만하면 도전을 해보겠지만, 아직 번지점프할 용기는 나지 않는다. 다리 중앙에 가니 국경이 표시되어 있어서 재미로 발을 벌려서 두 국가에 발을 디뎌보았다. 짐바브웨의 지폐를 사라고 젊은 친구들이 엄청나게 달려든다. 화폐의 단위가 무려 몇 백만이다. 엄청난 인플레이션으로 인해 돈이 거의 휴지조각이 되어버린 상황이었던 것이다. 아이들이 신기해

서 하나 사겠다고 한다. 그럼 사라. 넌 그것을 사는 순간 엄청난 백만장자가 되는 것이니까.

강기슭에 있는 레스토랑 한편에는 짐 베지 강 위에 철도가 만들어지는 과정을 담은 사진들이 전시되어 있다. 아프리카 철도는 케이프타운의 총독으로 있었던 세실로즈가 남아공에서 이집트까지 연결하는 아프리카를 종단하는 열차를 건설할 계획을 세웠는데 결국 모두 완성을 하지 못했었다.

빅토리아 폭포를 모두 구경한 후 택시를 타고 게스트하우스로 돌아오니 낮에 함께 폭포를 구경했던 친구들이 모두 모여 있다. 그때 갑자기 저녁 초대를 하면 좋겠다는 생각이 들어서 쌍둥이에게 의견을 구하니 좋다고 한다.

"오늘 내가 요리를 해서 저녁 초대를 할 테니, 저녁 먹지 말고, 나가지 마."

제프리, 무사 그리고 일본 JAICA에서 파견된 일본 젊은이 그리고 독일 젊은 친구, 또 한국인 남학생 2명, 숫자가 적지 않다. 자칭 요리사의 본능이 또 발동한 것이다. 용은이와 함께 슈퍼마켓에서 여러 가지 음식재료를 사고, 맥주와 음료도 풍성히 사서 제대로 된 만찬을 준비한다.

쌍둥이와 손발을 맞추어서 부지런히 요리하는데 제프리가 와서 도와주겠다

고 한다. 총지휘자가 되어 짧은 시간에 몇 가지 요리를 해서 상을 차렸는데 제법 그럴듯하다.

"자, 맛있게 먹자. 맛이 없더라도 많이 먹어줘."

먹다 남은 젓갈과 김도 함께 내놓았는데 일본 친구가 맛있다고 무척 좋아한다. 요리한 것도 후딱, 게눈 감추듯이 먹어 치우면서 모두 오랜만에 제대로 된 음식을 먹었다고 고마워한다. 배낭여행이다 보니 제대로 음식들을 해 먹을 수 없어서 더 그러했을 것이다. '역시 나의 요리 솜씨는 괜찮단 말이야. 맛을 떠나 짧은 시간에 번개같이 요리하는 솜씨도 자랑할 만한 거야'라고 스스로 대견해 했다. 저녁을 먹고는 함께 개인적인 이야기들을 나누는데 일본에서 온 친구는 케냐 몸바사에 JAICA 단원으로 파견되어 1년간 봉사활동을 하고 있다고 하고 제프리와 무사는 친구 사이로 2달 정도 아프리카를 여행 중이고 제프리는 집안의 가업을 이어받아 자동차 딜러로 일하고 있다 했다. 큰 매장을 보유하며 직원들도 많이 고용해 제대로 된 사업을 하는 것 같다. 나중에 자기 나라에 오면 꼭 한 번 연락하라고, 오늘 먹은 저녁에 대한 고마움을 보답할 기회를 달라고 한다. 아직 총각인데 아주 반듯하고 성실해 보이는 친구이다. 아마도 나중에 더 큰 사업을 하게 되리라. 쌍둥이도 형들과의 대화에 끼어들어 함께 나름대로 이야기하는 모습을 보고 여행을 다니면서 다양한 사람들과 만나서 부대끼다 보니 스스럼없이 대화할 수 있게 된 것 같다. 이것도 여행하면서 얻는 장점 중 하나이리라. 젊은이는 최대한 많은 경험을 하고 다양한 사람들을 만나 교류를 하면서 세상을 보는 시각을 넓힐 필요가 있다. 언어와 피부 색깔의 다름을 뛰어넘어 인간 대 인간으로 그들의 문화와 삶을 들으면서 우리들의 말과 문화도 함께 소중함을 느껴보고 지구의 어느 나라를 가더라도 스스럼없이 그들과 어울려서 살아갈 수 있는 글로벌한 젊은이로 성장해 나가야 한다. 책 속에 있는 지식도 중요하지만 길 위에서 만나는 다양한 삶의 지혜를 접하는 것도 정말 중요하다. 지구별의 다양한 친구들을 사귀고 그들과 함께 아름다운 세상을 만들어 가는 데 일조할 수 있다면 정말 멋진 일이 아닐까?

언젠가 제프리의 사업체를 찾아가 꼭 밥 한 끼 얻어 먹어야겠다.

초베 사파리는 보츠와나에 있는 사파리다. 쌍둥이가 꼭 가고 싶어 하는 곳이어서 안 갈 수가 없다. Day Tour 일정으로 예약해놓았다. 출발이 아침 7시, 당일로 끝나는 투어라서 아침 일찍 출발했다. 다녀오면 밤 10시에 루사카로 가는 버스를 타야 해서 미리 체크아웃하고 가방을 리셉션에 맡겨 놓았다. 1시간 이상을 달려가니 잠비아, 나미비아 그리고 보츠와나가 함께 만나는 삼각지 강가에 도착해서 간단히 출국 수속을 한다. 잠비아 입국 시 복수 비자를 받아놓아서 보츠와나를 갔다 오는 데는 문제가 없다. 작은 보트를 타고 5분도 채 되지 않아 보츠와나에 도착한다. 잠비아 여행가이드는 보츠와나 차량과 가이드에 우리를 인계해주고 나중에 다시 오겠다고 하고 떠났다. 친절하고 유머 있고, 그리고 영어도 유창하게 잘하는 보츠와나의 가이드가 간단히 여행에 대해서 안내를 해준다. 오전에는 배를 타고 사파리 투어를 하고 오후에는 게임 드라이브, 즉 차를 타고 사파리 투어를 하는 일정이라고 한다. 30분 정도를 달려서 도착한 곳에서 간단히 아침 식사를 하고 서양인 노부부와 아침에 같이 타고 온 젊은 아가씨와 함께 보트를 타고 본격적인 투어를 시작했다. 악어와 하마 그리고 강가에 물을 마시러 오는 코끼리 무리 등 다양한 동물들의 모습을 바로 코앞에서 볼 수 있다는 사실이 무척 신기하다.

실로 엄청난 국가의 자산이다. 수많은 관광객이 이곳 동물들을 보기 위해서 오니 이곳은 이 나라의 보물단지인 셈이다. 동물들이 인간에게 얼마나 많은 이로움을 주는지 절실히 느끼게 해주는 곳이기도 하다. 강에 대규모 습지로 이루어진 큰 섬이 있는데 이곳에 동물이 많이 서식하고 있어서 이곳의 영유권을 두고 나미비아와 보츠와나가 분쟁을 벌였다고 한다. 결국에는 국제 중재 재판에서 보츠와나 관할로 넘어갔다고 하는데 이유는 이 섬을 끼고 있는 보츠와나 쪽의 강이 나미비아 쪽보다 폭이 넓어서 큰 강이 접하고 있는 보츠와나로 넘어갔다는 것이다. 보츠와나 입장에서는 아주 큰 보물을 챙긴 셈이 되었고 나미비아는 아쉬울 수밖에 없는 일이었다. 물속의 고기를 낚시하기 위해 하늘을 빙빙 돌다가 쏜살같이 물속으로 들어가는 새들, 유유자적 물속에서 목욕하는 하마, 임팔라 그리고 강가를 떼지어 다니는 코끼리 무리들 등. 지금은 이렇게 한가롭게 보이지만 생존을 위한 처절한 싸움이 이면에 있을 것이다. 초베에서의 사파리투어는 다른 곳보다 배를 타고 동물들에게 좀 더 가까이 다가가서 구경할 수 있는 이점이 있다.

배를 탄 곳으로 다시 돌아가니 점심을 제공해준다. 현지 스타일의 음식을 선택해서 먹었는데 먹을만했고 쌍둥이도 맛있는지 깔끔하게 그릇을 비웠다. 이번에는 게임드라이브를 하기 위한 차에 탑승을 했는데 한 팀을 더 태워가야 한다면서 다른 숙소에 들렀다. 조금 전 보트에 함께 탔던 서양인 노부부가 다시 우리와 같이 여행하게 되어서 우리는 앞자리를 노부부에게 양보하고 본격적으로 사파리 투어를 시작한다. 운이 좋으면 사자를 볼 수 있다고 가이드 아저씨가 이야기하는데, 글쎄, 운이 있을지 모르겠다. 사파리 공원 안으로 들어가지 제일 먼저 나타나는 것이 임팔라, 노루같이 생긴 것으로 여기에서 제일 좋은 먹잇감이라며 가이드가 우스갯소리로 맥도널드를 비유해서 '맥팔라'라고 이야기를 한다. 맹수들이 제일 쉽게 구할 수 있는, 맛있는 먹잇감이라는 뜻일 것이다. 조금 더 들어가니 기린 무리가 성큼성큼 뛰어다니며 멋진 자태를 뽐내고, 코끼

리 떼가 불쑥불쑥 나타나기도 한다. 사실 제일 많이 본 동물이 임팔라 다음으로 코끼리 떼다. 차 앞에 버티고 있다가 느릿느릿하게 길을 비켜주는 코끼리를 코앞에서 본다는 것이 신기할 따름이다. 우리는 연신 셔터를 누르며 동물들의 모습을 담기 위해 정신이 없다. 가이드가 강가에 차를 세운 후 차에서 내릴 수 있게 해주어 동물들을 좀 더 가까이 가서 볼 수 있었다. 게임드라이브를 하는 차들이 이곳에 모두 모이는 것으로 보아 여기가 대표적인 장소 중 한 곳인 것 같다. 서로 혹시 사자를 보았느냐고 물어보는데 보지를 못했다고. 오늘은 맹수들이 모두 낮잠을 자러 갔는가 보다. 결국에는 사자를 구경하지 못하고 사파리 투어를 마쳐 좀 아쉬움이 들었지만 대신 다른 동물들을 실컷 구경한 것으로 위안으로 삼는다.

게스트하우스에 도착해 냉장고에 남은 음식 재료를 모두 이용하여 저녁을 해 먹고 10시에 떠나는 버스를 기다린다. 루사카에 유학 온 한국학생들도 같은 버스로 루사카로 돌아간다고 해서 같이 가기로 하고 어젯밤에 같이 저녁을 먹은 친구들 그리고 빈터후크부터 함께한 제프리, 무사와 아쉬운 작별을 하고 다시 만날 수 있기를 기원한다. 며칠이었지만 서로 정이 많이 들었었다. 인연이 되면 또 만날 수 있으리라.

밤 10시에 정확히 리빙스턴을 출발한 버스는 새벽 4시에 루사카에 도착한다. 이 시간에 도착하면 어떡하라는 것이지? 참 난감하다. 아직 캄캄한 밤이고 호객행위를 하는 사람들로 정신이 없지만 알아서 해결해야 한다. 일단 송 군, 이 군과는 작별인사를 하고 택시기사 중 한 명과 미리 확인해둔 게스트하우스의 주소를 보여주며 얼마? 50콰차. 무슨 소리야, 비싸. 30콰차. 오케이? 가면서 정확한 주소를 주니 거기는 40콰차라고 한다. 이건 또 뭐지? 바가지를 씌우는데

344
345

일단 두고 볼 수밖에 없다. 찾아간 게스트하우스에서 경비원이 Full Book이라고 한다. 그래서 확인해둔 다른 게스트하우스로 가자고 하니 택시 기사가 거기는 추가로 20콰차를 더 달라고 한다. 쌍둥이가 흥분해서 기사에게 따진다.

"얘들아, 일단 도착해서 이야기하자. 아직 어두운 밤이고, 여기는 우리가 처음 온 아프리카 도시야."

한 블록을 도니 다음 게스트하우스가 나오고 다행히 방이 있단다. 이런 나쁜 운전사! 바로 다음 골목인데 20콰차를 더 달라니…. 일단 게스트하우스 안으로 들어가 짐을 내리고 40콰차 이상 줄 수 없다면서 100콰차를 주고 60콰차를 달라고 하니 잔돈이 없단다. 있으면서 없다고 하는지 모르겠지만, 경비원에게 부족한 금액을 빌려서 40콰차를 맞추어 지불했다. 사실 한국 돈으로 따지면 금액이 크지는 않아서 줄 수도 있었지만 우리를 봉으로 생각한 행동이 괘씸해서 세 사람 모두 끝까지 따졌던 것 같다. 경비원이 안내해준 방은 8인실. 자고 있는 사람들에게 방해될까 싶어 조용히 가방을 내려놓고 잠을 청한다.

잠비아의 수도 루사카는 지나가는 도시다. 여기서는 특별히 갈 곳은 없고 탄자니아를 가기 위해서 들린 도시이다. 아침 겸 점심을 해서 먹고 용은이와 탄

자니아 다르살렘으로 가는 차량 편을 알아보기 위해 시내로 갔다. 일단 게스트 하우스에서 소개해준 기차를 알아보니 일주일에 두 편이 있는데 금요일인 오늘 오후 2시에, 그리고 다음 편은 다음 주 화요일에 있다고 한다. 그때까지 기다 릴 수 없어 버스 편을 알아보기 오늘 새벽에 도착한 버스터미널로 갔다. 승객 들과 그리고 자기들 버스를 태우기 위해 호객행위를 하는 사람들로 뒤섞여 완 전히 난장판이다. 사람의 혼을 빼앗지만 용은이와 돌격대처럼 앞으로 나아가 일단 매표소 창구로 가서 탄자니아의 다르살렘으로 가는 버스를 물어보니 토요 일, 일요일 모두 매진이란다. 월요일 출발하는 것도 장담을 못 한다고 한다. 어 떻게 하나 고민을 하다가 일단 잠비아와 탄자니아 국경까지 가고, 거기서 다시 다르살렘까지 가는 버스를 알아보기로 했다. 다행히 내일 오후에 국경까지 가 는 버스는 있다. 일단 가면서 해결해보는 수밖에 없다.

쌍둥이가 저녁을 한국 음식으로 먹고 싶은지 어떻게 인터넷으로 힘들게 겨우 확인해서 찾아갔다. 한국 음식에 대한 욕구가 엄청난가 보다. 사실 나도 먹고 는 싶지. 택시 기사도 처음 가보는 곳인지 한참을 헤매다 드디어 보이는 한국 식당 간판에 아이들은 환호성이다. 삼겹살과 김치찌개 그리고 몇 공기의 밥을 게눈 감추듯이 폭풍흡입이다. 주인이신 한국 아주머니와 외국 생활의 애환을 나누었는데 이곳의 교민 수가 60명 정도밖에 되지 않는다고 한다. 외롭겠다. 여기까지 오게 된 많은 사연이 있겠지만, 이러한 곳에서도 열심히 살아가시는 모습들이 참으로 존경스럽다.

돌아오는 길, 쌍둥이가 영화를 보고 싶단다. 오늘 오전에 용은이랑 잠깐 들렀 던, 아마도 루사카에서 제일 큰 쇼핑몰일 것으로 생각되는데 그곳에 영화관이 있었다는 것이다. 잠깐 망설이다가 두 녀석이 가고 싶다고 사정을 해서 그렇게 하라고 했다. 영화가 끝나면 밤 12시가 다 되어가고 또, 아프리카라는 곳이 만만치 않지만 생각보다 그렇게 위험하지가 않을 것 같아 허락을 해주었다. 덩치 큰 두 녀석이 함께 있으니 괜찮을 것이라 생각했다. 아이들은 여행을 다니면서 많은 경험을 해서인지 이제 별로 신경 쓰지 않고 무엇이든 해보는 것 같다. 영화관에 데려다 주고 나서 1층에 있는 슈퍼마켓에 들러 포도주 한 병을 구입해서 숙소에 돌아오니 아직 룸메이트들은 보이질 않는다.

포도주를 한잔 하니 기분이 편안해지면서 여러 생각들에 젖어 든다. 여기가 어디인가? 나는 지금 누구와 함께하고 있나. 나는 이 순간, 이 느낌, 이 행복감을 영원히 기억할 것인데 쌍둥이도 그럴까? 루사카는 내 아들과 함께 추억을 만들어가는 도시다. 가끔은 갈등하고 때로는 너희가 아빠를 힘들게도 하지만 아버지니까 모든 것을 받아주어야지. 더욱더 큰 가슴으로 너희를 안아야지. 세 남자가 아프리카 길을 지나고 있다. 세월이 지난 후 알게 되리라. 지금 이 순간이 얼마나 소중한 시간인지….

다음날 오후, 탄자니아 국경으로 가는 버스터미널에 가면 호객하는 사람들로 정신이 없으니 바짝 신경을 써야 한다고 들었는데 예상대로 터미널에 도착하자마자 사람들이 달려들며 우리가 탄 택시를 두드리며 난리다. 어디로 가는 버스가 있으니 자기들 버스를 타라는 이야기다. 아니라고 해도 끝까지 따라오며 귀찮게 한다. 차에서 내려 재빨리 어제 표를 산 곳으로 가니 지금 버스가 대기 중이니 빨리 타라고 한다. 차를 확인하고 배낭을 짐칸에 실으려고 하는데 돈을 더 내야 한다고 한다. 이건 무슨 소리지?

"버스요금에 당연히 포함되는 것 아니냐?"
"아니다, 추가로 내야 한다."

그럼 얼마냐고 물으니 100콰차라고. 이
건 말도 안 된다고 따지고 있는데 용석이
가 일단 버스에 가서 타고 있는 현지인
승객에게 진짜인지 물어보겠다고 한다.
갔다 오더니 50콰차 정도 주면 된다고 한
다. 그래서 50콰차만 주겠다고 하니 계속
100콰차를 달라고 한다.

"우리는 너희 나라에 온 관광객이야.
외국인에게 좋은 인상 주지는 못하더라도
이렇게 바가지를 씌우면 안되지 않느냐"

라고 목소리를 높이니, 이 친구들이 좀
주춤하는 것이다. 그때 어떤 직원이 오더
니 50콰차만 내라고 해서 일단 힘들게 짐
을 실을 수가 있었다. 화가 나서 영수증
을 달라고 하니 그런 것은 없단다. 완전
히 자기들 마음대로이다. 도대체 이 돈은
누가 가져가는지 모르겠다. 버스 회사인
지 아니면 중간에서 직원들이 장난을 치
는 것인지 어쨌든 한바탕 소동을 하고 버
스에 오르니 진이 다 빠진다. 버스 자리
가 한쪽에는 2개의 좌석과 그리고 반대편
은 3개의 좌석으로 되어있어 자리가 매우
협소하다. 이렇게 해서 14시간을 가야 한
다고 생각하니 걱정이 되지만 아이들 앞

에서 표시를 내지는 못하겠다.

자리에 앉으니 수많은 잡상인이 좁은 통로를 오가며 물건을 팔려고 목소리를 높인다. 양말, 자물쇠, 지갑, 허리띠 등 내가 보기에는 조잡해 보이지만 그래도 사는 승객들이 있다. 승객들은 모두 흑인들이고 외국인은 우리밖에 없다. 시간이 되어서 드디어 출발하는데 반듯하게 옷을 차려 입은 남자가 유창한 영어로 성경책을 들고 설교를 시작하는 것이다. 참 낯선 풍경이다. 조금 전까지 수많은 사람들이 조금이라도 돈을 벌기 위해 버스 안을 시끄럽게 하더니 갑자기 예수님을 믿으라고 오랫동안 설교를 한다. 차는 출발해서 계속 가는데, 이분은 내리지 않는다. 아니, 우리랑 같이 가는 것인가? 그렇게 15분 이상을 설교하더니 마지막으로 모두 눈을 감고 기도하자 한다. 그렇게 기도가 끝나고 나서는 승객들 사이로 지나가면서 사람들로부터 제법 현금을 받는다. 설교한 친구가 내려가자 버스 안이 갑자기 조용해진다. 이제야 장거리 버스여행이 시작된 것이다. 밖의 풍경들이 한 국가의 수도라고 하기에는 너무 초라하고, 이어지는 빈민가들의 모습들을 보니 저들의 삶이 참으로 힘들겠다는 생각이 든다. 아이들이 이야기한다. 한국에서 태어난 것이 참 다행이고 행운이라고. 그렇지, 태어나면서 자기의 의지와는 상관없이 저렇게 운명 지어지기도 하지.

가는 중간 휴게실에 버스가 정차해서 쌍둥이 중 한 녀석과 소변을 보려고 화장실을 찾는데 쉽지 않다.

"우리 그냥 저기 어두운 곳으로 가서 소변을 보자. 어두워서 보이지 않을 거야."

그렇게 두 사람이 시원하게 볼일을 보다 고개를 들어 하늘을 보니 보름달이 떠 있다. "용은아 저기 하늘 봐, 보름달이 참 밝다."

"네 맞아요. 오늘이 1년 중 보름달이 제일 밝은 날이에요. 인터넷에서 보았

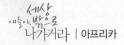

어요."

볼일을 본 후 휴게실에 가서 치킨과 밥을 사왔다. 버스에서 실내등을 켜지 않아 휴대폰의 불빛을 이용해서 세 사람이 저녁을 먹는다. 자리가 복잡해서 아이들에게 먼저 먹게 하는데 운치 있고 재미있다. 아마도 오래오래 기억되리라는 생각이 든다. 창문 너머에는 여전히 보름달이 밝게 빛나고 있다.

시간이 지나니 승객들 모두 잠에 빠져드는데 갑자기 시끄러운 노래를 트는 것이 아닌가! 조금 있으니 승객 한 명이 시끄러우니 소리를 낮추라고 한다. 그래서 용기를 내어 라디오를 꺼달라고 나도 한마디 건넸다. 이 친구들은 승객에 대한 배려는 전혀 없이 자기들 마음대로 하는 것이다. 어둠은 더욱 깊어지고 승객들도, 쌍둥이도 잠에 빠져든다. 불편한 자리에도 잘 참아주니 그저 고맙다.

탄자니아와 킬리만자로

밤새 숨가쁘게 달려온 버스는 새벽 6시에 탄자니아 국경에 도착한다. 밤새 불편한 상태에서 비몽사몽 상태로 달려왔다. 내가 몸을 뒤척일 때마다, '아빠, 불편해요?'라고 나름 나를 신경 써주던 쌍둥이도 힘들었텐데, 아침까지 잘 참아주어 고맙다. 배낭을 챙겨서 국경 사무실로 가는데 여기서도 호객행위를 하는 친구들이 정신없게 만든다. 이런 상황이 이제는 어느 정도 적응이 되어가지만, 여전히 불편하다. 꼬마 녀석이 '탄자니아 돈으로 환전해주겠다, 다르살렘으로 가는 버스를 안내해주겠다'면서 끊임없이 달라붙는다. 일단 잠비아 국경을 넘어 100여 미터 정도 가니 탄자니아 입국사무실이 나온다. 탄자니아에서도 도착 비자를 발급해주는데 일 인당 50불씩이다. 이민국 직원이 접수를 수십 명씩 한

꺼번에 받아 사무실 안으로 들어가더니 얼마 되지 않아 비자가 찍힌 여권을 나 눠준다. 이들에게 중요한 것은 비자 수수료를 받는 것인지, 제대로 얼굴을 보 면서 입국자를 확인하는 것에는 관심이 없다. 입국심사를 하고 나오니 수십 명 이 달라붙어 자기들 버스에 타고 가라고 호객을 한다. 그때 용석이가 가서 버 스를 확인해보고 올 테니 여기서 기다리라고 한다.

잠시 후 돌아오더니 괜찮은 버스를 찾았다고 해서 따라가 보니 그중에서는 그나마 괜찮아 보이는 버스다. 현지인들이 이용하는 버스를 타고 여행하는 것 이 힘이 들지만 그러나 이 나라의 문화나 생활에 대해서 좀 더 알 기회가 된다. 비록 단편적이지만 이들의 평범한 일상으로 들어가 그들과 함께 생활해보는 것 도 많은 의미가 있다고 생각한다. 버스 밖으로 보이는 모습들이 잠비아랑 큰 차이가 없는 것 같다. 고단한 삶의 모습들이 보이면서 그러한 상황에서도 생존 을 위해 몸부림치며 열심히 노력하고 있는 모습들이다. 상황과 환경이 다를 뿐 세상 사람들 모두 어디에서나 생존, 그리고 좀 더 나은 삶을 위한 본능에 따라 행동하기 마련이리라.

가면서 중간중간 사람들을 태우고 또 내리기를 반복하며 버스는 가쁜 숨을 몰아쉬며 달려간다. 가끔 도로공사로 차가 오랫동안 정차를 할 때마다 먹거리 와 음료수를 파는 사람들이 몰려와 사라고 아우성이다. 그중 숯불에 구운 옥수 수를 한번 사먹어 보았는데 쌍둥이가 맛있다고 더 사달라고 한다.

오전 8시 출발해서 오후 3시가 다 되어가지만 아직 가야 할 길이 반이나 더 남은 지점에서 차가 주유소로 들어갔다. 기름을 넣으려고 하는가 보다 하는데 갑자기 사람들이 웅성거리며 일어나는 것이 아닌가! 루사카에서부터 같이 다르 살렘으로 가는 잠비아 아저씨도 일어나서 나가는 것이다.

"왜요, 무슨 일이죠?"

"버스를 갈아타야 해요."

나는 아이들에게 '설마 그럴 리가 있나' 하고 말하면서 조금 더 기다리자고 하는데 그때 차장이 다르살렘으로 가는 사람들은 뒤에 있는 차로 옮겨 타야 한다고 하는 것이다.

"뭐지? 얘들아 안 되겠다. 우리도 빨리 나가자."

짐칸에 실려 있는 배낭은 용석이가 챙기고 용은이는 빨리 다른 버스로 가서 자리를 잡겠다고 한다. 그렇게 하라고 하고 정신 없이 짐을 챙겨서 가보니 용은이가 용케 제일 뒤에 남아 있는 세 자리를 확보해놓고 있었다. 용은이가 큰 일을 한 것이다. 그렇지 않았으면 6~7시간을 꼬박 서서 가야 할 상황이었다.

"얘들아, 이거 너무 심한 것 아니니? 어떻게 손님들에게 양해도 구하지 않고 그냥 일방적으로 이렇게 자기들 마음대로 하지? 정말 화나네."

"아빠, 그래도 자리를 잡았으니 다행이죠."

오히려 아이들은 뭐 별거 아니라는 모습이다. 아이들도 어느덧 아프리카를 여행하며 조금씩 상식적이지 않은 상황도 받아들이고 있는 것이다. 낙천적이고 또 긍정적으로 변해가는 모습들이 보기 좋다. 밤 9시경 다르살렘에 도착해서 힘들게 숙소를 구하고 나니 온 몸에 피곤이 밀려온다. 잠비아에서부터 30시간 이상을 버스를 타고 온 셈이다.

다르살렘에서 이틀을 머문 후 이번 여행에서 꼭 하고자 한 킬리만자로 등반을 위해서 모시로 간다.

새벽 6시에 출발하는 버스를 타고 가는데 이제까지 내가 경험한 버스 기사 중 최고의 스릴을 맛보게 해주는 기사 아저씨다. 역 주행에 틈만 나면 산더미 같은 버스를 들이밀면서 다른 차와 아슬아슬하게 지나가는 등 이건 완전히 공짜로 청룡열차를 타고 있는 기분이다. 버스는 그렇게 새벽 길을, 오늘도 고단한 일상이 될 많은 사람을 태우고 달린다. 내게는 청룡열차일지 모르지만, 이들에게는 그들의 고단함과 희망을 함께 싣고 달리는 삶의 버스일 지도 모르겠다. 그런데 이 버스 기사 아저씨, 오늘 목적지까지 안전하게 데려다 주려나? 그러나 한 가지 확신할 수 있는 것은 이 기사는 거의 동물적인 감각으로 운전하고 있고, 이러한 운전이 그에게는 그냥 평소대로 하는 운전이라는 것이다.

버스는 여전히 거의 실성한 사람처럼 달리고 스피커에는 찬송가로 생각되는 노래가 끊임없이 흘러나오고 있다. 그런데 갈수록 노래가 커진다. 게다가 스피커가 바로 내 머리 위에 있고 스피커의 상태가 시원찮아 소리가 째지는 듯해서 이건 노래를 듣는 것이 아니라 완전히 고문당하는 수준이다. 그러나 이들에게는 일상적인 생활일 것이고 이렇게 힘들어하는 내가 오히려 저들에게는 비정상일 거라는 생각을 하며 참아본다. 그러나 나중에 참는 것도 한계에 다다르다 보니 차라리 피할 수 없다면 즐기자는 말이 생각나 이렇게 상황을 받아들이게 된다. '그래 내가 언제 이렇게 흑인음악을 많이 들을 기회가 또 오겠어. 이번 기회에 실컷 한번 들어보자'라고….

어느덧 시간은 오후 1시를 지나가고 있고 쌍둥이는 버스가 그렇게 끊임없이 급정거와 흔들림을 반복하는데도 잘도 자고 있다. 버스는 여전히 무슨 군사작전을 치르는 듯 전투적인 모습, 아니면 한 번 돌진하면 절대 멈추지 않는다는 버팔로 같이 달려가고 있다.

오늘이 아프리카 여행을 시작한 지 3주째가 되었고, 계속해서 북상을 하고 있다. 남아공에서는 추위로 고생했는데 올라오면서 조금씩 추위가 덜하다가 이제는 에어컨을 켜야 할 정도로 온도가 많이 올라갔다.

자, 이제 어디까지 갈까? 어제 쌍둥이와 다르살렘 시내에서 우리가 어디까지 갈 것인지 점심을 먹고 나서 지도를 펼쳤다.

"탄자니아 다음에는 케냐로 가고 그 다음에는 에티오피아 그리고 수단…. 그

런데 수단이 어떻게 될지 모르겠네. 일단 비자를 받아야 하고, 수단의 정정이 불안해서 위험할 수가 있는데 일단은 에티오피아에 가서 확인해보고 결정하자 꾸나. 안 되면 수단을 건너뛰어 이집트까지. 그렇게 아프리카를 종단할 수 있도록 해보자."

나는 벌써 피라미드 앞에서 아이들과 함께 낙타를 타는 모습을 상상해본다.

-킬리만자로 등반 첫째 날

어제 모시에 도착해서 5박 6일 일정으로 현지 여행사와 킬리만자로 등반 계약을 했다. 가이드 2명, 포터 2명 그리고 요리사 1명. 총 5명이 우리와 함께 5박 6일 동안 등반을 하게 된다. 등반하는 코스가 세 군데 있는데 우리는 마랑구 코스를 이용하기로 했으며 이제야 진짜 꿈에 그리든 킬리만자로 등반을 쌍둥이와 함께한다는 것이 믿기지가 않는다. 어떤 역사적인 순간이라도 되는 양 나는 자못 흥분되어 있다. 쌍둥이와 함께 꼭 정상에 올라갈 수 있기를 기도한다.

사실 만년설산 킬리만자로는 1985년 해양대학교 실습선을 타고 케냐 몸바사

1985년 해양대 시절 케냐 몸바사에서 킬리만자로를 배경으로

에 왔을 때 본 적이 있다. 사파리 관광을 하면서 킬리만자로를 배경으로 해서 사진을 찍었는데 그때 본 그 산의 정상을 아들과 함께 간다는 사실이 내게는 좀 더 의미있게 다가왔다.

　오늘 목적지인 만다라 산장까지는 3~4시간이면 갈 수 있는 짧은 코스로 등반을 시작하니 이전에 안나푸르나 트래킹을 한 기억이 난다. 아들놈과 이런저런 이야기를 하면서 천천히 올라가는데 도중에 좀 힘들 때는 왜 이곳에 데려왔느냐고 농담 삼아 불평을 하기도 한다. 그런데 내가 너희를 왜 이곳에 데려왔을

까? 무엇이 나로 하여금 너희를 이 먼 곳 아프리카, 그중에서도 아프리카의 최고봉 킬리만자로로 데려오게 했을까? 그러나 난 지금 답을 할 수 없다. 아니 나중에도 답하지 않을 것이다. 왜냐하면, 세월이 너희에게 답할 것이라 믿고 있기 때문이다.

　가끔 길이 가파르다. 그러다가 평탄한 길이 나오고 용석이가 혼잣말로 이렇게 계속 적당한 오르막길만 있으면 크게 힘들지 않겠다고 이야기한다.

　그래서 나는 "인생이 그래, 오르막이 있으면 내리막이 있고, 평탄한 길이 있으면 험한

길도 나오고. 누구도 피해갈 수 없는 일이지 그러나 중요한 것은 내리막일 때 언젠가 오르막이 있다는 것. 그래서 힘들지만 포기하지 않고 앞으로 나아가야 한다는 것. 살아가

면서 힘든 상황과 마주칠 때, 지금 우리가 이 산을 오르는 것처럼 포기하지 않고 올라가야 한다."라고 말했다.

"네, 알아요 아빠."

2,720m의 만다라 산장 표지판이 우리를 맞이한다. 통나무집에 짐을 풀고 나니 가이드가 식사가 준비되었다고 한다. 전기가 없어서 헤드랜턴을 켜고 식사를 하는데 새로운 경험이어서 재미있다. 식사를 마치고 숙소로 돌아온 쌍둥이가 헤드랜턴으로 책을 보는데 갑자기 용석이가 눈물을 찔끔거린다. 속이 메스껍고 머리가 아프다며 울면서 힘들어하다가 잠이 든다. 참 난감하다. 아빠도 어떻게 해줄 방법이 없다. 그저 자고 나면 지난밤 고통이 사라져서 훌훌 털고 다시 나아갈 수 있기를 기도할 뿐이다.

-킬리만자로 등반 둘째 날

지난밤에 꿈을 꾸었다.

용석이가 도저히 못 올라가겠다며 포기하겠다고 그래서 내가 왜 올라가야만 하는지를 설명하다가 잠에서 깼는데 용석이는 아직 자고 있다. 어젯밤 힘들어

하는 용석이의 모습을 보고 꿈에서도 걱정을 많이 했나 보다. 걱정이 많다. 아침에 일어나면 상태가 좋아져 다시 올라갈 수 있기를 바라는 마음인데 '만약 못 가겠다고 하면 어쩌지, 억지로 끌고 갈 수도 없는 노릇 아닌가'하는 걱정에 밤새 수 차례 잠에서 깨어 뒤척였다.

아침에 힘들게 일어난 용석이, 등반을 계속 하는 것이 힘들겠다고 한다. 한참을 이야기해봐도 설득하기가 힘들다. 이것은 아빠가 이야기할 것이 아닌 것 같아서 가이드 2명을 따로 불렀다.

"당신들이 용석이를 계속 등반하게 설득해달라. 그리고 한 가지 제안을 하겠다. 만약 쌍둥이를 정상까지 데려가 준다면 당신들에게 별도로 100불씩 주겠다. 난 두 아들을 꼭 정상까지 데리고 가고 싶으니 도와달라."

가이드가 최대한 해보겠다면서 한참을 용석이와 이야기를 나누었는데 다행히 용석이 일단 가겠다고 한다. 가이드와 쌍둥이가 앞에 가고 난 뒤에 떨어져서 간다.

"용석이, 지금 우리가 이 킬리만자로 산을 오르는 것은 자신과의 싸움이야, 테니스나 축구 같이 상대가 있는 게임이 아니야. 자기와의 싸움이기 때문에 쉬울 수도 있고 또 정말 어려울 수도 있어. 그냥 포기해버리면 정말 쉽게 끝날 수 있지만, 포기하지 않고 자기와의 싸움에서 이겨나가는 것은 정말 고통스럽고 힘들어. 그러나 우리가 무엇인가 한 번 해보겠다고 마음을 먹었다면 죽을 각오로 해볼 필요가 있잖아. 지금 이 순간 아프리카까지 와서 힘들게 킬리만자로를 올라가는 것에서 또 다른 무언가를 많이 배울 수 있는 거야. 학교에서나 책에서 배울 수 없는 그 무엇인가가 있기 때문에 우리가 지금 이 길을 걸어가고 있는 거야."

그렇게 용석이 뒤를 따라 올라가며 이야기하는데 이 녀석은 그냥 듣기만 하

며 걸어간다. 같이 가는 가이
드가 용석이에게 이야기한다.

"킬리만자로의 등반에 약이
세 가지 있는데 무엇인지 아
니? 첫째가 물을 많이 마시고,
둘째는 많이 먹고, 그리고 마
지막은 천천히 걸어 올라가는
거야. 그러면 문제없이 언젠
가 정상까지 갈 수 있어."

점심 도시락을 먹기 위해서
잠시 쉬어 간다.

"용은아, 이제 아마도 이곳

에 다시 오기는 쉽지 않을 거야. 모르지. 혹시 너는 네 아들과 다시 또 올라올
지?"

그래 먼 훗날 이 아이들이 자기 자식들을 데리고 지금 우리처럼 이 길을 갈지
도 모를 일이다. 그때 너희는 자식들에게 어떻게 이야기 할까? 지금의 너희들
처럼 힘들어 할 너희 자녀에게 어떻게 이야기할까? 그러나 그것은 온전히 너희
몫이다. 어쩌면 내가 너희에게 하고자 했던 말들을 똑같이 따라 할지도 모를
일이다.

많은 포터들이 무거운 짐을 어깨에 메고, 이마에까지 짐을 지고 올라가는데
힘든 표정이 역력하다.

"용은아, 이렇게 우리가 모두 같은 산으로 올라가는데 누구는 많은 돈을 내

고, 누구는 돈을 받고 올라가잖아, 좀 생각하게 만드는 것 아니니?"

누구는 생존을 위해서 산에 올라가고, 누구는 일상의 삶에서 찾을 수 없는 그 무언가를 얻기 위해, 또 누군가는 추억을 만들기 위해서 올라간다. 무릇 이렇게 같은 산을 같은 시간에 올라가지만 각자 다른 목적을 가지고 올라가는 것이다. 그래서 주어진 여건이나 상황에 따라서 이렇게 각자 다른 생각과 모습으로 다가오는가 보다. 좀 비약적인 비유인지 모르겠지만 그래서 인생에는 정답이 없다고 누군가 한 이야기가 떠오른다. 한참 공부할 시기인 너희를 데리고 온 것이 맞는지, 방학 동안 좀 더 공부하게 하는 것이 맞는지 이것 또한 어느 것이 옳다고 할 수가 없겠다. 선택한 결정에 대해서 책임을 지겠다는 생각만 있으면 그것이 정답이 아닌가 하는 생각을 하게 된다.

어느덧 오늘의 목적지인 홀롬보 산장에 도착하니 시간은 오후 4시. 거의 7시

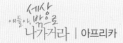

간이 걸렸다. 용석이가 먼저 도착해 웃으면서 수고하셨다고 인사를 하는 것을 보니 이제 살만한 모양이다. 포트가 준비해준 뜨거운 물에 어제처럼 수건에 물을 적셔 간단히 윗몸을 닦고 세수를 하니 몸이 개운해지면서 피곤이 풀린다. 요리사가 저녁을 준비할 동안 쉬는데 이제는 용은이가 머리 아프다고 하며 저녁을 먹으러 가서도 입맛이 없어 못 먹겠다고 한다. 그래서 조금이라도 먹어보라고 권하며 실랑이를 한다.

"그래 먹지 마라, 나는 먹을 테니."

화가 나서 "너희들 힘든 것 알아. 그러나 아빠를 도와주려면 힘든 것을 참고 해줘야 하잖아. 힘들어도 가능하면 표시 내지 말고 참아봐야 하는 것 아니니. 밥맛이 없어도 억지로 먹고 약을 먹어보자"라고 설득해보았지만 끝내 못 먹겠다고 하면서 통나무 숙소로 돌아간다. 힘들다. 어쩔 수 없지 뭐. 용은이는 침낭에 들어가 일찍 잠을 청한다. 피곤해서 잠은 잘 올 것이다. 용석이도 곧 잠이 들고 나는 오늘 하루를 정리해본다. 물병에 담아 챙겨온 양주를 마시며 킬리만자로의 밤을 보낸다.

독주가 몇 잔 들어가니 몸이 가라앉으며 깊은 잠으로 빠져든다.

- 킬리만자로 등반 셋째 날

고도 4,700m에 위치해 있는 마지막 산장인 키보산장까지 가는 일정이다. 오늘은 용석이가 몸 상태가 좋은지 앞서 나가고 용은이가 뒤따라간다. 나는 그 둘 사이를 왔다 갔다 하며 함께 걸어간다. 급한 경사는 없고 완만하게 이어지는 오르막길이다. 날씨도 여전히 적당해서 걷기가 좋은데 조금씩 올라갈수록 바람의 세기가 강해져 간다. 중간쯤 가다 보니 Last Water라고 세워져 있는 표지판이 보이며 물이 흘러가는 조그만 도랑이 나타난다. 여기서부터는 물이 없으니 참고하라는 이야기다. 함께 올라가던 포터들이 모두 빈 통에다 물을 담는

데 내일 점심까지 해결하려면 여기서 모두 빈 통에 물을 채워가야 한다. 우리
도 같이 빈 병에 물을 담은 후 다시 등반을 하는데 지난 밤 등반을 마치고 내려
오는 등반객들을 만났다. 아이들이 하산하는 사람들을 부러워하길래 우리도 내
일 이 시간이면 저렇게 될 수가 있을 거라고 말해준다. 모든 것은 시간이 해결
해주고, 또 최선을 다하다 보면 좋은 결과가 있을 것이다.

점심 식사 후 한참을 더 올라가니 멀리 Kibo 산장이 보이고 그 뒤에 킬리만자로 산이 위엄 있게 자리하고 있다. 내일 새벽 저곳을 올라가야 한다고 생각하니 두려움과 흥분이 함께한다. 가능할까? 나도 처음으로 접하는 것이라 걱정이 적지 않다. 그리고 쌍둥이는 또 어떨까. 아이들이 포기하지 않고 정상까지 올라갈 수 있을까?

Kibo 산장에 도착하니 시간은 오후 3시경이다. 우리가 정상을 향해 출발하는 시간이 오늘 밤 자정이라서 가이드가 빨리 저녁을 먹고 자야 한다고 한다. Kibo 에서의 고도가 4,700m이다 보니 호흡이 힘들다. 아이들이 머리가 아프다면서 아스피린을 달라고 해서 남아있는 몇 알을 쌍둥이에게 주었다. 쌍둥이들이 무척 힘들어해서 저녁은 입맛에 맞는 것으로 해주어야겠다고 생각해서 가이드에게 우리 저녁은 하지 말라고 하고는 챙겨간 라면을 끓였다.

"얘들아 라면 먹자. 힘들지만 우리 억지로라도 먹어놔야 해. 일단 좀 먹고 자. 오늘 자정에 산 정상으로 출발하니 지금 먹어놔야 돼."

침대에 쓰러져있는 두 녀석을 깨워서 억지로 라면을 먹게 한다. 춥고 머리가 아파 힘들어하면서 겨우 조금씩 먹고는 다시 침대에 쓰러진다. 아, 걱정이다. 지금도 저렇게 힘들어하는데 어떻게 오늘 밤 5,850m의 산 정상에 올라갈지…. 나 역시 조금만 심하게 움직여도 호흡이 가빠진다. 희박한 산소 때문에 최대한 천천히 움직여야 한다.

지금도 이렇게 힘들어하는 아이들을 데리고 정말 올라갈 수 있을까 하는 생각을 하다 보니 걱정이 되어 잠이 오지를 않는다. 억지로라도 잠을 청해보나 되지를 않아서 10시 30분경 밖으로 나왔다. 바깥의 세찬 바람과 함께 다가오는 추위는 불안하고 걱정이 가득한 내 마음을 더 무겁게 만든다.

-킬리만자로 정상으로

　영하의 날씨라 옷을 중무장해서 입고 출발하려는데 용은이가 갑자기 구토를 한다. 용은이에게 '속이 안 좋아서 토한 것이 오히려 좋을 수도 있겠다.'라고 말을 해주지만 걱정스럽다. 정각 12시에 출발이다. 머리를 들어 하늘을 보니 수많은 별이 우리를 내려다보고 있다. 그러나 긴장감과 걱정으로 한가롭게 별을 보면서 감상할 여유가 없다.

　가이드는 우리들에게 '뽈레뽈레(천천히)'를 반복하며 걸으라고 환기시켜 준다.

　"얘들아 우리가 제일 먼저 출발한 것 같아. 그러나 아무래도 우리가 중간에 쳐질 것 같으니 천천히 열심히 가자. 해 뜨기 전에 정상에 올라갈 수 있게. 힘들겠지만 한 번 해보자. 우리가 언제 다시 이 길을 같이 갈 수 있겠어."

　그렇게 격려를 하며 걷는데 처음에는 경사가 그렇게 급하지 않아서 크게 힘들지는 않다. 한참을 걷다가 뒤돌아보니 불빛의 행렬이 보이기 시작한다. 다른 그룹들도 이제 막 출발을 한 모양이다. 밤이라서 모두 각자 머리에 헤드라이트를 착용해서 걷고 있다. 조금씩 나아갈수록 경사가 심해지고 길의 상태도 좋지 않아 걷기가 힘들어진다.

　우리가 걷는 속도가 느리다 보니 어느새 한 그룹이 우리를 제치고 지나간다.

길을 비켜주며 "먼저 가세요. 우리는 학생들이라 조금 천천히 가겠습니다." 하며 조금씩 앞으로 나아가는데 용은이가 뒤에 처지기 시작한다. 조금 걷다가 쉬기를 반복한다.

"아빠, 힘들어요. 숨쉬기가 힘들어요."

걱정이다. 시작한지 얼마 되지 않았는데. 그렇게 쉬기를 반복하며 걷다 보니 어느새 또 다른 그룹이 우리를 지나가고 있다. 용은이는 계속 힘들어하면서도 조금씩 올라가고 있다.

"용은아, 이전에 이야기해준 대로 복식호흡을 해봐. 크게 두 번 숨을 들이쉬고 두 번 내뱉어 보렴. 좀 도움이 될 거야. 시간이 오래 걸려도 괜찮으니 천천히 걸어가자꾸나."

처음에는 서서 쉬기를 반복하다가 더 힘든지 나중에는 아예 주저 앉아버린다.

"용은아, 쉬더라도 서서 쉬어. 주저앉아 버리면 더 힘들어져"

가이드는 여전히 '뽈레뽈레'를 외치면서 조금씩 걸어가자고 독려를 한다.

그렇게 3시간 이상을 걸어가는데 올라갈수록 숨쉬기가 힘들어진다. 사실 나도 힘들지만 어떻게든 아이들을 데리고 올라가야 한다는 생각에 모든 집중이 그쪽으로 쏠린다. 우리를 추월해간 그룹들의 불빛은 벌써 한참을 앞서서 나아가며 그 뒤를 이어서 불빛들이 이어지는데 시간이 갈수록 자꾸 멀어져 간다. 용석이도 힘들어하지만 그래도 한발씩 한 발씩 앞으로 나아가고 있다.

어느 순간 용은이가 또다시 쓰러지더니 토를 하기 시작한다. 아주 난감한 상황이다. 여러 번을 토하더니 다시 쓰러지면서 "아빠, 아무래도 더 이상 힘들겠어요. 도저히 못 가겠어요. 어떡하죠?" 그 사이 마지막 그룹도 우리를 앞서 나가고 있다. 가이드가 상황을 보더니 아무래도 더 올라가는 것은 무리라고 이야기를 한다. 지금까지 독려하면서 이곳까지 데리고 올라왔지만 나도 더는 안 되겠다고 생각된다.

"Mr. David, 지금 현재 이곳의 높이가 어느 정도일까요?"

"5,000m 이상은 올라왔습니다."

그래 그러면 되었다라고 속으로 생각하며 "용은아, 너는 내려가거라. 아빠는 형과 함께 올라 갈 테니" 라고 말했다.

"아빠, 미안해요."

"아니야, 괜찮아. 너는 최선을 다했잖아. 너는 정상에 올라간 것이나 마찬가지야 모든 사람들이 정상을 밟는 것은 아니야. 무엇보다 중요한 것은 얼마나 죽을 각오로 최선을 다 했느냐지. 5,000m 이상을 올라왔으면 엄청난 거야. 미안해할 필요가 없어. 그리고 형이 있잖아. 형이랑 아빠는 계속 올라 갈 테니 미안해하지 말고 내려가"

나는 진심으로 그렇게 말하고 있었다 그리고 고마웠다. 여기까지 같이 와준 것만 해도 내게는 정말 행복한 일이고 멋진 일이다. 이번에 못 오르지만 네가

해발 5,000m 이상에서 힘들어 하는 아들

좀 더 커서 다시 이곳으로 오면 되잖아. 아마도 너희 자식들과 함께 이곳을 다시 찾을지도 모르지.

그렇게 용은이를 다른 가이드와 함께 내려 보내고 용석이랑 나는 David랑 다시 올라가기 시작한다. 시간은 벌써 새벽 3시가 넘어가고 있다.

"용석아, 네가 용은이 몫까지 같이 해주어야겠다. 우리 최선을 다해보자. 시간이 얼마가 걸리더라도 천천히 올라가 보자"

용석이를 뒤따라가기도 하고 또 내가 앞서 나가기도 하면서 천천히 올라간다.

올라갈수록 고도가 높아져가니 숨쉬기가 더 힘들어지고 경사는 더욱 가팔라진다. 용석이가 쉬는 횟수가 점점 많아지며 속도도 현저히 떨어지고 있다. 걱정이다. 아직 갈 거리가 많이 남아 있는데 어떡하나. 뒤처지는 용석이를 보며,

"용석아, 크게 발 떼지 말고 그냥 반 발씩만 나아가자. 느리더라도 조금씩 앞으로 나아가는 것이 중요하니까 그리고 이전처럼 숨을 두 번씩 깊이 내쉬면서 가자." 하며 기운을 불어 넣어 본다.

나는 앞서가며 끊임없이 '헉헉 하하, 헉헉 하하'를 반복하고 용석이도 같이 호흡하면서 올라가고 있다. 칠흑 같은 킬리만자로 산등성이를 온전히 용석이와 함께 하고 있다.

　하늘에는 여전히 별들이 빛나고 있고 너는 고통의 순간들을 온몸으로 받아들이며 몸부림치고 있지. 그러나 아빠는 해줄 수 있는 것이 없다. 단지 할 수 있는 것이라곤 '천천히 조금씩 올라가자!'라고 독려와 용기를 불어넣어 주는 것밖에 없다. 너는 온전히 너의 두발로 올라가야 한다. 그것은 고통스럽지만 너의 몫인 것이다. 어쩌면 너에게 주고자 한 것은 아마도 이 고통의 순간인지도 모른다. 고통을 감내해낼 힘을, 우리는 오늘 밤 함께 만들어 간다. 한 발 한 발 나아가면서 우리의 멋진 추억을 만들어가고 있는 것이다.

　우리는 왜 이렇게 힘든 길을 올라갈까?

　이 아프리카 킬리만자로 산을 죽을힘을 다해 왜 우리는 함께 올라가고 있을까?

　아마도 지금 이 순간은 아빠와 아들로 인연을 맺은 후 처음으로 맞이하는 가장 힘든 고통의 순간이며 동시에 가장 멋진 순간을 함께하고 있는 것은 아닐까?

　먼 훗날 기억되리라. 이 날이 정말 고통스러웠지만 너의 인생에 있어서 가장

찬란한 순간으로 가슴에 새겨지리라.

쉬기를 반복하다가 어느 순간 용석이도 쓰러져 버린다.

"아빠, 정말 힘들어요. 더 이상 못 올라갈 것 같아요."

"그래. 그러면 우리 목표를 바꾸자꾸나. 아무래도 정상까지는 힘들겠다. 벌써 시간이 많이 지나갔고 지금 이 속도로는 쉽지 않을 것 같아"

"David, 지금 높이가 어느 정도 돼요?"

"5,400m 정도 됩니다."

"용석아, 그러면 우리 5,500m를 목표로 해서 올라가면 어떨까? 정상까지 못올라가더라도 괜찮아. 최선을 다하는 것이 중요하니까."

"엄마가 알면 실망하지 않을까요?"

"괜찮아, 아빠는 네가 지금 여기까지 올라온 것만 해도 대단하다고 생각해. 그리고 우리가 한 발 한 발 내딛는 순간마다 최고로 많이 올라가는 기록들이 되는 거야. 이것만 해도 얼마나 멋진 일이야!"

그렇게 해서 우리는 일단 5,500m를 목표로 천천히 다시 올라가기 시작했다. 시간은 벌써 5시가 다 되어 가고 있다. 아, 조금만 있으면 해가 뜨겠네.

"용석아, 우리 해가 뜰 때까지만 한 번 올라가 볼까? 해가 뜨는 멋진 모습을 한번 보고 싶구나. 그리고 우리가 올라온 길이 어떤지 한 번 볼 수 있게"

올라갈수록 더욱 힘들어지지만 우리는 그래도 한 걸음, 한 걸음 올라간다.

다시금 '헉헉, 하하'로 복식호흡을 하면서 용석이를 앞세워 올라간다. 용석이가 몇 걸음 걷다가 쉬면 나도 멈추어 다시금 걸음을 시작할 때까지 기다려주길 반복하면서 나아가는데 어느 순간 용석이가 주저앉아 울기 시작한다. 너무 힘들어서 더 이상 올라가기 힘든가 보다. 난 그냥 지켜볼 수밖에 없다. 아마도 처음으로 접해보는 가장 고통스러운 순간이 아닐까? 지금은 육체의 힘이 아니고 정신의 힘으로 버티고 있는 것이다. 어떻게 해줄 수도 없고 그냥 지켜볼 수밖에 없는 이 상황이 안타깝던 그때, 갑자기 날이 밝아 오면서 멀리 지평선 너머 태양이 떠오르는 것이다.

"용석아, 뒤를 한 번 봐. 해가 떠올라. 그리고 밑을 한 번 봐. 우리가 밤새 올라온 길이 보여"

용석이도 그 모습이 멋있는지 카메라를 들고 찍기 시작하는 그 순간, 나도 모르게 눈물이 아니 울음이 터져 나왔다. 밤새 두 아들과 올라온 것이 힘들어서였을까, 아니면 너희와 함께 이곳까지 올라왔었다는 것에 대한 감격의 눈물일까…. 그 무엇이라고 또렷이 이유를 말할 수 없는 뜨거운 눈물이 흘러내리면서 나는 꺼이꺼이 소리 내어 울고 있었다. 킬리만자로에서 울음을 토하고 있는 것이다. 지금까지 살아오면서 슬픔과 기쁨의 눈물을 많이 흘려봤지만, 지금과 같

킬리만자로의 일출

은 울음은 처음이었다. 폐부 깊숙한 곳에서 짐승의 울음 같은 것이 터져 나오는 그 순간은, 내 삶에 두 번 다시 경험하기가 어려울지도 모른다.

난 그렇게 너희와 함께했다.
난 그렇게 너희와 함께 울었다.

날이 밝아왔지만 아직 정상까지는 200m 이상은 남아있다. 용석이가 더 올라갈 상황은 아니고 함께 가더라도 시간이 촉박해서 같이 올라가기는 힘들다.
여기까지 와서 정상을 못 밟고 간다는 아쉬움에 "용석아, 아빠 혼자 올라갔다 와볼까?" 하고 말한다. 사실 나도 힘이 들지만, 다시 올 기회가 없을 킬리만자로 정상을 눈앞에 두고서 돌아서는 것에 대해서 아쉬움과 또 도전해보지 않으면 나중에 많은 후회를 할 것 같아 벌써 등반객들이 정상에 올라갔다가 내려오는 늦은 시간이었지만 꼭 올라 가보고 싶었다. 용석이를 내려가는 일행들과 함께 가도록 부탁을 하고 나만 다시 가이드와 함께 올라가기 시작했다.

사실 눈앞에서 보이는 정상이지만 가파른 경사, 그리고 푸석푸석한 돌과 자갈로 된 길 때문에 올라가는 것이 보통 어려운 것이 아니다. 많은 사람들이 벌써 정상을 밟고 내려오는데 동양인 혼자서 올라가는 모습을 신기하게 바라보기도 했지만 난 어떻게든 올라가야 한다는 생각뿐이다. 올라갈수록 희박해지는 산소와 자정부터 시작된 등반으로 지칠 대로 지쳐있는 상태이지만 여기서 포기하는 것은 절대 용납할 수 없어서 기다시피 하면서 정상을 향해 올라간다. 이런 극한적인 경험을 지금까지는 해보지 않았다 그렇게 한 시간을 넘겨 사투를 부리다 보니 어느덧 정상이 코앞까지 왔다. 숨이 턱 밑까지 차올라 오는 것을 참으며 마침내 정상에 올랐다. 정상에 있던 등반객들이 손뼉을 치며 맞이해주었다.

"어디서 왔니?"

"코리안이야. 쌍둥이 아들 둘을 데리고 오다가 마지막에 혼자 올라왔어."

"와, 이 시간까지…. 정말 힘들었겠네. 축하해!"

정상에 올라와서는 그대로 퍼져 누웠지만, 결국 해냈다는 생각에 스스로 대견스러웠다.

아, 킬리만자로. 28년전 해양대학교의 실습선을 타고 와서 케냐의 마사이족 마을에서 눈 덮인 킬리만자로 산을 바라보았던 그 청년이 이제는 반백이 넘어서 두 아들과 함께 이곳 정상으로 올라온 것이다. 내게는 참으로 많은 의미를 부여하게 하는 순간이다.

2013년 6월 29일 오전 9시. 내 인생에서 두고두고 기억될 힘들고도 아름다운 추억으로 영원히 남아있을 시간이다.

케냐의 몸바사와 나이로비

탄자니아 모시를 출발한 버스가 1시간쯤 후 케냐 국경에 도착한다. 도착하기 전 미리 승객들의 여권을 가져간 차장이 친절하게도 탄자니아 출국서류와 케냐 입국서류를 기재해준다. 이런 친절한 서비스는 처음이다. 그러나 가만히 생각해보면 입·출국 시간을 줄이기 위해서 한 것 같은데, 그러나 그것이 우리와 무슨 상관이랴. 간단히 수속을 마치고 케냐로 넘어간다. 케냐의 국경도시를 빠져나가자마자 시작되는 비포장도로가 3시간 이상 이어진다. 버스는 조그마한 언덕이라도 나타나면 숨을 헐떡이며 올라간다. 금세라도 숨이 멎을 것 같이 힘들게 올라간다. 창 밖으로는 전형적인 아프리카 초원의 모습들이 펼쳐지며 어디선가 야생동물들이 곧 나타날 것 같은 모습이다. 몇 채의 건물만 우두커니 서 있는 곳에 차가 정차한다. 여자 승객들이 화장실을 가기 위해서다. 남자들은 반대편 들판에 서서 볼일을 보길래 나도 따라가 아프리카의 먼지 나는 들판을 조금이나마 적시는데 한몫을 한다.

이제는 익숙해진 장거리 버스여행, 10시간 미만이면 가볍게 옆 도시를 가는 기분이다. 그리고 우리는 기분 좋게 장난치며 여행을 이어가고 있다. 아빠와 아들이 아닌 남자 대 남자로 이 여행을 하고 있다. 가끔 너희는 이렇게 이야기하지. '우리 친구아이가!' 그만큼 우리는 서로가 서로에게 더욱 가까워졌고, 또 서로를 더 잘 알아가는 중이다. 어느덧 버스는 자동차와 사람이 뒤엉켜 혼란스러운 오늘의 목적지인 몸바사 시내로 들어선다. 몸바사는 케냐의 두 번째로 큰 도시이며 동아프리카의 대표적인 항구도시이다. 내가 이곳을 여행지로 꼭 와보고 싶었던 것은 1985년 한국해양대학 3학년 때 실습선을 타고 입항을 했던 추억이 있는 도시이기 때문이다. 그래서 쌍둥이 아들과 이곳을 꼭 다시 와보고 싶었든 것이다.

몸바사 버스 터미널에 도착해서 택시로 여행 가이드북에서 미리 확인해 둔 게스트하우스에 도착해보니 시장주위에 위치해서 주위 환경이 혼잡스럽다. 그러나 배낭을 메고 다시 이동하는 것은 힘들어 아이들에게 올라가 방이 있는지 확인을 시켰는데 방이 있다고 한다. 먼지가 날리는 비포장도로를 달려와서인지 배낭이 완전히 먼지 범벅이다. 천장에는 삐걱거리며 돌아가는 선풍기, 화장실은 간단히 씻을 수만 있게 되어있는 열악한 환경이지만 이렇게 몸을 누일 수 있는 곳이 있다는 사실이 감사할 따름이다. 저녁은 어떻게 할까? 고민하다 게스트하우스 내에 있는 부엌에 부탁해 라면을 끓인다. 어디를 가든 필요한 것이 있으면 일단 해보는 것이다.

"얘들아, 기다리고 있어. 아빠가 라면 끓여올게."

아이들은 가능할까 싶은지 못 미더워하는 표정이다. 주방에 가서 혹시 요리사들에게 요리를 해줄 수 있는지 물어보니 가능하다고 하는데 그런데 요리사들이 한국라면을 한 번도 끓여보지 않은 듯해서 내가 부엌에 들어가 직접 라면을 끓인다. 숯으로 물을 끓여서 하는데 화력이 제법 세다. 말은 통하지 않지만 자기들도 내가 하는 모습이 신기한지 서로 웃고 손짓 발짓을 하며 라면을 끓인다.

"얘들아 라면이 다 되었어. 어서 나와 먹어라."

다음날은 짧은 시간에 많은 곳을 가려면 대중교통 수단을 이용하면 불가능할 것 같아 차를 빌려서 다니기로 했다. 게스트하우스 앞에 주차한 택시를 하루

빌리는 것으로 가격을 흥정해서 출발했는데 에어컨을 켜라고 하니 에어컨을 켜면 추가로 500실링을 더 내야 한다고 한다. 어이가 없어서 기사에게 '택시를 타면 에어컨은 자동으로 켜는 것이 아니냐, 어떻게 에어컨을 켠다고 돈을 더 내라고 하느냐. 그러면 우리 내리겠다.'고 말했더니 그제서야 못 이기는 척 에어컨을 켜는 것이 아닌가. 내가 탔던 실습선이 정박했든 항구로 갔는데 안으로 들어갈 수 없어서 아쉬움을 뒤로 하고 시내로 갔다. 그때 상아 모양으로 만든 탑이 보인다. 상아탑 모양을 보니 갑자기 바나나가 생각난다. 그 당시에는 한국에서는 바나나가 수입되지 않은 때라 귀해서 먹어보지 못했던 바나나가 지천에 깔려 있어 동기생들과 바나나를 엄청 사서 저녁도 먹지 않고 포식을 했던 기억이 있다. 그때 바나나를 질리도록 먹어서 지금까지 바나나를 별로 좋아하지 않게 된 것 같다.

다음으로는 내일 나이로비로 갈 버스표를 예약하고 다시 추억 속에 아주 깊이 남아 있는 디아니비치로 간다. 페리보트에 차를 싣고 건너편 섬으로 가야 되는데 시간이 엄청 걸린다. 추억을 찾아가는 길이 이렇게 힘이 드는구나. 사람은 무료, 승용차는 90실링이다. 페리보트를 타고 강을 건너니 내 기억은 28년 전으로 돌아간다. 그때는 참으로 많은 설렘을 가지고 왔었던 꿈 많은 청년이었다. 처음으로 접해본 아프리카에 신기함을 느끼고 시외버스에 창을 들고 탄 마사이족을 보면서 느꼈든 감정들 그리고 지금 가고 있는 다아니비치에서 태어나 처음으로 접해본 멋진 해변의 모습 그리고 모래사장에 토플리스로 누워있던 유럽인을 보면서 느낀 문화충격, 시골 촌놈이 처음 접해본 대단한 경험이었고 또 낯 설음이었다. 그래서 아직 내 마음속에 강렬히 남아있는 그 곳으로 다시금 아들 둘과 함께 간다는 사실이 내게 많은 것을 생각하게 한다. 세월이 참으로 많이 흘렀다. 또다시 세월은 바람처럼 흘러 먼 훗날 지금 이 순간을 그리워하며 추억할지도 모르겠다. 그때 함께 했던 동기생들은 지금은 모두 아들, 딸 낳고 중요한 위치에서 일하고 있는 나이가 되었다. 그때 함께한 동기생들과 꼭 이곳에 다시 와보고자 꿈을 꾸고 있었는데 미안하게도 내가 먼저 와 버렸다.

디아니비치라고 알고 있었던 것이 비치의 리조트 이름이 아니고 이 지역 이름이 디아니임을 이번에 알게 되었다. 그때의 멋진 바닷가의 풍경은 여전하다. 그러나 그때 토플리스로 있었던 유럽의 멋진 아가씨는 없구나. 제일 멋진 바닷가 레스토랑에서 맛있는 음식을 시켜서 맥주 한잔 하면서 한껏 분위기를 잡아본다. "얘들아 여기가 말이야, 아빠가 대학생 때 여기를 와서…. 이러쿵저러쿵…." 옛날이야기를 들려주며 나는 자못 감회에 젖어있는데 이놈들은 별 관심이 없고 뭐 그냥 오랜만에 맛있는 것을 먹으니 기분이 좋은가 보다. 사람마다 삶을 살아오면서 잊지 못할 장소와 사건들이 있을 것인데 내게는 이곳 몸바사

가 그러한 장소 중의 하나다.

다시 몸바사 시내로 돌아와 용은이와 함께 인터넷으로 한국 식당 찾기 전쟁을 한다. 한국 식당이 있다고는 하는데 식당명과 연락처는 나와 있지 않다. 용은이도 지쳤는지 포기하려고 하는데 내가 다시 한 번 구글에서 검색을 해보라고 했다. 그런데 거기에서 한국 식당이 검색되는 것이 아닌가. 숙소에 있는 용석이를 불러서 오토바이를 개조한 삼륜차 같은 것을 타고 정확한 주소는 나와있지 않고 대충 설명되어 있는 위치를 기사에게 알려주고 가자고 했다.

"용석아, 너는 왼쪽을 봐! 그리고 용은이는 오른쪽을 보면서 가자. 정확한 주소는 없으니 가면서 우리가 찾아야 하는 수밖에 없어."

한참을 가는데 영어로 Korean Restaurant라는 간판이 보인다.

"와, 애들아 드디어 찾았다. 우리 드디어 오랜만에 한국 음식을 먹을 수 있게 되었네."

생각지도 않았는데 이렇게 한국 음식을 먹을 수 있다는 것에 우리는 흥분을 감추지 못하고 신이 나서 먹었다.

여행을 떠난 지 한 달째, 오늘은 몸바사를 떠나 나이로비로 간다.

두려움과 걱정, 그리고 기대로 시작한 아프리카 여행, 이제 제법 아프리카 자체에 익숙해졌고, 그리고 웬만한 어려운 상황이 발생해도 헤쳐나갈 수가 있다. 아이들도 또 그러한 상황을 당연한 것으로 받아들인다. 좋은 것이 있으면 좋은 그대로 감사히 생각하고 또 힘들고 어려운 일들이 생기면 또 그대로 받아들이며 문제를 해결해나가는 과정을 겪어보면서 감사한 마음과 또 스스로 강해져가는 과정들이 되는 것이다. 감사한 마음과 그리고 내적으로 단련된 정신만 있으면 어떠한 힘듦과 어려움이 있더라도 이겨나갈 수 있다. 감사한 마음을 가지면서 스스로 만족하고 또 주위 사람들을 돌아보는 여유와 그들을 위해서 내가 가진 것을 나눌 수 있는 마음도 생기리라.

이 여행이 끝나는 날, 우리는 좀 더 서로 사랑하고 배려하며 마음이 좀 더 넓어지는 사람, 그리고 지금껏 보고 경험한 것들로 인해 너희들 삶에 좀 더 당당

히 맞서, 너희 인생의 주인으로 살아갈 수 있었으면 하는 바람이다.

버스가 중간 휴게소에 들러서 점심 먹을 시간을 준다. 잠자고 있는 두 놈을 깨워 내려가서 볶음밥과 치킨을 시켜 간단히 요기를 하는데 보기보다 맛있다. 이제 무엇이든지 잘 먹는 쌍둥이의 모습이 보기가 좋다.

휴게소를 출발해 다시 열심히 달린 버스가 나이로비 시내로 들어가는데 극심한 교통체증으로 거의 두 시간 이상을 허비하고 버스터미널에 도착했다. 시간은 벌써 밤 8시가 넘었다. 터무니없이 비싸게 요금을 요구하는 택시를 물리치고 터미널에서 조금 걸어 나가 다른 택시기사와 흥정을 해서 500실링으로 가기로 했다. 그런데 탑승해서 가는데 기사가 차를 너무 난폭하게 운전하기 시작하더니 차가 막힐 때마다 차가 이렇게 막히는데 어떻게 500실링으로 되느냐며 불만을 하기 시작한다. 용석이가 아무 대꾸도 하지 말자고 해서 우리는 그 친구가 아무리 구시렁구시렁 해도 그냥 무시한다. 그런데 좁은 길을 빠른 속도로 지나가며 사이드미러로 사람을 치면서 운전을 하는 것이 아닌가. 지나가다 받친 아가씨들이 기겁하며 비명을 질러도 이 친구는 아무 미안한 감정도 없이 그냥 제 갈 길을 달려간다. 완전히 험악하게 운전을 하지만 우리는 계속 무시하고 조용히 침묵을 지킨다. 그렇게 운전을 하며 가고 있는데 지나가는 옆의 승용차랑 무어라 몇 마디 하더니 그 차를 뒤따라가서 차를 세웠다. 이것 무슨 일이지? 승용차에서 내린 사람이 운전사에게 무어라고 몇 마디 하더니 우리에게 신분증을 보여 달라고 한다. 진짜 뭐가 어떻게 돌아가는지 모르겠다.

"무슨 일이냐? 우린 관광객이다."
"우린 경찰이다. 당신의 신분증을 보여 달라."
"그럼 경찰 신분증을 먼저 보여 달라."

사복을 입고 있어 경찰인지 알 수가 없어서 신분증을 보여 달라고 했다. 신분증을 보여주는데 어두워서 알 수는 없고, 어쨌든 여권을 꺼내 보여주니 확인을 한다. 아이들과 나는 이런 돌발 상황에 잔뜩 신경이 쓰였다. 아무리 건장한 남자 셋이지만 여기는 아프리카가 아닌가. 거기에다 밤늦은 시간이고. 다행히 우리의 여권을 확인하고는 "고맙다 여행 잘해라."하고 떠난다. 너무 뜬금없이 일어난 일이라 혹시 문제가 생기는 것이 아닌가 해서 긴장을 했던 것이다. 혹시 그 차가 우리 운전사랑 사전에 무언가 작당을 한 것이 아닌가 걱정 했는데 그건 아니었다. 운전사에게 저 친구들이 누구냐고 물어보니 '사복 비밀경찰'이라고 했다.

검문을 당하고 난 후에는 이 친구가 다소 부드럽게 운전을 하는데 조금을 더 달려가니 우리가 묵을 숙소가 나타났다. 사실 길이 많이 막혀 생각보다 시간이 오래 걸린 점을 고려해 아이들에게 100실링을 더해 600실링을 주자고 했다. 내려서 택시비를 주는데 운전사에게서 술 냄새가 확 풍기는 것이 아닌가? 그러고 보니 음주 때문에 난폭운전을 한 것이다. 술 냄새를 심하게 풍기는 것을 보아서는 술을 조금 마신 것은 아니었다. 가만히 생각하니 굉장히 위험하게 택시를 타고 왔던 것이었다. 운이 나빴으면 나이로비에서 아주 험한 꼴을 당할 뻔했을지도 모를 일이었다.

항상 예약 없이 숙소를 찾아가는데 여기에도 다행히 방이 있어 짐을 챙기고 체크인을 하고 나니 버스터미널부터 긴 시간은 아니었지만, 많이 긴장했는지 맥이 확 풀린다.

늦은 저녁은 용석이가 끓인 짜장 라면으로 간단히 해결하고 아프리카의 맥주 한잔에 긴장을 풀면서 나이로비에서 첫 밤을 맞이한다. 새로운 장소에서 새로운 사람들과 함께 또 새로운 인연을 맺어 간다. 그래서 떠남은 늘 나를 설레게 하는가 보다. 길을 떠나면 육체적으로는 힘들지만, 마음은 깃털처럼 가볍고 삶의 의미를 또 새롭게 발견하게 되기도 한다.

꿈꾸는 자들은 길을 떠나라! 길 위에서 사람냄새를 맡고, 사랑을 만나고, 자신의 삶과 마주쳐보고 또 추억여행을 떠나보라! 인생은 자기 스스로 그려서 만들어 가야 한다. 떠밀려서 흘러가는 삶은 왠지 좀 슬퍼 보인다.

에티오피아

어젯밤 늦게 에티오피아, 아디스아바바에 도착해서 공항 근처 게스트하우스에 묵었다. 일정에 여유가 없어서 처음으로 나이로비에서 비행기를 타고 왔다. 오늘은 쌍둥이가 시내 쪽으로 숙소를 옮기자고 해서 택시를 타고 힘들게 찾아간 게스트하우스에 방이 없었지만 운 좋게 근처에 현지인들이 이용하는 여인숙 같은 곳을 찾았다. 방이 깔끔하고 가격도 적당했으며 무엇보다 아이들은 오랜만에 방에 TV가 있다고 좋아한다. 숙소에 식당이 겸해져 있어서 간단한 음식과 술을 판매한다. 숙소의 식당에서 우연히 만난 3명의 현지인과 이야기를 나누다가 그 중에 한 분이 자기 아버지가 한국전쟁 때 참여 했다는 것을 알게 되었다. 지금은 아버지가 돌아가셨지만, 이전에는 한국전쟁 관련 행사가 있을 때는 참여를 하고 연금도 받았다고 한다. 서로 반가워 하며 우리는 곧장 친해졌다.

"내가 살 테니 한잔 더해요. 당신들의 아버지들이 피를 흘리면서 도와준 덕분에 한국이 지금은 엄청나게 발전을 했고, 지원을 받는 나라에서 지원을 해주는 나라가 되었어요."

다음날 식당에서 아침을 먹으며 용석이와 대화를 나누었다. 자기들의 의견이 무시되는 것에 대해서 불평을 늘어 놓길래 "너희는 아직 미성년자야. 그래서 아직은 아버지가 결정할 수 있는 권한이 있어. 그런데 만약 네 마음대로 하고 싶다면 지금이라도 아빠 도움 받지 말고 독립해라. 그래서 모든 것을 너 스스로 해결할 수 있다면 아빠도 더 이상 관여를 안 할 것이고 존중해 줄 것이다. 만약 그것이 안 된다면 싫어도 성년이 되기 전까지는 넌 아빠 말을 따를 수밖에 없다. 그렇지 않니?" 하고 말하자 이 녀석은 아빠 말이 마음에는 들지 않지만 어쩔 수 없이 수긍하는 눈치다.

'벌써 너희에게 휘둘려서는 안 되지. 논리적으로 일단 지면 안 되지'라는 생각을 한다. 어떤 강압이나 아빠라는 위치로 눌러서 내 생각을 관철하는 것이 아니라 많은 대화를 통해서 스스로 아이들이 수긍해서 따라오게끔 하려고 최선을 다하지만 쉽지 않을 때가 많다. 그러나 시간이 걸리더라도 그러한 방법이 결국에는 바람직하고 또 서로가 가까워지며, 더 많이 이해하게 하는 지름길이라고 믿는다. 커피 한잔을 마시며 아들과 이런저런 이야기를 나누는 시간이 참 행복하다. 행복은 멀리서 찾는 것이 아니고 지금 이 순간 내가 머무르고 있는 공간과 시간에서 느끼는, 작지만 소박한 것들이 우리를 행복하게 해주는 것이다. 내가 원하는 것이 이루어져야만 행복해지는 것이 아니고 어떠한 상황에서도 내가 만족하고 긍정적으로 살아간다면 충분히 행복해질 수 있을 것이다. 여행을 다니면서 여러 가지로 충돌하고 갈등하지만, 이렇게 함께 오랜 시간 같이 여행을 떠나올 수 있다는 것이 얼마나 큰 행복인지 알아야 한다.

KOICA 이병화 소장님을 찾아 뵙기로 해서 전화를 드렸더니 흔쾌히 사무실을 방문하라고 말씀하신다. 소장님이 반갑게 맞이해주며 에티오피아에 대해서 여러 가지 필요한 정보를 말씀해주셨다. 다음 방문 국가로 생각하고 있는 수단에 대해서도 정보를 구하는데 그에 대한 정보는 대략적인 것만 들을 수밖에 없었다. 수단이 아직 위험하다고 하는 말에 쌍둥이는 여기서 곧장 이집트를 넘어가자고 하나 난 오래 전 TV에서 본 이태석 신부님이 생을 모두 바쳐 봉사했든 '톤즈 마을'로 가고 싶다. 종교를 초월해 인간자체를 사랑하고 그리고 몸소 행동으로 옮기신 그분의 삶이 너무 숭고해서 아프리카 여행을 계획하면서 꼭 가보고 싶다는 생각을 해왔다.

"애들아, 우리 일단 수단 대사관에 가서 비자를 받을 수 있는지부터 확인해보고 그 다음에 어떻게 할 것인지 결정하자."

KOICA 이병화 소장님

못마땅해 하는 쌍둥이는 아빠의 고집을 아는지 따라온다. 대사관에 갔을 때 점심시간에 걸려 오후 3시에 다시 문을 연다고 해서 어디 잠깐 있을 곳을 찾아 가는데 갑자기 폭우가 쏟아져 건물 밑에서 비를 피하고 있었다. 그 때 함께 비를 피하고 있는 남자들이 필리핀 아저씨로 보여 쌍둥이에게 필리핀 말인 따갈로그로 말을 걸어보라고 하니 알아듣는다. 아저씨들도 한국 사람이 아프리카 에디오피아에서 자기들 언어로 말을 걸어 오니 놀라면서 무척 반가워했다. 고향 사람을 만난 듯 쌍둥이도 따갈로그어로 반갑게 이야기를 나누는 즐거운 경험을 하게 되었다. 오후 3시가 넘어서 다시 찾아간 수단 대사관, 안내문에 비자를 신청하려면 수단으로부터 초대장이 있어야 한다고 한다. 수단에 지인이 없어 어떻게 할 수가 없는 상황이라 어쩔 수 없이 포기했다. 아쉬운 생각이 들기도 하지만 안전에 문제가 있고 쌍둥이의 저항도 만만치 않을 것 같아서 한편으로 잘 되었다는 생각이다.

사실 수단에서 해보고 싶었던 것은 쌍둥이에게 수단에서 봉사할 기회를 주는 것이었다. 먹을 것이 없어서 굶어 죽어가고 있는 사람들에게 적지만 먹을 것을 주고 싶었다. 이제 수단을 갈 수 없는 상황이니 이곳에서 간단하게라도 봉사를 하고 싶은 생각이다.

"애들아 이제 수단으로 갈 수가 없으니 우리가 생각했던 의미 있는 일을 이곳 아디스아바바에서 했으면 하는데 너희 생각은 어때?"

아이들이 좋다고 한다. 숙소로 돌아와 숙소 주인아저씨에게 우리 사정을 설명하고 도움을 요청했다.

"사실 우리가 6월 초에 여행을 시작해서 남아공에서부터 여기까지 왔어요. 수단에서 의미 있는 일을 해보고 싶었으나 갈 수가 없어서 아들과 함께 이곳에 힘든 상황에 있는 사람들이 있으면 작지만 도움을 주고 싶은데 혹시 가능할까요? 그리고 그렇게 하면 그분들 자존심이 상하진 않을까요?"

"아, 그래요. 아주 좋은 생각이네요. 도움을 주게 되면 그분들은 좋아할 거예요."

"아, 네. 그러면 혹시 그러한 곳을 소개해주실 수 있을까요? 귀찮게 하는 것은 아닌지 모르겠는데, 당신의 도움이 필요하군요."

잠시 후 사장이 우리에게 도움을 줄 수 있는 후배를 소개시켜주어서 힘들게 생활하고 있는 독거노인들이 많이 사는 마을로 안내를 해주었다. 한눈에 보아도 힘들게 살아가고 있는 분들이라 이분들에게 도움을 주면 좋겠다는 생각이 들어, 일단 그분들이 제일 필요로 하는 것들을 먼저 확인했다.

100가구를 지원해주기로 하고 안내를 해주는 분과 물품도매상으로 가서 그분들이 가장 필요로 하는 것과, 쌍둥이의 의견을 고려해 물품 목록을 결정했다. 식용유, 설탕, 스파게티 등과 에티오피아의 주식이며 전통음식인 인제라를 만드는 곡물재료, Teff 등으로 목록을 정한 후 물품 대금은 미리 지급하고 우리가 원하는 대로 포장을 해놓으면 내일 아침 물건을 픽업하기로 했다.

다음 날 아침 9시, 전날 수배해놓은 트럭 뒤에 타고 어제 구매한 물품을 싣고 정해진 마을로 갔다.

쌍둥이와 품목별로 몇 개씩 준비해야 하는지 상의를 하고 그리고 각자 할 일을 서로 정하고 나서 준비한 물품을 들고 할머니를 찾아가니 반갑게 맞이하며 연신 고맙다고 인사를 한다. 할머니의 입장에서는 우리가 고마울지 모르지만, 우리도 고맙고 감사한 일이다. 아프리카를 쌍둥이와 함께 올 수 있어서 고맙고 작지만 이런 일을 함께 할 수 있으니 또 고맙고 감사한 일이다. 도움을 주는 순간 그것을 도움이라 생각하면 더 이상 도움이 아니라고 했다. 사실 이런 일을 계획하면서 고민을 많이 했다. 우리는 하고 싶어서 하더라도 상대방은 어떻게 생각할지, 그들의 자존심을 상하게 하는 것은 아닌지, 그리고 무슨 큰일을 하는 것도 아닌데 이렇게 요란을 떨면서 하는 것이 맞는지. 사실 이기적인 생각이 먼저인지 모

르겠다. 아프리카에서 어떤 행태로든 쌍둥이와 함께 의미 있는 일을 한 가지는 꼭 하고 가자는 내 개인적인 바람이 앞섰기 때문이다.

먼 훗날 쌍둥이가 아프리카 여행을 떠올릴 때 단순히 여행만 하고 간 것이 아니라 '아빠와 함께, 이런 일도 했었지.'라고 되돌아보며 그래서 그들의 삶이 조금이라도 더 나누고 베풀 수 있고 그래서 마음의 여유가 있는 그런 사람으로 살았으면 하는 나의 바람 때문이다. 성공한 사람이기 전에 행복한 사람으로 살아가기를 바라는 아빠의 마음이다. 어쩌면 행복한 사람은 이미 성공한 사람이 아닐까? 먼저 남을 배려하는 사람이 더 큰 사람이 될 수 있고 그래서 더 많은 것을 담을 수 있는 큰 그릇을 가진 사람, 결국에는 행복하고 그래서 성공한 사람이 되는 것은 아닐까? 내가 먼저 나를 사랑할 줄 알아야 남을 사랑할 줄 알 듯이 내가 먼저 행복해야 주위 사람들을 행복하게 해줄 수 있다. 그래서 삶은 최소한 자기 자신은 책임을 지고 살아가야 한다.

쌍둥이가 지금은 이해를 못 하겠지만 먼 훗날 어른이 되고 또 누군가의 아빠가 되었을 때 알 수 있으리라는 희망을 품어본다.

다음으로 찾아간 할머니 댁도 사정은 딱하다. 우리가 모든 것을 어떻게 할 수는 없으니 준비해간 것을 드리면서 조금이라도 도움이 되었으면 하는 바람이다. 꼬부라진 허리를 보니 돌아가신 어머님이 생각나 잠시 마음이 찡

하다. 그렇게 준비해간 모든 물품을 전달하고 나니 온 몸이 땀에 흠뻑 젖었다.
함께 도움을 준 분에게 간단히 감사를 표시하고 홀가분한 마음으로 숙소로 돌
아왔다. 애초에 수단에서 하기로 했던 것을 어쩔 수 없이 계획을 대폭 수정해
에티오피아에서 간단히 대신하게 되었는데 큰 무리 없이 마칠 수 있어서 다행
이다.

"얘들아 수고했어. 우리가 한 일은 대단한 일은 아니고 어쩌면 아주 미미한
일일 수도 있어. 그러나 오기도 힘든 아프리카에서 아빠와 함께 이런 했다는

것을 기억하면 또 그 나름대로 의미가 있을 거야."

　처음으로 아이들과 함께한 봉사활동이 생각난다. 아이들이 아직 초등학교 저학년이었을 때다. 아이들과 함께 무언가를 해보고 싶어서 필리핀 직원에게 도움을 요청했더니 어느 고아원을 찾아 소개해주었다. 그래서 우리는 재료를 싸서 집에서 함께 200인분의 간단한 샌드위치를 만들어 음료수와 함께 들고 갔던 것이 처음으로 함께 봉사를 시작해보게 된 것이다. 처음에는 해보지 않았던 것이라 다소 어색하기도 했지만, 그것을 계기로 아이들과 함께 가끔 봉사활동을 할 수 있게 되었다. 나중에는 조그만 트럭을 구입해서 밥 차로 개조해서 아이들과 함께 했었다. 재료를 살 때는 자기들의 용돈에서 조금 내어서 보태게 하기도 했다. 내가 가진 것을 한 번 내놓는 것을 어릴 때부터 연습시키고 싶었고 또, 사실 누군가를 도와준다는 마음보다 아이들에게 교육적인 차원에서 평소 베푸는 마음을 그것을 직접 행동으로 실천해서 자연스럽게 아이들의 의식 속에 심어주고 싶었던 이유가 더 컸다. 베푸는 마음이 있어야 마음이 더 풍족할 것이라 생각해, 학교에서 배우는 지식 외에 감성과 따뜻한 마음을 아이들에게 자연스럽게 물들도록 하고 싶었다. 함께 더불어 살아갈 수 있는 사람이 되어야 사회에 나가더라도 사회에서 필요한 사람이 될 것이라 생각한다. 잘 쓰이는 사람, 어느 곳에서나 필요한 사람, 함께 하면 즐거운 사람, 그래서 같이 행복해지게 만드는 사람! 그러한 사람이 되길 바라는 것이 아빠의 마음이다. 아빠의 너무 큰 욕심일까?

수단을 가지 않게 되어 시간적인 여유가 생겨 에티오피아의 고대 도시 악숨으로 갔다. 시바의 여왕이 솔로몬 왕과 사랑에 빠져 아들, 메넬리크를 낳았는데 그 아들이 자라서 유대인을 이끌고 이곳으로 와서 에티오피아를 건설했다는 전설이 있다. 정말인지 모르겠지만, 시바의 여왕이 목욕했다는 곳, 시바의 여왕이 살았다는 궁전을 둘러본다. 진짜로 시바의 여왕이 살았는지 아니면 어느

귀족의 저택이 시바여왕의 궁전으로 불렸는지 모르겠지만 알 수 없는 노릇인데 후손들은 여기서 아직도 힘든 삶을 이어가고 있다. 그러나 지혜를 가진 솔로몬 왕과 그런 지혜를 가진 사람을 만나기 위해서 먼 길을 떠난, 적극적이고 진취적인 시바여왕 사이에서 태어난 후손이 세운 에티오피아! 그래서 에티오피아인들은 스스로에 대한 자부심이 대단하다.

악숨에는 오벨리스크로 불리는 유명한 탑이 있다. 오벨리스크는 본래 고대 이집트에서 태양 신앙의 상징으로 세워진 기념탑인데 악숨에 만들어진 탑이 이집트 것보다 크기와 무게가 더 하며 왕들의 권력을 나타내기 위해 만들어졌다고 하는데 고대에 이렇게 큰 탑을 어떻게 만들고 이동시켜 여기세 세웠을까 하는 궁금증을 자아내게 한다. 가장 큰 탑은 높이가 33미터에 이르며 무게는 150

톤이 넘는다. 이 무거운 탑을 이동할 때 어떻게 옮겼을까. 아마도 코끼리를 이용해서 옮겼지 않았을까 하는 추측을 하는 것 같다.

다시 아디스아바바로 돌아와 에티오피아의 국립박물관으로 갔다. 인류의 조상 루시를 보기 위해서다.

최초의 직립보행을 한 인류의 화석이 보관된 곳이다.

'루시'는 1974년 11월 30일 미국의 젊은 고고학자 도널드 요한슨이 마른 호수에서 발견했는데 320만 년 전에 생존한 인류 최초의 화석이었다. 원숭이처럼 네 발로 걸어 다니던 초기 인간에서 최초로 직립보행을 하는 인류의 중간단계로 키는 107cm 정도, 몸무게는 30kg 정도 나가는 왜소한 여성의 화석이다 그래서 인류의 어머니라고 불리는데 '루시'라는 이름이 붙여지게 된 계기는 발굴 당시 유행하던 비틀스의 노래 〈Lucy in the sky with diamonds〉에서 영감을 얻어 '루시'라는 이름을 붙이게 되었다고 한다. 제법 운치 있고 의미가 있어 정말 멋진 이름이 아닌가 생각된다. 수백만 년 전부터 이어온 우리 인류. 나는 그중 100년도 채 못 살지 못할 거라 생각하면 인간의 삶이 덧없고, 무얼 그리 아등바등 매달려 누군가를 미워하며 갈등하며 살아갈까 싶다. 사랑하며 즐겁게 살아도 부족한 세상을 가끔은 무언가에 사로잡혀 깨어 있는 나를 보지 못하며 허둥지둥 살아가고 있다. 그렇게 허둥대며 살다가 어느 순간 갑자기 삶을 정리한다면 너무 억울할 것 같다. 지금 옳다고 생각하며 꼭 쥐고 있는 것들이 진정 소중한 것일까, 아니면 그것을 놓으면 어떤 큰일이 일어날 것 같은 불안한 마음에 마냥 그냥 손에서 놓지를 못하고 있는 것은 아닐까? 수백만 년 전 인류의 모습을 보며 찰나에 불과한 우리네 삶을 다시 생각해보게 된다. 쉽지 않지만 조금 더 비워 가벼워지고, 조금 더 누군가를 사랑하며, 그래서 조금은 덜 후회하며 이 지구별을 떠날 수 있다면 참 좋겠다. 루시 어머니가 나의 어머니까지 이어졌고 이제는 또 미래의 누구의 어머니로 태어날, 그래서 인류는 계속 이어지며 발전해 나가리라. 인류의 조상 루시!

이집트의 피라미드와 흰 모래사막

수단을 건너뛰어야 하는 관계로 케냐에서 이집트로 가는 길은 비행기를 이용해야 했다. 내가 태어난 1963년에 지어졌다는 안내판이 붙어있는 공항은 아침이라 그런지 무척 한산하다. 입국장을 빠져나오니 여러 명의 택시기사가 달려와 서로 안내하겠다며 우리의 혼을 빼앗는다. 지금까지의 경험상 일단 이 자리를 벗어나야 한다. 그런데 한 친구가 필요 없다는데도 끈질기게 따라 붙는다. 무엇이 필요하냐, 도와줄 테니 이야기해보라며 도와주겠다는데 왜 이러느냐, 좋은 말로 할 때 빨리 말해보라는 투다. 괜찮다, 우리가 알아서 할 것이니 제

발 그냥 놔둬라. 그제서야 물러난다. 정말 끈질긴 아저씨였다. 시내까지 택시비가 많이 나올 것 같고, 또 배낭여행을 하면서 택시를 타고 가는 것은 어울리지 않아서 안내를 받아서 버스를 기다렸다. 용석이가 확인한 것은 27번 버스가 간다는 것이다. 그런데 번호가 모두 아랍어로 되어 알 수가 없다. 그래서 다시 현지인에게 27번을 아랍어로 써달라고 해서 버스가 도

착할 때마다 비슷한 그림(?)이 보이기만을 기다렸다.

버스를 타자마자 쌍둥이는 피곤한지 잠에 빠져들고 옆자리에 앉은 아저씨가 내게 필리핀에서 왔냐고 묻는다. 신기하다. 우리가 필리핀 사람과는 생김새가 완전히 다른데 어떻게 알았지. 필리핀의 도시 이름까지 거명을 하길래 알고 보니 두바이 건설현장에서 필리핀 사람들과 같이 근무했으며, 지금도 필리핀 친구랑 연락하고 있다고 한다. 친절히 우리가 내릴 곳도 안내를 해주고, 안전에 문제가 없는지 걱정을 하니 시나이반도 등 일부 지역을 제외하고는 괜찮다고 한다. 다행이다. 버스에서 내려 확인해둔 숙소를 찾아 혼잡한 거리를 육탄전으로 뚫고 지나가는데 세 사람 모두 무거운 배낭과 뜨거운 날씨로 땀이 비 오듯 흘러내린다. 20분 이상을 걸어 정말 힘들게 찾은 숙소, 침대가 3개인 방에 숙박비는 하루에 28불로 가격이 참 착하다.

다음날, 이집트에서 꼭 가봐야 할 곳, 피라미드를 보러 가기 위해서 전날 숙소 주인에게 부탁해서 차량과 가이드를 수배했었다. 승용차를 타고 가는데 가이드가 앞자리에서 자리를 많이 차지해서 앞으로 좀 당겨달라고 하는데 그냥 적당히 흉내만 낸다. 세 사람은 뒷자리에서 좁게 앉아서 가는데 가이드는 떠버리 같아 처음부터 느낌이 좋지 않다. 가이드가 설명하는 도중 쌍둥이가 질문하면 일단 자기가 설명이 끝나면 질문을 하라며 자기의 스타일대로 안내하겠다는 식이다. 고객의 입장에서 생각하지를 않아서 그러한 상황이 기분 나빠 쌍둥이와 불만스럽게 한국말로 이야기하니 이번에 한국말로 이야기하지 말라고 한다. 이런 이상한 친구가 있나 생각하며 기분이 많이 상하지만, 그러나 오늘 하루 관광을 원만히 마무리하기 위해서는 참을 수밖에 없다.

다음으로 우리를 데리고 간 곳은 세계 최초의 종이로 알려진 파피루스를 만들어서 파는 가게로 데리고 간다. 우리는 쇼핑에 관심이 없었지만 일단 따라 가서 간단히 구경만 하고 나왔다. 오후에 기자 피라미드(Giza Pyramid)에 도착해 낙타를 빌려 타기 위해 가격을 흥정하는데 쉽지가 않다. 가이드와 관련이 있는 곳이라 다른 여행사로 가서 낙타를 빌리면 아마도 가이드에게 돌아가는 커미션 이 없을 것 같아 비싸지만 적당한 선에서 흥정해 세 사람이 낙타를 타고 피라미 드로 가는데 가이드가 따라가지 않고 낙타를 끌고 가는 친구가 안내를 대신 해 준다. 사실 내게는 이곳이 두 번째다. 젊은 항해사 시절 배가 수에즈 운하를 통 과하기 위해 대기하든 시간에 이곳에 들른 적이 있었다. 20년이 훨씬 더 지나 다시 아들과 왔다. 쌍둥이는 말로만 듣던 곳에 직접 와보았다는 생각에 마음이 들떠있고 또 낙타를 타보게 된 것에 대해서 기분이 좋은가 보다.

사막의 햇빛이 따갑지만 우리는 피라미드를 배경으로 사진을 찍으며 즐거운 시간을 보낸다. 어떻게 이런 불가사의한 것을 만들었는지 느껴보고자 피라미드 바위에 올라가 좀 시간을 보내려고 하는데 안내하는 친구가 빨리 움직이자고 한다. 아마 다음 손님이 기다리고 있어서 낙타가 필요한 모양이다. 그래서 우리

는 스핑크스까지 와서 낙타를 돌려보내고 걸어서 다시 오기 힘든 역사적인 곳을 좀 더 느끼며 천천히 둘러본다. 그렇게 여유롭게 둘러보고 피라미드를 빠져나오니 카이로에서부터 안내한 친구가 조금 불만스러운 모습으로 왜 이렇게 늦게 오냐고 한마디 하는 것이 아닌가! 순간 지금까지 참았던 감정이 폭발했다.

"지금 무슨 소리를 하는 거야? 우리가 피라미드를 구경하기 위해 먼 이집트까지 왔는데 대충 보고 가자는 거야? 그리고 오늘 아침부터 네가 한 행동, 너의 고객에게 대하는 태도는 영 좋지 않았어. 네가 지금까지 관광객들에게 어떻게 대했는지 모르겠지만 이건 정말 아니야. 멋지고 훌륭한 너의 조상들이 만든 문화재산을 보기 위해 수많은 외국인이 오는데 너희가 이렇게 한다면 그 사람들이 어떤 느낌과 인상을 받고 가겠어?"

아침부터 쌓였던 감정이 폭발한 것이다. 우리가 알아서 숙소를 찾아가겠으니 그냥 가라고 했다. 사실 이 친구랑 더는 같이 있고 싶지 않다. 그런데 자기도 미안했는지, 아니면 숙소에서 소개해준 사람의 입장 때문인지 다시 카이로로 같이 돌아가야 한다고 한다.

"얘들아 안 되겠다. 같이 갈 기분은 아니지만 일단 돌아가자."

피라미드를 생각하면 꼭 함께 떠오를 좋지 않은 경험이 될 것 같다.

다음날 이집트 최북단 알렉산드리아로 가려고 어제 예약해놓은 기차를 타기 위해 기다리는 동안 현지인 Mr. Hany 씨와 가족을 만났다. 알렉산드리아로 부인, 아들과 함께 휴가를 가는 중이라고 한다. 나이는 63살로 공군사관학교를 중퇴하고 좀 더 자유로운 삶을 살고 싶어 그림을 전공했다고 한다. 70년도 레바논 내전 때 3개월을 생활한 후 나머지 대부분을 이탈리아, 폴란드 등 외국에서 생활했다고 한다. 지금은 고국으로 돌아와 두 번째 부인과 생활하고 있고 행복하단다. 벽화를 많이 그렸는데 폴란드 역사 암스테르담 역에서 New Market 역사까지의 3km 거리의 벽화작업에 참여했다고 한다. 언젠가 유럽 여행을 하게 되면 꼭 한 번 찾아가 봐야겠다.

비록 수단은 건너뛰고 이집트로 넘어왔지만 그래도 아프리카 최남단 희망봉을 출발해서 기차를 타고 아프리카 최북단 알렉산드리아까지 간다고 생각하니 감정이 특별하다. 두 발로 아들과 함께 이 길을 걸어 왔다는 것에 대해 감사한 마음이다.

알렉산드리아에서 겪은 사건 하나. Mr. Hany 씨가 알려준 Garden & Palace라는 곳으로 가기 위해 택시를 탔다. 지중해의 해안가를 따라가는 길이 낭만적이고 시원스럽게 느껴졌지만, 택시기사 아저씨는 완전히 스릴 넘치는, 한 편의 전쟁영화를 찍는 액션 배우 같다. 시도 때도 없이 울려대는 경적 소리, 아슬아슬하게 차 사이를 비집고

초고속으로 지나가는 신기에 가까운 운전솜씨를 선보인다. 그리고 틈만 나면 끼어들기를 하는데 자기가 끼어들 때는 괜찮고 남이 하면 경적을 울리며 난리를 친다. 자기가 하면 로맨스고 남이 하면 불륜이라지만 이건 정도가 너무 심하다. 우리 세 사람은 숨을 죽인 채 그냥 손잡이를 잡고 견딜 수 밖에 없는 분위기였다. 그렇게 불안하게 운전하더니 결국 일이 생겼다. 영업용 승합차에 우리가 탄 택시의 백미러가 부딪힌 것이다. 택시의 백미러가 반 정도가 깨어졌다. 그러나 아마 이전에 어느 정도 깨져 있던 것이 조금 더 깨진 것 같다. 그러

나 어쨌든 차를 세우더니 두 운전사가 창문 너머로 뭐라 뭐라 서로 이야기하다가 그냥 출발했다. 속으로 '야. 이 친구들 쿨하네. 몇 마디 서로 소리만 지르고 가다니.' 하고 생각했는데 그렇게 출발하고 난 후 1분도 채 안 지나서 내가 타고 있던 차의 오른쪽 옆구리에서 갑자기 쿵 하는 소리가 나는 것이 아닌가! 아마도 택시기사가 승합차 기사에게 현지 말로 욕을 하고는 출발한 모양인데 승합차 기사가 화가 나서 따라와 우리 택시를 받았던 것이다. 여기서 제 2라운드가 펼쳐진다. 택시기사가 내리자마자 승합차 쪽으로 가서 고함을 지르며 난리를 피우는데 승합차 기사는 무시하고 그냥 출발하려고 했다. 그때 택시 기사가 분을 참지 못하고 도로에 있는 큰 돌을 들고 출발하면 돌로 승합차 앞 유리창을 박살 내겠다는 포즈를 취한다. 그러자 승합차 기사는 차 안에서 쇠파이프를 들고 나와 한번 붙어 보자는 자세다. 일촉즉발의 위기 상황.

"애들아 아빠가 나가서 좀 말려야겠다. 잘못하면 큰일 나겠다."
"아빠, 나가지 마세요. 위험해요. 엄마가 위험한 상황은 만들지 말고 피하라고 했어요."
"하지만 놔두면 큰 사고가 날 수도 있잖아. 누군가 말려줘야 해!"

그러나 두 녀석이 워낙 완강히 반대를 해서 잠깐 지체하는 사이 주위에 다른 현지인이 나와 말리면서 상황은 종료되어갔다. 심하게 부서지지는 않았지만 그래도 택시 옆구리가 좀 찌그러졌는데 택시 기사는 그냥 택시에 올라타고 다시 질주하면서 앞으로 나아간다. 우리 세 사람은 완전히 숨을 죽이며 "애들아 우리 그냥 조용히 가자." 택시 안은 침묵만 흐르고 우리는 죄인 아닌 죄인이 되어 지중해 바다를 쳐다보며 아무 말 없이 간다. 순간적으로 일어난 일들에 너무 당혹스러우며 황당하기도 하다. 이집트인들의 다혈질을 아주 리얼하게 접해 본

싸움을 한 택시 기사

경험이다. 목적지에 도착 후 미터기에 나온 금액 외에 조금 더 주려는데 대놓고 금액을 더 요구하는 것이다. 목적지에 무사히 도착한 그제서야 우리는 단호하게 "No"를 외치며 내렸고, 택시는 그냥 떠났다. 알렉산드리아 택시. 지금 생각하면 재미있었던 에피소드이었지만, 그때는 정말 많이 놀랐던 사건이었다.

다시 카이로로 돌아온 다음 날 새벽에 일찍 잠에서 깨어났다. 며칠 전부터 피부의 가려움으로 몹시 힘들다. 어떻게 손을 댈 수도 없어서 어젯밤 가려움증을 잊으려고 마신 값싼 양주에 일찍 잠에 빠졌던 것 같다. 사실 쌍둥이에게 말하지 못했지만 온 몸에 반점이 생기고 가려워 혼자서 속병을 앓는 중이다. 여기에서 병원을 찾아가는 것도 번거롭고 해서 참는 중이다.

White Desert를 가기 위해 어제부터 차를 빌리려고 한 것이 안되어, 오늘 다시 시도해본다. 시내에 있는 AVIS 렌터카 사무실은 시위로 폐쇄되었다고 한다. 그래서 숙소에서 확인해준 외곽의 AVIS 사무실로 연락을 해보니 다행히 차가 있다고 한다. 택시를 타고 AVIS 사무실로 가는데 한참 시내를 벗어난다. 나중에 차를 픽업해서 이 길을 직접 차를 몰고 다시 와야 해서 유심히 가는 길을 눈에 익힌다. 차는 준비가 되어 있는데 그런데 내비게이션이 없다고 한다. 이 복잡한 카이로 시내를 운전 가능할까. 그러나 다시 또 도전이다. 렌탈비는 하루에 거리 제한 없는 조건으로 105불이다. 차를 받아서 시내의 숙소로 가는 길을 나 일강을 끼고 온 것을 기억하며 가는데 중간에 길을 잘못 들어 시내 안쪽으로 들어가 버렸다. 힘들게 강변으로 나와 달리는가 싶더니 어느 순간 차는 다시 골목 안으로 들어가버린다. 오늘 사막까지 가야 하는 일정이라 더는 지체할 수가 없다. 이럴 때 쓰는 방법으로 일단 택시를 세워 숙소 주소를 보여주며 "이곳으로 날 데려다 달라. 차를 빌려 가는데 이곳까지 가야 하지만 도저히 찾아갈 수가 없으니 네가 앞에서 안내해달라. 대신 미터기에 나오는 요금을 지불해주겠다." 라고 부탁했다.

숙소에 도착해 도로변에 임시 주차를 하고 급하게 올라가니 쌍둥이가 일어나 있다.

"애들아, 아빠가 차를 빌렸으니 빨리 짐 챙겨서 나가자. 차를 길가에 주차했기 때문에 아빠 짐 챙길 동안에 용은이가 차에 일단 가 있어."
"아빠, 정말이에요? 어떻게 차를 빌렸어요?"
"그것은 나중에 이야기하고, 우선 빨리 짐 챙겨서 출발해야 해"

차가 있어서 짐을 배낭에 다 집어넣을 필요가 없이 차 트렁크에 대충 실으면 되니 쉽고 간편했다. 용석이와 몇 차례 오르내리며 차에 짐을 다 싣고 출발 준비를 했다.

"얘들아, 차가 있어서 이제 우리가 원하는 대로 갈 수가 있다. 우선 박물관부터 갔다가 White Desert로 가자!"

숙소 근처에 박물관이 있어서 어렵지 않게 찾아가 주차를 하고 박물관으로 가는데 현지인이 지금 점심 식사시간이라 박물관이 문을 닫았으니 건너편 식당이나 쇼핑가게에서 시간을 보다가 다시 오라고 친절히 안내해준다. 길 건너편으로 가보았으나 식당은 없고 파피리우스등을 파는 선물가게만 있다. 그때서야 우리를 쇼핑을 유도하게 하려고 점심시간에 박물관이 문을 닫는다고 거짓말을 한 것을 깨달았다. 거기서 결국 간단한 것을 기념 삼아 산후 박물관 입구로 다시 가니 그 아저씨가 있다.

"아니 아저씨, 그렇게 거짓말을 하면 돼요?"

그러자 이 아저씨는 조금은 겸연쩍은 척하지만 씩 웃으며 무슨 큰 일이냐는 표정이다. 그렇지. 뭐 큰일은 아니지. 시간만 조금 허비한 것이고, 덕분에 파피

리우스로 만든 그림을 또 구매한 것이니까. 세상은 마음먹기에 따라 행복과 불행이 갈라지는 법이다. 박물관 입구 쪽은 장갑차들이 즐비하게 늘어져 경비가 삼엄하다. 아직도 소요사태가 가시지가 않아서 데모가 자주 일어나는 타흐리르 광장과 이곳 박물관 주변은 경비를 삼엄하게 하고 있다.

여기서 그 유명한 고대 이집트의 유물들을 특히 그림으로만 본 투탕카멘 마스크를 볼 수 있다는 생각에 흥분을 감출 수가 없다. 소요사태 때 박물관의 유물들이 약탈당했다는 뉴스가 있었는데 현재 박물관의 상태가 괜찮은지 그것 또한 궁금했다. 5천 년 이집트 역사를 한곳에 모아놓은 걸 몇 시간에 모두 본다는 것은 애초부터 불가능한 일이라, 우리는 투탕카멘 마스크만 제대로 보고 나머지는 유물들은 주마간산으로 구경한다. 투탕카멘 왕은 이집트 제18 왕조 12대 왕으로 9살 때 왕위에 올라 18살에 의문의 죽음으로 세상을 떠난 왕이다. 어린

나이에 왕위에 올라 요절한 비운의 왕에 대한 안타까움보다는 그 시대에 어떻게 그토록 정교하고 화려하게 만들 수 있을까? 하는 감탄을 자아내게 만든다. 3,300여 년 전에 만들어져서 수많은 도굴의 약탈을 견뎌내고 오늘 이렇게 우리에게 아름다운 모습을 손상 없이 보여줄 수 있다는 것이 신기하기만 하다.

역사에 대한 경이로움을 느끼게 한다.

오늘 White Desert까지 가야 하는 빡빡한 일정이라 우리는 아쉬움을 뒤로 하고 서둘러 다시 떠났다. 시내를 빠져나가기 쉽지

않아 다시 택시를 이용하기로 하고 용석이가 택시에 타고 우리는 뒤따라간다. 시내를 빠져나가는 길까지만 택시를 타고 가고 거기서부터는 우리가 알아서 가는 것으로 하자고 했다. 복잡한 시내를 겨우 빠져나 온 후 용석이가 택시비를 지급하고 급히 우리 차로 옮겨 타고 고가도로로 올라갔다. 확실히 하기 위해 지나가는 차를 세워 우리가 가는 길이 맞는지 물어보니 아니란다. 고가도로를 타기 전 오른쪽으로 빠져야 했다는 것이다. 오 마이 갓! 다시 돌아갈 수는 없는 상황이다. 잠시 어떻게 할 줄 몰라서 당황하고 있는데 조금 전에 길을 물어본 젊은 청년이 일단 자기를 따라오라고 한다. 가다가 갓길에 잠시 차를 세우더니 자세히 설명을 해주는 것이다. 고마운 이 청년은 우리가 다시 길을 헤맬 것 같았는지 자기가 가는 방향을 더 지나쳐서 우리가 끝까지 안내를 해주고 다시 돌아갔다 요르단에서 왔는데 여기서 의대에서 공부하고 있다고 하는 청년, 정말로 고맙다.

"이렇게 도와줘서 정말 고마워요. 도와주지 않았으면 우리가 많이 힘들었을 거예요. 정말 고마워요."

우리는 진심으로 고마움을 표시했고 그 청년은 조심해서 여행을 잘 마치라고 말하고는 다시 차를 돌려서 갔다. 낯선 길에서 이렇게 도움을 주시는 분들 때문에 힘이 된다. 인간의 따스한 마음들을 만나게 되면 참 기분이 좋다. 여행을 다녀온 후 감사의 메일을 보냈는데 이 메일 주소가 잘못 되었는지 회신이 없었다. 아마도 그 젊은 청년은 대가를 바라는 마음 없이 진심으로 도와주고 싶은 마음에서 했으리라는 생각이 든다.

시내를 빠져나오니 길은 하나다. 이 길을 계속 달려가면 된다. 이제야 긴장이 풀리면서 지나가는 풍경들을 감상하며 여유롭게 달려간다. 사막 안으로 조금씩 들어가니 풍경도 변하기 시작한다.

해는 서서히 하루를 마감해가고 사막 위로 떨어지는 태양의 모습은 정말 멋있다. 우리는 터프 한, 사막의 남자라도 된 듯한 기분이 든다. 세 사람 모두 배가 고파오는데 그러나 식당은 보이질 않는다. 아침부터 지금까지 제대로 먹기를 못하고 있었던 것이다. 기름 게이지를 보니 200km 정도는 더 달릴 수 있는 양이라 안심하고 달리는데 아무리 가도 주유소가 보이질 않는다.

"얘들아, 아직까지는 괜찮은데 가면서 주유소가 있는지 양쪽으로 자세히 보면서 가자."

"아빠, 아직까지는 기름 있어요. 괜찮아요."

나의 긍정적인 생각도 마찬가지로, 중간에 주유소가 있을 것이라 생각했다. 그런데 기름의 양이 자꾸 줄어도 주유소는 커녕 인가도 제대로 보이지 않는다. 이제 밤은 완전히 깊어지고 우리 세 사람은 조금씩 불안해하면서 줄어드는 기름의 양을 바라본다. 빨간 경고 등은 아직 안 들어오고 있지만, 어느 정도까지 갈 수 있을지 자신을 못하고 있는데 그때 건물이 하나 나타나 다음 주유소까지 가려면 얼마나 더 가야 하는지 물어보려고 차를 세웠다. 몇 마리의 개가 크게 짖으며 차로 달려오고 그 뒤로 남자들이 나타났다. 영어가 제대로 되지 않아 손짓 발짓으로 다음 주유소가 얼마나 떨어져 있는지 물어보니 50km 이상을 가야 한다고 한다. 남은 양은 거의 경고 등이 들어올 정도가 되어 계속 가는 것도 위험했다. 난감해하는 우리들의 모습을 보고는 왔던 길을 돌아서 얼마 가지 않으면 식당이 있는데 아마 거기에서 기름을 팔 수도 있을 것이라고 했다.

"얘들아 어떡할까? 계속 가볼까 아니면 뒤로 돌아가서 식당으로 한번 가볼까?"

우리는 고민을 하다가 다시 돌아서 식당으로 가보기로 했다. 고맙다고 인사하며 떠나는 데 혹시 문제가 있으면 여기서 자고 가도 되니 다시 오라고 했다.

고마운 친구들이다.

10여 분 열심히 달려가니 오면서 그냥 지나쳤던 곳에 식당이 있었다. 우리는 긴장된 마음으로 혹시 기름이 있냐고 물으니 있다고 한다. 완전히 구세주를 만난 기분이었다. 연세가 지긋하신 분이 우리를 반갑게 맞이하며 이렇게 밤이 깊은 시간에 외국인이 와서 신기했는지도 모르겠지만, 저녁은 먹었느냐고 묻는다. 사실 아침부터 제대로 먹은 것이 없어서 세 사람 모두 허기진 상태였다. 기름 때문에 긴장해서 배고픔을 몰랐지만, 아직 먹지 않았다고 이야기를 하니 앉으라고 하면서 식당에서 음식을 가져와서 무조건 먹으라고 하는 것이다. 자기들이 방금 저녁을 먹고 남은 것을 주니 신경 쓰지 말고 먹으라는 한다. 우리는 배가 고파서 고맙다고 말하고는 맛있게 먹고 계산을 하려고 하니 자기의 호의에는 가격이 없다면서 절대 돈을 받지 않는 것이다. 할 수 없이 우리는 간단히 음료수와 비스킷을 사는 것으로 고마움을 표시했다. 그리고는 플라스틱 통에 담긴 기름 한 통을 차에 채우고 작별의 인사를 하고 출발했다. 라마단 기간에는 하루에 꼭 한 가지씩 선한 일을 해야 한다고 하는데 운 좋게 우리가 그 혜택을 본 것 같다.

시동을 걸고 운전을 하는 데 차가 이상하다. 가속도가 제대로 나지 않고 좀 무겁게 차가 나가는 느낌이다. 속으로 좀 불안한 마음이 들었지만 '뭐 문제가 있겠어'라고 생각하며 RPM을 높여서 달린다. 중간에 비포장도로가 나타나기도 해서 조심스럽게 운전을 하고 있는데 갑자기 바퀴에서 심한 소리가 나는 것이었다. 차를 세워보니 오른쪽 앞 바퀴가 찢어져 완전히 걸레처럼 변한 것이었다.

"얘들아, 타이어가 터져서 바퀴를 갈아야 하는데 너희가 도와줘."

이전에 남미에서 바퀴를 갈아본 적이 있어서 그런지 쌍둥이가 알아서 타이어 교체를 쉽게 했다. 그리고는 다시 출발하려고 시동을 거는데 시동이 안 걸린

다. 아니 이건 또 무슨 일이지? 다시 시동을 걸어보았지만 걸리지 않아 쌍둥이에게 차를 밀어보라고 하고 다시 시도해도 걸리지 않는다. 어떻게 할 수 없는 난감한 상황에 있는 그때, 수박을 가득 실은 픽업트럭이 멈춘다.

　무슨 문제가 있는지 물어보는 것 같은데 영어가 전혀 되지 않아 바디랭귀지로 '기름을 식당에서 사서 넣었는데 차가 시동이 안 걸린다'고 대충 의사를 전달했다. 보닛을 열어보고 또다시 시동을 걸어보더니 아마도 '기름을 잘못 넣은 것 같다'는 것이다. 식당에서 승용차니까 당연히 휘발유를 넣었을 것으로 생각했는데 디젤기름을 넣었던 것이다. 그러면서 자기들 트럭에 수박에 실려 있어서 견인을 할 수 없으니 수박을 내려놓고 Towing 장비를 가지고 다시 오겠다고 한다. 얼마쯤 걸릴 것이냐고 물으니 다시 돌아오는데 한 시간 가까이 걸릴 것이라고 했다. 떠나면서 수박을 한 덩어리 주고는 기다릴 동안에 먹고 있으라는 표정이다. 고맙게 수박까지 주고 간다. 이 순간 우리가 할 수 있는 것은 없다. 일은 어차피 벌어졌고 사막 한가운데서 우리가 스스로 할 수 있는 일은 아무것도 없다. 그냥 차가 다시 오기를 기다릴 뿐…. 하늘에는 무수한 별이 박혀있다.

　"애들아, 우리 기다릴 동안 너희들이 가지고 온 재미있는 TV 프로그램이나 하나 보자."

　지나가는 차량도 거의 없는 사막 한가운데서 세 부자는 컴퓨터로 재미있는 TV 프로그램을 보면서 키득키득 웃으며 시간을 보낸다. 밤늦은 시간 사막의 한가운데에 차가 퍼져있는데도 포기한 것인지 아니면 여행 하면서 이렇게 갑작스러운 상황을 자주 겪어서 담담하게 받아들이는 것인지 정말 모르겠다. 우리는 완전히 초 극단적인 긍정주의가 되어간다.

한참 후에 다른 트럭이 지나가다가 차를 세워서 무슨 문제가 있는지 물어본다. 이번에는 영어가 되어 자세히 일어난 일에 대해서 이야기를 했다. 시동을 걸어보더니 기름을 잘못 넣었다는, 똑같은 대답을 하며 그러면서 우리들의 모습이 안타까운지 자기들이 견인을 해주겠다고 한다. 중형 트럭이고 견인할 장비가 있다고 한다.

"얘들아, 어떡하지? 수박을 실은 차가 다시 돌아왔을 때 우리가 없으면 어떡하지? 그런데 그 트럭이 100프로 확실히 돌아온다는 보장도 없고…."

난감한 상황에 결정을 어떻게 할까 고민을 하다가 견인을 부탁하기로 했다.

수박을 실은 트럭이 다시 돌아 온다는 보장도 없고 만약에 돌아온다면 우리가 끌려가고 있는 모습을 보면 알 수 있을 것이라 생각했다. 체인으로 우리 차와 연결하고는 고맙게도 트럭의 운전수가 우리 차에 타서 운전대를 잡았다. 우리는 트럭에 끌려가는 패잔병 같은 모습이었지만 그래도 길바닥에서 밤을 보내지 않는 것만 해도 얼마나 다행한 일인가

시간은 벌써 11시가 넘어가고 있었다. 한심한 상황이었지만 이것 또한 여행 중에 겪게 되는 에피소드라고 스스로 위안해본다. 오늘 고마운 사람들을 너무 많이 만났다. 길을 안내해준 요르단 청년, 비록 디젤유를 넣었지만 너무나 따뜻하게 환대하며 챙겨준 식당 아저씨 그리고 수박을 실은 트럭기사 아저씨. 하루라는 짧은 시간에 많은 일들이 일어났다. 영어를 할 줄 아는 젊은 트럭 주인이 자기 친구가 운영하는 정비소가 있다며 그쪽으로 일단 차를 가지고 가겠다고 한다. 너무 반가운 소리다. 그리고 혹시 잘 곳이 정해졌냐고? 아니, 아직 안

정해졌다고 하니 자기 아버지가 Lodge를 운영하니까 그쪽에서 오늘 밤 자라고 했다. 이렇게 완벽하게 문제가 해결되다니. 정말 오늘 운이 좋다.

견인을 하는 관계로 차가 속도를 제대로 못 내어 거의 한 시간 가까이 달린 후 사막의 오아시스에 도착을 했다. 이미 연락을 해놓았는지 정비소 주인이 우리를 기다리고 있었다. 차를 맡기고 우리는 Lodge로 갔는데 초라한 침대와 두꺼운 담요가 놓여있는, 흙으로 만들어진 숙소다. 유목민들이 자는 그런 형태의 숙소 같았지만 다행히 선풍기가 있어서 더위를 식힐 수 있었다. 어쨌든 몸을 눕힐 곳이 있다는 것만으로도 감사해야 할 일이다. 오늘 정말 긴 하루다. 새벽한 시. 여기는 사막의 한가운데에 있는 오아시스 마을이다.

경유를 주유하는 중

견인하기 위해 연결하는 중

따뜻하게 환대해 준 식당 아저씨

쌍둥이가 하루 종일 불평하지 않고 함께 해주어서 고맙다. 많이 피곤했는지 침대에 눕더니 곧장 잠이 들었다. 포기인가. 적응인가.

애들아, 잘자.

다음날 아침 우리 차를 고쳤다는 반가운 소식을 접하고 나서는 화이트 데저트(White Desert)로 가는 4륜 구동의 차량을 예약해서 사막의 또 다른 멋진 모습을 결국 볼 수 있었다. 사막 안으로 들어가야 화이트 데저트를 볼 수 있어서 4륜 구동의 차가 필요한 지도 왔어야 알 수 있었다. 그 만큼 제대로 확인도 하지 않고 여행을 하는 나의 무모함은 못 말릴 일이다.

사막여행을 마친 후 하루를 오아시스 마을에서 더 묵고 다음날 아침 새로 고친 차를 타고 다시 카이로 시내로 들어왔다. 지난번 들렀든 한국식당을 힘들게 찾아서 저녁을 먹은 후 일찍 공항으로 가는데 찾아가는 길이 쉽지 않아 결국 다시 택시를 앞세워서 카이로 공항에 도착했다.

공항에서 빌린 차를 반납하고 새벽 3시 30분 출발해서 아부다비를 거쳐 마닐라로 돌아간다.

50일간의 아프리카 배낭여행을 마치고 다시 일상으로 돌아간다. 세상의 많은 곳을 쌍둥이와 함께 돌아다니면서 우리는 많은 갈등과 기쁨을, 때로는 서로를 의지하면서 그렇게 길을 떠났다.

길 위에서 많은 사람을 만나고 또 많은 일을 겪기도 하면서 우리는 세상을 함께 조금씩 배워왔다. 아빠가 직접 줄 수 없는 것, 그리고 학교에서 배울 수 없는 그 무언가를 너희가 몸소 체험을 통해 배웠으면 하는 바람으로 길을 떠나왔었다. 한 가지 더 바람이 있다면 세월이 지나도 지워지지 않을 추억을 너희와 함께 만들어 가는 것이었다. 삶이란 현실로 나아가면 힘든 순간과 어려움에 부

화이트 데저트(White Desert)

딪힐 때가 있을 것이다. 또 가끔은 외로움과 슬픔을 맞이하게 될 날도 분명히 있을 것이다. 그때 우리가 세상 구석구석을 다니며 쌓아온 추억들을 너희 가슴에서 꺼내어 되새김질하면 아마도 웬만한 어려움은 극복하게 하고 슬픔을 어루만져주는 데 도움이 되지 않을까 생각한다.

이것은 돈 아니, 그 무엇으로도 살 수 없다. 오로지 우리가 함께한 시간과 여행을 하면서 순간순간 갈등을 겪고, 또 그러면서 서로를 사랑하며 만든 부자간의 정이었다.

이제 곧 성년이 되어가는 너희에게 아빠로서 주고 싶었던 것은 너희와 함께 부대끼며 친구가 되고자 하는 것이었고 무작정 떠난 여행길에서 만난 수많은 어려움과 힘든 상황 속에서 책에서 배울 수 없는 삶의 지혜, 또 포기하지 않고 도전하는 정신이었다. 어려움이 닥쳤을 때 얼마나 긍정적인 마음으로 그 상황에 잘 대처하느냐, 그리고 그러한 실패에서 무엇을 배울 것인가 하는 것이었다. 세상 밖으로 나가면 오롯이 너희 두 발로 서서 스스로의 힘으로 살아가야 한다. 세상을 살아가는 데는 지식도 중요하지만, 더 중요한 것은 지혜이고 세상을 함께 더불어 살아가는 마음, 항상 사람들을 따뜻한 시선으로 바라보며 배려하는 마음, 조그마한 것에도 감사하고 만족하고 타인의 아픔에 같이 울어줄 수 있는 마음이 아닐까?

그리고 사소한 것에도 진심으로 대하고 눈앞의 조그만 이익에 연연하지 않으면서 바다 같은 이해심과 어떠한 사람도 담을 수 있는 큰 그릇을 소유한다면 너희 삶은 충분히 행복해지리라. 약한 사람에게 더 약해지고 강한 사람에게 더 강해지는 사람, 어떠한 상황에서도 비굴하지 않으면서 당당한 사람 그러나 커갈수록 더욱더 낮추고 겸손해지는 사람, 그래서 초심을 잃지 않고 언제나 한결같은 사람이 되었으면 하는 것이 아빠의 바람이다.

성공한 사람보다 먼저 행복한 사람이 되길 바란다. 행복하면 그것이 곧 성공이다. 성공이라는 것은 추상적이고 주관적이기 때문에 그것은 사람마다 다를 수밖에 없는 것이다. 나는 너희가 성공한 사람이기 이전에 멋진 사람, 사람 향기가 나는 사람, 진심으로 세상을 사는 사람, 그래서 행복해지는 그러한 사람이 되길 바란다.

이제 곧 비행기는 마닐라에 도착한다.

지금껏 아빠가 독재 아닌 독재를 해서 미안했지만 열심히 잘 따라준 너희가 고맙다. 생각해본다. 언제 우리가 다시 이렇게 많은 시간을 함께 할 수 있을까. 우리는 반드시 오늘처럼 함께한 순간순간을 그리워할 것이다.

너희가 7살 때, 필리핀 바기오로 떠나면서 처음 시작된 배낭여행을 이제 끝맺으려고 한다.

중국 기차 여행/ 뉴질랜드 호주 자동차 여행/ 동남아 배낭여행/ 인도 · 네팔 여행/ 시베리아 횡단 열차여행/ 남미 자동차여행/ 아프리카 배낭여행에 이르기까지 참 많고 먼 길을 함께 다녀왔다. 길 위에서 접한 모든 피사체를 눈이 아닌 가슴으로 새겨 가끔 끄집어내 웃으며 지난 날들을 추억할 것이다.

너희가 성년이 되어 술 한잔 하면서 '아버지 그때 참 즐겁고 재미있었어요' 라고 대화하는, 소박한 꿈을 꾸어본다.

우리 가족이 함께한 여행의 순간들. 쌍둥이와 내 딸 다진이, 그리고 아내와 함께한 여행의 순간들이 모두 내 인생에 있어 가장 멋진 날이었고, 또 행복한 순간이었다고 기억되리라!

이제 다시 일상으로 돌아가 각자 주어진 일들에 최선을 다해 살아가야 하리라. 나는 더 자랑스러운 아빠가 되도록 노력할 것이고 너희는 무엇을 해야 할

차로 공항을 떠나며

것인자 알아서 스스로 생활해야겠지. 각자의 삶을 알아서 살아가야 한다. 이제 아빠는 옆에서 지켜보며 무언의 응원을 해주는 존재로 함께 할 것이다.

이제 나가거라! 세상 밖으로….

열심히 아름답게 너희 삶을 살아가거라.

마지막으로 쌍둥이와 딸을 낳고 기르며 이렇게 여행까지 떠날 수 있게 해준 아내에게 고맙고, 지금까지의 여행을 흔쾌히 허락하고 응원해준 것에 다시 한 번 더 고마움을 표하고 싶다.

"얘들아, 언젠가는 너희 자식을 데리고 우리가 갔던 길을 떠나는 날도 오겠 지. 그날이 왔을 때 아빠도 함께 할 수 있겠니?"

초판 1쇄 2014년 11월 28일
초판 2쇄 2023년 5월 5일

지은이 이규초
발행인 김재홍
교정/교열 안리라
디자인 박상아, 고은비
마케팅 이연실

발행처 도서출판 지식공감
등록번호 제2019-000164호
주소 서울특별시 영등포구 경인로82길 3-4 센터플러스 1117호 (문래동1가)
전화 02-3141-2700
팩스 02-322-3089
홈페이지 www.bookdaum.com
이메일 jisikwon@naver.com

가격 15,000원
ISBN 979-11-5622-054-1 03980